高等学校教材
软件工程

软件体系结构
（第2版）

张友生 等 编著

清华大学出版社
北京

内 容 简 介

本书系统地介绍软件体系结构的基本原理、方法和实践，全面反映软件体系结构研究和应用的最新进展。既讨论软件体系结构的基本理论知识，又介绍软件体系结构的设计和工业界应用实例，强调理论与实践相结合。

全书共 10 章，第 1 章简单介绍软件体系结构的概念、发展和应用现状；第 2 章讨论软件体系结构建模，包括视图模型、核心模型、生命周期模型和抽象模型；第 3 章介绍软件体系结构的风格和特定领域软件体系结构；第 4 章讨论软件体系结构的描述方法，重点介绍软件体系结构描述语言；第 5 章介绍动态软件体系结构及其描述方法；第 6 章介绍 WEB 服务体系结构相关知识，以及面向服务的体系结构的基本概念和设计原则；第 7 章讨论基于体系结构的软件开发方法，介绍基于体系结构的软件过程；第 8 章讨论软件体系结构的分析与测试问题，重点介绍软件体系结构的可靠性风险分析；第 9 章讨论软件体系评估方法，重点介绍 ATAM 和 SAAM 方法；第 10 章介绍软件产品线的原理和方法、框架技术，重点讨论产品线体系结构的设计和演化。

本书可作为计算机软件专业高年级本科生、研究生和软件工程硕士的软件体系结构教材，作为软件工程高级培训、系统分析师和系统架构设计师培训教材，也可作为软件开发人员的参考书。

本书封面贴有清华大学出版社防伪标签，无标签者不得销售。
版权所有，侵权必究。举报：010-62782989，beiqinquan@tup.tsinghua.edu.cn。

图书在版编目(CIP)数据

软件体系结构/张友生等编著．—2 版．—北京：清华大学出版社，2006.11(2023.11 重印)
（高等学校教材・软件工程）
ISBN 978-7-302-13316-6

Ⅰ．软… Ⅱ．张… Ⅲ．软件—系统结构 Ⅳ．TP311.5

中国版本图书馆 CIP 数据核字(2006)第 073245 号

责任编辑：丁　岭
责任印制：宋　林

出版发行：清华大学出版社
　　　网　　址：https://www.tup.com.cn，https://www.wqxuetang.com
　　　地　　址：北京清华大学学研大厦 A 座　　邮　编：100084
　　　社 总 机：010-83470000　　邮　购：010-62786544
　　　投稿与读者服务：010-62776969，c-service@tup.tsinghua.edu.cn
　　　质量反馈：010-62772015，zhiliang@tup.tsinghua.edu.cn
　　　课件下载：https://www.tup.com.cn，010-83470236

印 装 者：三河市君旺印务有限公司
经　　销：全国新华书店
开　　本：185mm×260mm　　印　张：20.25　　字　数：501 千字
版　　次：2006 年 11 月第 2 版　　印　次：2023 年 11 月第 17 次印刷
印　　数：45801～46600
定　　价：30.00 元

产品编号：022949-01/TP

出版说明

改革开放以来,特别是党的十五大以来,我国教育事业取得了举世瞩目的辉煌成就,高等教育实现了历史性的跨越,已由精英教育阶段进入国际公认的大众化教育阶段。在质量不断提高的基础上,高等教育规模取得如此快速的发展,创造了世界教育发展史上的奇迹。当前,教育工作既面临着千载难逢的良好机遇,同时也面临着前所未有的严峻挑战。社会不断增长的高等教育需求同教育供给特别是优质教育供给不足的矛盾,是现阶段教育发展面临的基本矛盾。

教育部一直十分重视高等教育质量工作。2001年8月,教育部下发了《关于加强高等学校本科教学工作,提高教学质量的若干意见》,提出了十二条加强本科教学工作提高教学质量的措施和意见。2003年6月和2004年2月,教育部分别下发了《关于启动高等学校教学质量与教学改革工程精品课程建设工作的通知》和《教育部实施精品课程建设提高高校教学质量和人才培养质量》文件,指出"高等学校教学质量和教学改革工程"是教育部正在制定的《2003—2007年教育振兴行动计划》的重要组成部分,精品课程建设是"质量工程"的重要内容之一。教育部计划用五年时间(2003—2007年)建设1500门国家级精品课程,利用现代化的教育信息技术手段将精品课程的相关内容上网并免费开放,以实现优质教学资源共享,提高高等学校教学质量和人才培养质量。

为了深入贯彻落实教育部《关于加强高等学校本科教学工作,提高教学质量的若干意见》精神,紧密配合教育部已经启动的"高等学校教学质量与教学改革工程精品课程建设工作",在有关专家、教授的倡议和有关部门的大力支持下,我们组织并成立了"清华大学出版社教材编审委员会"(以下简称"编委会"),旨在配合教育部制定精品课程教材的出版规划,讨论并实施精品课程教材的编写与出版工作。"编委会"成员皆来自全国各类高等学校教学与科研第一线的骨干教师,其中许多教师为各校相关院、系主管教学的院长或系主任。

按照教育部的要求,"编委会"一致认为,精品课程的建设工作从开始就要坚持高标准、严要求,处于一个比较高的起点上;精品课程教材应该能够反映各高校教学改革与课程建设的需要,要有特色风格、有创新性(新体系、新内容、新手段、新思路,教材的内容体系有较高的科学创新、技术创新和理念创新的含量)、先进性(对原有的学科体系有实质性的改革和发展,顺应并符合新世纪教学发展的规律,代表并引领课程发展的趋势和方向)、示范性(教材所体现的课程体系具有较广泛的辐射性和示范性)和一定的前瞻性。教材由个人申报或各校推荐(通过所在高校的"编委会"成员推荐),经"编委会"认真评审,最后由清华大学出版社审定出版。

目前,针对计算机类和电子信息类相关专业成立了两个"编委会",即"清华大学出版社计算机教材编审委员会"和"清华大学出版社电子信息教材编审委员会"。首批推出的特色精品教材包括:

(1) 高等学校教材·计算机应用——高等学校各类专业,特别是非计算机专业的计算机应用类教材。

(2) 高等学校教材·计算机科学与技术——高等学校计算机相关专业的教材。

(3) 高等学校教材·电子信息——高等学校电子信息相关专业的教材。

(4) 高等学校教材·软件工程——高等学校软件工程相关专业的教材。

(5) 高等学校教材·信息管理与信息系统。

(6) 高等学校教材·财经管理与计算机应用。

清华大学出版社经过 20 多年的努力,在教材尤其是计算机和电子信息类专业教材出版方面树立了权威品牌,为我国的高等教育事业做出了重要贡献。清华版教材形成了技术准确、内容严谨的独特风格,这种风格将延续并反映在特色精品教材的建设中。

清华大学出版社教材编审委员会
E-mail:dingl@tup.tsinghua.edu.cn

前 言

体系结构一词在英文里就是"建筑"的意思。把软件系统比做一座楼房,从整体上讲,是因为它有基础、主体和装饰,即操作系统之上的基础设施软件,实现计算逻辑的主体应用程序,方便使用的用户界面程序。从细节上看,每一个程序也是有结构的。早期的结构化程序就是以语句组成模块,模块的聚集和嵌套形成层层调用的程序结构,也就是体系结构。结构化程序的程序(表达)结构和(计算的)逻辑结构的一致性及自顶向下的开发方法自然而然地形成了体系结构。由于结构化程序设计时代程序规模不大,通过强调结构化程序设计方法学,自顶向下、逐步求精,并注意模块的耦合性就可以得到相对良好的结构,所以,并未特别深入研究软件体系结构。

随着软件系统规模越来越大、越来越复杂,整个系统的结构和规格说明就显得越来越重要。对于大规模的复杂软件系统来说,总体的系统结构设计和规格说明比起对计算的算法和数据结构的选择变得明显重要。在此种背景下,人们认识到了软件体系结构的重要性,并认为对软件体系结构的系统进行深入的研究将会成为提高软件生产率和解决软件维护问题的新的最有希望的途径。

对于软件项目的开发来说,具有清晰的软件体系结构是首要的。传统的软件开发过程可以划分为从概念直到具体实现的若干个阶段,包括问题定义、需求分析、软件设计、软件实现及软件测试等。软件体系结构的建立应在需求分析之后,软件设计之前。但在传统的软件工程方法中,需求和设计之间存在一条很难逾越的鸿沟,从而难以有效地将需求转换为相应的设计。软件体系结构就是试图在软件需求与软件设计之间架起一座桥梁,着重解决软件系统的结构和需求向实现平坦地过渡的问题。

体系结构在软件开发中为不同的人员提供了共同交流的语言,体现并尝试了系统早期的设计决策,并作为系统设计的抽象,为实现框架和构件的共享和重用、基于体系结构的软件开发提供了有力的支持。鉴于体系结构的重要性,Perry 将软件体系结构视为软件开发中第一类重要的设计对象,Barry Boehm 也明确指出:"在没有设计出体系结构及其规则时,整个项目不能继续下去,而且体系结构应该看作软件开发中可交付的中间产品"。

软件体系结构是根植于软件工程发展起来的一门新兴学科,目前已经成为软件工程研究和实践的主要领域。专门和广泛的研究软件体系结构是从 20 世纪 90 年代才开始的,1993 年到 1995 年,卡耐基梅隆大学的 Mary Shaw 与 David Garlan,贝尔实验室的Perry，南加州大学的Barry Boehm，斯坦福大学的David Luckham等人开始将注意力投向软件体系结构的研究和学科建设。

目前，软件体系结构的领域研究非常活跃，如南加州大学专门成立了软件体系结构研究组，曼彻斯特大学专门成立了软件体系结构研究所。同时，业界许多著名企业的研究中心也将软件体系结构作为重要的研究内容。如由IBM、Nokia和ABB等企业联合一些大学研究嵌入式系统的体系结构项目。国内也有不少机构在从事软件体系结构方面的研究，如北京大学软件工程研究所一直从事基于体系结构软件组装的工业化生产方法与平台的研究，北京邮电大学则研究了电信软件的体系结构，国防科学技术大学推出的CORBA规范实现平台为体系结构研究提供了基础设施所需的中间件技术。许多大学为计算机软件专业硕士和软件工程硕士都开设了软件体系结构课程。

本书共分10章，第1章简单介绍软件体系结构的概念、发展和应用现状；第2章讨论软件体系结构建模，包括视图模型、核心模型、生命周期模型和抽象模型；第3章介绍软件体系结构的风格和特定领域软件体系结构；第4章讨论软件体系结构的描述方法，重点介绍软件体系结构描述语言；第5章介绍动态软件体系结构及其描述方法；第6章介绍Web服务体系结构相关知识，以及面向服务的体系结构的基本概念和设计原则；第7章讨论基于体系结构的软件开发方法，介绍基于体系结构的软件过程；第8章讨论软件体系结构的分析与测试问题，重点介绍软件体系结构的可靠性风险分析；第9章讨论软件体系评估方法，重点介绍ATAM和SAAM方法；第10章介绍软件产品线的原理和方法、框架技术，重点讨论产品线体系结构的设计和演化。第4.6、4.7、5、6、7.7节和第8章由李雄编写，其他章节由张友生编写。

在本书出版之际，我们要特别感谢国内外软件工程和软件体系结构专著、教材和许多高水平论文、报告的作者们（恕不一一列举，名单详见各章中的主要参考文献），他们的作品为本书提供了丰富的营养，使我们受益匪浅。在本书中引用了他们的部分材料，使本书能够尽量反映软件体系结构研究和实践领域的最新进展。

感谢阅读本书第一版的读者，特别要感谢使用本书第一版作为教材的老师，他们为本书的修订和第2版的出版提出了宝贵的意见。

感谢希赛网（http://www.csai.cn）为本书的意见反馈提供了空间和程序，感谢清华大学出版社的帮助。

由于作者水平有限，时间紧迫，加上软件体系结构是一门新兴的学科，本身发展很快，对有些新领域作者尚不熟悉。因此，书中难免有不妥和错误之处，我们诚恳地期望各位专家和读者不吝指教和帮助。对此，我们将深为感激。

2006年9月

目 录

第1章 软件体系结构概论 ………………………………………………………… 1

  1.1 从软件危机谈起 …………………………………………………………… 1

    1.1.1 软件危机的表现 ……………………………………………………… 1

    1.1.2 软件危机的成因 ……………………………………………………… 2

    1.1.3 如何克服软件危机 …………………………………………………… 3

  1.2 构件与软件重用 …………………………………………………………… 4

    1.2.1 构件模型及实现 ……………………………………………………… 4

    1.2.2 构件获取 ……………………………………………………………… 5

    1.2.3 构件管理 ……………………………………………………………… 6

    1.2.4 构件重用 ……………………………………………………………… 10

    1.2.5 软件重用实例 ………………………………………………………… 15

  1.3 软件体系结构的兴起和发展 ……………………………………………… 18

    1.3.1 软件体系结构的定义 ………………………………………………… 19

    1.3.2 软件体系结构的意义 ………………………………………………… 20

    1.3.3 软件体系结构的发展史 ……………………………………………… 23

  1.4 软件体系结构的应用现状 ………………………………………………… 23

  主要参考文献 …………………………………………………………………… 29

第2章 软件体系结构建模 ………………………………………………………… 30

  2.1 软件体系结构建模概述 …………………………………………………… 30

  2.2 "4+1"视图模型 …………………………………………………………… 30

    2.2.1 逻辑视图 ……………………………………………………………… 31

    2.2.2 开发视图 ……………………………………………………………… 32

    2.2.3 进程视图 ……………………………………………………………… 33

    2.2.4 物理视图 ……………………………………………………………… 35

2.2.5 场景 ··· 36
2.3 软件体系结构的核心模型 ·· 37
2.4 软件体系结构的生命周期模型 ·· 38
2.5 软件体系结构抽象模型 ·· 41
　　2.5.1 构件 ··· 41
　　2.5.2 连接件 ··· 43
　　2.5.3 软件体系结构 ··· 44
　　2.5.4 软件体系结构关系 ··· 44
　　2.5.5 软件体系结构范式 ··· 46
主要参考文献 ·· 48

第3章 软件体系结构风格 ··· 49

3.1 软件体系结构风格概述 ·· 49
3.2 经典软件体系结构风格 ·· 50
　　3.2.1 管道和过滤器 ··· 50
　　3.2.2 数据抽象和面向对象组织 ··· 51
　　3.2.3 基于事件的隐式调用 ··· 52
　　3.2.4 分层系统 ··· 53
　　3.2.5 仓库系统及知识库 ··· 53
　　3.2.6 C2风格 ·· 54
3.3 客户/服务器风格 ··· 55
3.4 三层C/S结构风格 ·· 57
　　3.4.1 三层C/S结构的概念 ··· 57
　　3.4.2 三层C/S结构应用实例 ··· 60
　　3.4.3 三层C/S结构的优点 ··· 64
3.5 浏览器/服务器风格 ··· 65
3.6 公共对象请求代理体系结构 ·· 66
3.7 正交软件体系结构 ·· 69
　　3.7.1 正交软件体系结构的概念 ··· 69
　　3.7.2 正交软件体系结构的实例 ··· 70
　　3.7.3 正交软件体系结构的优点 ··· 73
3.8 基于层次消息总线的体系结构风格 ·· 73
　　3.8.1 构件模型 ··· 75
　　3.8.2 构件接口 ··· 75
　　3.8.3 消息总线 ··· 76

        3.8.4 构件静态结构 ………………………………………………………… 77
        3.8.5 构件动态行为 ………………………………………………………… 78
        3.8.6 运行时刻的系统演化 ………………………………………………… 78
    3.9 异构结构风格 …………………………………………………………………… 79
        3.9.1 为什么要使用异构结构 ……………………………………………… 79
        3.9.2 异构结构的实例 ……………………………………………………… 80
        3.9.3 异构组合匹配问题 …………………………………………………… 83
    3.10 互联系统构成的系统及其体系结构 …………………………………………… 84
        3.10.1 互联系统构成的系统 ………………………………………………… 84
        3.10.2 基于 SASIS 的软件过程 ……………………………………………… 85
        3.10.3 应用范围 ……………………………………………………………… 87
    3.11 特定领域软件体系结构 ………………………………………………………… 89
        3.11.1 DSSA 的定义 ………………………………………………………… 89
        3.11.2 DSSA 的基本活动 …………………………………………………… 90
        3.11.3 参与 DSSA 的人员 …………………………………………………… 91
        3.11.4 DSSA 的建立过程 …………………………………………………… 92
        3.11.5 DSSA 实例 …………………………………………………………… 94
        3.11.6 DSSA 与体系结构风格的比较 ……………………………………… 97
    主要参考文献 ………………………………………………………………………… 98

第 4 章 软件体系结构描述 ……………………………………………………………… 99
    4.1 软件体系结构描述方法 ………………………………………………………… 99
    4.2 软件体系结构描述框架标准 …………………………………………………… 101
    4.3 体系结构描述语言 ……………………………………………………………… 102
        4.3.1 ADL 与其他语言的比较 ……………………………………………… 102
        4.3.2 ADL 的构成要素 ……………………………………………………… 104
    4.4 典型的软件体系结构描述语言 ………………………………………………… 106
        4.4.1 UniCon ………………………………………………………………… 106
        4.4.2 Wright ………………………………………………………………… 108
        4.4.3 C2 ……………………………………………………………………… 109
        4.4.4 Rapide ………………………………………………………………… 113
        4.4.5 SADL …………………………………………………………………… 114
        4.4.6 Aesop …………………………………………………………………… 115
        4.4.7 ACME …………………………………………………………………… 116
    4.5 软件体系结构与 UML …………………………………………………………… 123

    4.5.1 UML 简介 ·········· 123
    4.5.2 UML 的主要内容 ·········· 125
    4.5.3 直接使用 UML 建模 ·········· 130
    4.5.4 使用 UML 扩展机制 ·········· 134
  4.6 可扩展标记语言 ·········· 138
    4.6.1 XML 语言简介 ·········· 138
    4.6.2 XML 相关技术简介 ·········· 140
  4.7 基于 XML 的软件体系结构描述语言 ·········· 142
    4.7.1 XADL 2.0 ·········· 142
    4.7.2 XBA ·········· 147
  主要参考文献 ·········· 150

第 5 章 动态软件体系结构 ·········· 151

  5.1 动态软件体系结构概述 ·········· 151
  5.2 软件体系结构动态模型 ·········· 153
    5.2.1 基于构件的动态系统结构模型 ·········· 153
    5.2.2 πADL 动态体系结构 ·········· 157
  5.3 动态体系结构的描述 ·········· 162
    5.3.1 动态体系结构描述语言 ·········· 162
    5.3.2 动态软件体系结构的形式化描述 ·········· 163
  5.4 动态体系结构特征 ·········· 165
  5.5 化学抽象机 ·········· 166
  主要参考文献 ·········· 169

第 6 章 Web 服务体系结构 ·········· 170

  6.1 Web 服务概述 ·········· 170
    6.1.1 什么是 Web 服务 ·········· 170
    6.1.2 Web 服务的不同描述 ·········· 171
    6.1.3 Web 服务的特点 ·········· 172
  6.2 Web 服务体系结构模型 ·········· 173
  6.3 Web 服务的核心技术 ·········· 176
    6.3.1 作为 Web 服务基础的 XML ·········· 176
    6.3.2 简单对象访问协议 ·········· 177
    6.3.3 Web 服务描述语言 ·········· 179
    6.3.4 统一描述、发现和集成协议 ·········· 180

6.4 面向服务的软件体系结构 ·················· 182
　　6.4.1 面向服务体系结构概念 ·················· 182
　　6.4.2 面向服务体系结构的设计原则 ·················· 184
6.5 Web 服务的应用实例 ·················· 186
主要参考文献 ·················· 189

第 7 章 基于体系结构的软件开发 ·················· 191

7.1 设计模式 ·················· 191
　　7.1.1 设计模式概述 ·················· 191
　　7.1.2 设计模式的组成 ·················· 194
　　7.1.3 模式和软件体系结构 ·················· 196
　　7.1.4 设计模式方法分类 ·················· 197
7.2 基于体系结构的设计方法 ·················· 201
　　7.2.1 有关术语 ·················· 201
　　7.2.2 ABSD 方法与生命周期 ·················· 203
　　7.2.3 ABSD 方法的步骤 ·················· 205
7.3 体系结构的设计与演化 ·················· 211
　　7.3.1 设计和演化过程 ·················· 211
　　7.3.2 实验原型阶段 ·················· 212
　　7.3.3 演化开发阶段 ·················· 214
7.4 基于体系结构的软件开发模型 ·················· 215
　　7.4.1 体系结构需求 ·················· 215
　　7.4.2 体系结构设计 ·················· 216
　　7.4.3 体系结构文档化 ·················· 217
　　7.4.4 体系结构复审 ·················· 218
　　7.4.5 体系结构实现 ·················· 218
　　7.4.6 体系结构演化 ·················· 219
7.5 应用开发实例 ·················· 220
　　7.5.1 系统简介 ·················· 220
　　7.5.2 系统设计与实现 ·················· 224
　　7.5.3 系统演化 ·················· 225
7.6 基于体系结构的软件过程 ·················· 226
　　7.6.1 有关概念 ·················· 226
　　7.6.2 软件过程网 ·················· 228
　　7.6.3 基本结构的表示 ·················· 230

7.6.4　基于体系结构的软件过程 Petri 网 ·················231
　7.7　软件体系结构演化模型 ·····································235
　　　7.7.1　SA 静态演化模型 ·······································235
　　　7.7.2　SA 的动态演化模型 ···································238
　主要参考文献 ··240

第 8 章　软件体系结构的分析与测试 ·······················242
　8.1　体系结构的可靠性建模 ·····································242
　8.2　软件体系结构的可靠性风险分析 ························246
　　　8.2.1　软件体系结构风险分析背景 ·····················246
　　　8.2.2　软件体系结构风险分析方法 ·····················247
　8.3　基于体系结构描述的软件测试 ···························252
　　　8.3.1　测试方法 ···252
　　　8.3.2　实例与实现 ···254
　主要参考文献 ··255

第 9 章　软件体系结构评估 ···256
　9.1　体系结构评估概述 ···256
　9.2　软件体系结构评估的主要方式 ···························260
　9.3　ATAM 评估方法 ···261
　　　9.3.1　ATAM 评估的步骤 ···································262
　　　9.3.2　ATAM 评估的阶段 ···································268
　9.4　SAAM 评估方法 ···271
　　　9.4.1　SAAM 评估的步骤 ···································271
　　　9.4.2　SAAM 评估实例 ·······································275
　主要参考文献 ··279

第 10 章　软件产品线体系结构 ···································280
　10.1　软件产品线的出现和发展 ·································280
　　　10.1.1　软件体系结构的发展 ·······························281
　　　10.1.2　软件重用的发展 ·······································282
　10.2　软件产品线概述 ···282
　　　10.2.1　软件产品线的基本概念 ···························282
　　　10.2.2　软件产品线的过程模型 ···························283
　　　10.2.3　软件产品线的组织结构 ···························285

	10.2.4 软件产品线的建立方式	287
	10.2.5 软件产品线的演化	288
10.3	框架和应用框架技术	289
10.4	软件产品线基本活动	291
10.5	软件产品线体系结构的设计	294
	10.5.1 产品线体系结构简介	294
	10.5.2 产品线体系结构的标准化和定制	296
10.6	软件产品线体系结构的演化	297
	10.6.1 背景介绍	298
	10.6.2 两代产品的各种发行版本	300
	10.6.3 需求和演化的分类	303

主要参考文献 …… 306

第1章

软件体系结构概论

1.1 从软件危机谈起

软件危机(software crisis)是指在计算机软件的开发(development)和维护(maintenance)过程中所遇到的一系列严重问题。20世纪60年代末至70年代初,"软件危机"一词在计算机界广为流传。事实上,几乎从计算机诞生的那一天起,就出现了软件危机,只不过到了1968年在原西德加密施召开的国际软件工程会议上才被人们普遍认识到。

1.1.1 软件危机的表现

1. 软件成本日益增长

在计算机发展的早期,大型计算机系统主要是设计(design)应用于非常狭窄的军事领域。在这个时期,研制计算机的费用主要由国家财政提供,研制者很少考虑到研制代价问题。随着计算机市场化和民用化的发展,代价和成本就成为投资者考虑的最重要的问题之一。20世纪50年代,软件成本(cost)在整个计算机系统成本中所占的比例为10%~20%。但随着软件产业的发展,软件成本日益增长。相反,计算机硬件随着技术的进步、生产规模的扩大,价格却在不断下降。这样一来,软件成本在计算机系统中所占的比例越来越大。到20世纪60年代中期,软件成本在计算机系统中所占的比例已经增长到50%左右。而且,该数字还在不断地递增,下面是一组来自美国空军计算机系统的数据:1955年,软件费用约占总费用的18%,1970年达到60%,1975年达到72%,1980年达到80%,1985年达到85%左右。

2. 开发进度难以控制

由于软件是逻辑、智力产品,软件的开发需建立庞大的逻辑体系,这与其他产品的生产不一样。例如,工厂要生产某种机器,在时间紧的情况下可以要工人加班或者实行"三班倒",而这些方法都不能用在软件开发上。

在软件开发过程中,用户需求(requirement)变化等各种意想不到的情况层出不穷,常常令软件开发过程很难保证按预定的计划实现,给项目计划和论证工作带来很大的困难。

BROOK曾经提出:"在已拖延的软件项目上,增加人力只会使其更难按期完成"。事实上,软件系统的结构很复杂,各部分附加联系极大,盲目增加软件开发人员并不能成比例地提高软件开发能力。相反,随着人员数量的增加,人员的组织、协调、通信、培训和管理等方面的问题将更为严重。

许多重要的大型软件开发项目,如IBM OS/360和世界范围的军事命令控制系统(WWMCCS),在耗费了大量的人力和财力之后,由于离预定目标相差甚远而不得不宣布失败。

3. 软件质量差

软件项目即使能按预定日期完成,结果却不尽如人意。1965年至1970年间,美国范登堡基地发射火箭多次失败,绝大部分故障是由应用程序错误造成的。程序的一些微小错误可以造成灾难性的后果,例如,有一次在美国肯尼迪发射一枚阿脱拉斯火箭,火箭飞离地面几十英里高空开始翻转,地面控制中心被迫下令炸毁。后经检查发现是飞行计划程序里漏掉了一个连字符,就是这样一个小小的疏漏造成了这枚价值1850万美元的火箭试验失败。

在"软件作坊"里,由于缺乏工程化思想的指导,程序员几乎总是习惯性地以自己的想法去代替用户对软件的需求,软件设计带有随意性,很多功能只是程序员的"一厢情愿"而已,这是造成软件不能令人满意的重要因素。

4. 软件维护困难

正式投入使用的软件,总是存在一些错误,在不同的运行条件下,软件就会出现故障,因此需要维护。但是,由于在软件设计和开发过程中,没有严格遵循软件开发标准,随意性很大,没有完整的真实反映系统状况的记录文档,给软件维护造成了巨大的困难。特别是在软件使用过程中,开发人员可能因各种原因已经离开了原来的开发组织,使得软件几乎不可维护。

另外,软件修改是一项很"危险"的工作,对一个复杂的逻辑过程,哪怕作一项微小的改动,都可能引入潜在的错误,常常会发生"纠正一个错误带来更多新错误"的问题,从而产生副作用。

有资料表明,工业界为维护软件支付的费用占全部硬件和软件费用的40%～75%。

1.1.2 软件危机的成因

从软件危机的种种表现和软件作为逻辑产品的特殊性可以发现造成软件危机的成因。

1. 用户需求不明确

在软件开发过程中,用户需求不明确。问题主要体现在四个方面:
(1) 在软件开发出来之前,用户自己也不清楚软件的具体需求。
(2) 用户对软件需求的描述不精确,可能有遗漏、有二义性甚至有错误。
(3) 在软件开发过程中,用户还提出修改软件功能(function)、界面(interface)、支撑环境(environment)等方面的要求。

（4）软件开发人员对用户需求的理解与用户本来愿望有差异。

2. 缺乏正确的理论指导

缺乏有力的方法学和工具方面的支持。由于软件不同于大多数其他工业产品，其开发过程是复杂的逻辑思维过程，其产品极大程度地依赖于开发人员高度的智力投入。由于过分依靠程序设计人员在软件开发过程中的技巧和创造性，加剧了软件产品的个性化，也是导致软件危机的一个重要原因。

3. 软件规模越来越大

随着软件应用范围的增广，软件规模愈来愈大。大型软件项目需要组织一定的人力共同完成，而多数管理人员缺乏开发大型软件系统的经验，且多数软件开发人员又缺乏管理方面的经验。各类人员的信息交流不及时、不准确，有时还会产生误解。软件项目开发人员不能有效地、独立自主地处理大型软件的全部关系和各个分支，因此容易产生疏漏和错误。

4. 软件复杂度越来越高

软件不仅仅是在规模上快速地发展扩大，而且其复杂性（complexity）也急剧增加。软件产品的特殊性和人类智力的局限性，导致人们无力处理"复杂问题"。所谓"复杂问题"的概念是相对的，一旦人们采用先进的组织形式、开发方法和工具提高了软件开发效率和能力，新的、更大的、更复杂的问题又摆在人们的面前。

1.1.3 如何克服软件危机

人们在认真地研究和分析了软件危机背后的真正原因之后，得出了"人们面临的不光是技术问题，更重要的是管理问题。管理不善必然导致失败"的结论，便开始探索用工程的方法进行软件生产的可能性，即应用现代工程的概念、原理、技术和方法进行计算机软件的开发、管理和维护。于是，计算机科学技术的一个新领域——软件工程（software engineering）诞生了。

软件工程是用工程、科学和数学的原则与方法研制、维护计算机软件的有关技术及管理方法。软件工程包括三个要素：方法、工具和过程。

软件工程方法为软件开发提供了"如何做"的技术，是完成软件工程项目的技术手段；

软件工具是人类在开发软件的活动中智力和体力的扩展和延伸，为软件工程方法提供自动的或半自动的软件支撑环境；

软件工程的过程则是将软件工程的方法和工具综合起来以达到合理、及时地进行计算机软件开发的目的。

迄今为止，软件工程的研究与应用已经取得很大成就，它在软件开发方法、工具、管理等方面的应用大大缓解了软件危机造成的被动局面。

1.2 构件与软件重用

尽管当前社会的信息化过程对软件需求的增长非常迅速，但目前软件的开发与生产能力却相对不足，这不仅造成许多急需的软件迟迟不能开发出来，而且形成了软件脱节现象。自 20 世纪 60 年代人们认识到软件危机，并提出软件工程以来，已经对软件开发问题进行了不懈的研究。近年来人们认识到，要提高软件开发效率，提高软件产品质量，必须采用工程化的开发方法与工业化的生产技术。这包括技术与管理两方面的问题：在技术上，应该采用基于重用（英文单词为"reuse"，有些文献翻译为"复用"）的软件生产技术；在管理上，应该采用多维的工程管理模式。

近年来人们认识到，要真正解决软件危机，实现软件的工业化生产是惟一可行的途径。分析传统工业及计算机硬件产业成功的模式可以发现，这些工业的发展模式均是符合标准的零部件/构件（英文单词为"component"，有些文献翻译为"组件"或"部件"）生产以及基于标准构件的产品生产，其中，构件是核心和基础，重用是必需的手段。实践表明，这种模式是产业工程化、工业化的成功之路，也将是软件产业发展的必经之路。

软件重用是指在两次或多次不同的软件开发过程中重复使用相同或相近软件元素的过程。软件元素包括程序代码、测试用例、设计文档、设计过程、需求分析文档甚至领域（domain）知识。通常，把这种可重用的元素称做软构件（software component，通常简称为构件），可重用的软件元素越大，我们就说重用的粒度（granularity）越大。

使用软件重用技术可以减少软件开发活动中大量的重复性工作，这样就能提高软件生产率，降低开发成本，缩短开发周期。同时，由于软构件大都经过严格的质量认证，并在实际运行环境中得到检验，因此，重用软构件有助于改善软件质量。此外，大量使用软构件，软件的灵活性和标准化程度也能得到提高。

1.2.1 构件模型及实现

一般认为，构件是指语义完整、语法正确和有可重用价值的单位软件，是软件重用过程中可以明确辨识的系统；结构上，它是语义描述、通信接口和实现代码的复合体。简单地说，构件是具有一定的功能，能够独立工作或能同其他构件装配起来协调工作的程序体，构件的使用同它的开发、生产无关。从抽象程度来看，面向对象（object orientation）技术已达到了类级重用（代码重用），它是以类为封装的单位。这样的重用粒度还太小，不足以解决异构互操作和效率更高的重用。构件将抽象的程度提到一个更高的层次，它是对一组类的组合进行封装，并代表完成一个或多个功能的特定服务，也为用户提供了多个接口。整个构件隐藏了具体的实现，只用接口对外提供服务。

构件模型（model）是对构件本质特征的抽象描述。目前，国际上已经形成了许多构件模型，这些模型的目标和作用各不相同，其中部分模型属于参考模型（例如 3C 模型），部分模型属于描述模型（例如 RESOLVE 模型和 REBOOT 模型），还有一部分模型属于实现模型。近年来，已形成三个主要流派，分别是 OMG（object management group，对象管理集团）的 CORBA（common object request broker architecture，通用对象请求代理结构）、Sun

的 EJB(enterprise java bean)和 Microsoft 的 DCOM(distributed component object model，分布式构件对象模型)。这些实现模型将构件的接口与实现进行了有效的分离，提供了构件交互(interaction)的能力，从而增加了重用的机会，并适应了目前网络环境下大型软件系统的需要。

国内许多学者在构件模型的研究方面做了不少的工作，取得了一定成绩，其中较为突出的是北京大学杨芙清院士等人提出的"青鸟构件模型"，下面就以这个模型为例介绍构件。

青鸟构件模型充分吸收了上述模型的优点，并与它们相容。青鸟构件模型由外部接口(interface)与内部结构两部分组成，如图1-1所示。

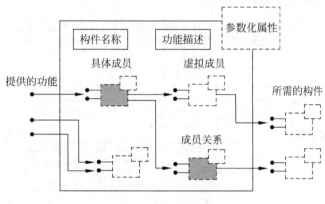

图 1-1 青鸟构件模型

1. 外部接口

构件的外部接口是指构件向其重用者提供的基本信息，包括构件名称、功能描述、对外功能接口、所需的构件、参数化属性等。外部接口是构件与外部世界的一组交互点，说明构件所提供的服务(消息、操作、变量)。

2. 内部结构

构件的内部结构包括两方面内容：内部成员以及内部成员之间的关系。其中内部成员包括具体成员与虚拟成员，成员关系包括内部成员之间的互联，以及内部成员与外部接口之间的互联。

构件实现是指具体实现构件功能的逻辑系统，通常也称为代码构件。构件实现由构件生产者完成，构件重用者则不必关心构件的实现细节。重用者在重用构件时，可以对其定制，也可以对其特例化。

1.2.2 构件获取

存在大量的可重用的构件是有效地使用重用技术的前提。通过对可重用信息与领域的分析，可以得到：

① 可重用信息具有领域特定性，即可重用性不是信息的一种孤立的属性，它依赖于特定的问题和特定的问题解决方法。为此，在识别(identify)、获取(capture)和表示(represent)可重用信息时，应采用面向领域的策略。

② 领域具有内聚性(cohesion)和稳定性(stability)，即关于领域的解决方法是充分内聚和充分稳定的。一个领域的规约和实现知识的内聚性，使得可以通过一组有限的、相对较少的可重用信息来解决大量问题。领域的稳定性使得获取的信息可以在较长的时间内多次重用。

领域是一组具有相似或相近软件需求的应用系统所覆盖的功能区域，领域工程(domain engineering)是一组相似或相近系统的应用工程(application engineering)建立基本能力和必备基础的过程。领域工程过程可划分为领域分析、领域设计和领域实现等多个活动，其中的活动与结果如图1-2所示。

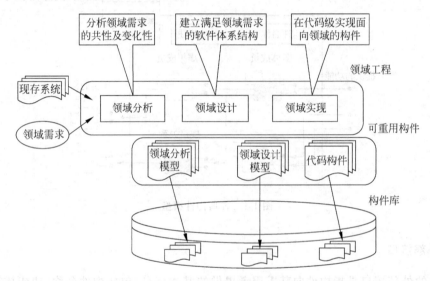

图1-2 领域工程中的活动与结果

在建立基于构件的软件开发(component-based software development, CBSD)中，构件获取可以有多种不同的途径：

① 从现有构件中获得符合要求的构件，直接使用或作适应性(flexibility)修改，得到可重用的构件。

② 通过遗留工程(legacy engineering)，将具有潜在重用价值的构件提取出来，得到可重用的构件。

③ 从市场上购买现成的商业构件，即COTS(commercial off-the-shell)构件。

④ 开发新的符合要求的构件。

一个组织在进行以上决策时，必须考虑到不同方式获取构件的一次性成本和以后的维护成本，然后做出最优的选择。

1.2.3 构件管理

对大量的构件进行有效的管理，以方便构件的存储、检索和提取，是成功重用构件的必要保证。构件管理的内容包括构件描述、构件分类、构件库组织、人员及权限管理和用户意见反馈等。

1. 构件描述

构件模型是对构件本质的抽象描述，主要是为构件的制作与构件的重用提供依据；从管理角度出发，也需要对构件进行描述，例如，实现方式、实现体、注释、生产者、生产日期、大小、价格、版本和关联构件等信息，它们与构件模型共同组成了对构件的完整描述。

2. 构件分类与构件库组织

为了给使用者在查询构件时提供方便，同时也为了更好地重用构件，必须对收集和开发的构件进行分类（classify）并置于构件库的适当位置。构件的分类方法及相应的库结构对构件的检索和理解有极为深刻的影响。因此，构件库的组织应方便构件的存储和检索。

可重用技术对构件库组织方法的要求是：

① 支持构件库的各种维护动作，如增加、删除以及修改构件，尽量不要影响构件库的结构。

② 不仅要支持精确匹配，还要支持相似构件的查找。

③ 不仅能进行简单的语法匹配，而且能够查找在功能或行为方面等价或相似的构件。

④ 对应用领域具有较强的描述能力和较好的描述精度。

⑤ 库管理员和用户容易使用。

目前，已有的构件分类方法可以归纳为三大类，分别是关键字分类法、刻面分类法和超文本组织方法。

（1）关键字分类法

关键字分类法（keyword classification）是一种最简单的构件库组织方法，其基本思想是：根据领域分析的结果将应用领域的概念按照从抽象到具体的顺序逐次分解为树形或有向无回路图结构。每个概念用一个描述性的关键字表示。不可分解的原子级关键字包含隶属于它的某些构件。图1-3给出了构件库的关键字分类结构示例，它支持图形用户界面设计。

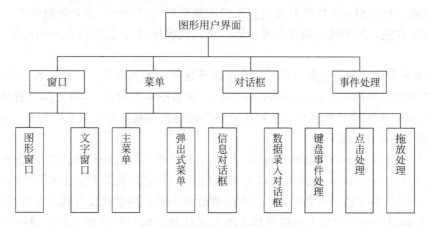

图1-3 关键字分类结构示例

当加入构件时，库管理员必须对构件的功能或行为进行分析，在浏览上述关键字分类结构的同时将构件置于最合适的原子级关键字之下。如果无法找到构件的属主关键字，可以扩充现有的关键字分类结构，引进新的关键字。但库管理员必须保证，新关键字有相同的领域分析结果作为支持。例如，如果我们需要增加一个"图形文字混合窗口"构件，只需把该构件放到属主关键字"窗口"的下一级。

(2) 刻面分类法

刻面分类法(faceted classification)的主要思想来源于图书馆学，这种分类方法是Prieto-Diaz 和 Freeman 在 1987 年提出来的。在刻面分类机制中，定义若干用于刻画构件特征的"面"(facet)，每个面包含若干概念，这些概念表述构件在面上的特征。刻面可以描述构件执行的功能、被操作的数据、构件应用的语境或任意其他特征。描述构件的刻面的集合称为刻面描述符(facet descriptor)，通常，刻面描述被限定不超过 7 或 8 个刻面。当描述符中出现空的特征值时，表示该构件没有相应的面。

作为一个简单的在构件分类中使用刻面的例子，考虑使用下列构件描述符的模式：

{function,object type,system type}

刻面描述符中的每个刻面可含有一个或多个值，这些值一般是描述性关键词，例如，如果功能是某构件的刻面，赋给此刻面的典型值可能是：

function = (copy,from) or (copy,replace,all)

多个刻面值的使用使得原函数 copy 能够被更完全地细化。

关键词(值)被赋给重用库中的每个构件的刻面集，当软件工程师在设计中希望查询构件库以发现可能的构件时，规定一列值，然后到库中寻找匹配项。可使用自动工具以完成同义词词典功能，这使得查找不仅包括软件工程师给出的关键词，还包括这些关键词的技术同义词。

作为一个例子，青鸟构件库就是采用刻面分类方法对构件进行分类的，这些刻画包括：

① 使用环境。使用(包括理解/组装/修改)该构件时必须提供的硬件和软件平台(platform)。

② 应用领域。构件原来或可能被使用到的应用领域(及其子领域)的名称。

③ 功能。在原有或可能的软件系统中所提供的软件功能集合。

④ 层次。构件相对于软件开发过程阶段的抽象层次，如分析、设计和编码等。

⑤ 表示方法。用来描述构件内容的语言形式或媒体，如源代码构件所用的编程语言环境等。

关键字分类法和刻面分类法都是以数据库系统作为实现背景。尽管关系数据库可供选用，但面向对象数据库(object-oriented database)更适于实现构件库，因为其中的复合对象、多重继承(inheritance)等机制与表格相比更适合描述构件及其相互关系。

(3) 超文本组织方法

超文本方法(hypertext classification)与基于数据库系统的构件库组织方法不同，它基于全文检索(full text search)技术。其主要思想是：所有构件必须辅以详尽的功能或行为(performance)说明文档；说明中出现的重要概念或构件以网状链接方式相互连接；检索者在阅读文档的过程中可按照人类的联想思维方式任意跳转到包含相关概念或构件的文档；全文检索系统将用户给出的关键字与说明文档中的文字进行匹配，实现构件的浏览式检索。

超文本是一种非线性的网状信息组织方法，它以结点为基本单位，链作为结点之间的联想式关联，如图 1-4 所示。

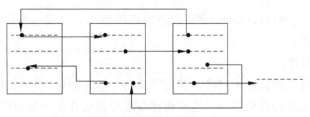

图 1-4　超文本结构示意图

　　一般地，结点是一个信息块。对可重用构件而言，结点可以是域概念、功能或行为名称、构件名称等。在图形用户界面上，结点可以是字符串，也可以是图像、声音和动画等。超文本组织方法为构造构件和重用构件提供了友好、直观的多媒体方式。由于网状结构比较自由、松散，因此，超文本方法比前两种方法更易于修改构件库的结构。

　　例如，Windows 环境下的联机帮助系统就是一种典型的超文本系统。为构造构件的文档，首先要根据领域分析的结果在说明文档中标识超文本结点并在相关文档中建立链接关系，然后用类似于联机帮助系统编译器的工具对构件的说明文档进行编译，最后用相应的工具（例如，IE 浏览器）运行编译后的目标即可。

　　在工业界，商业化构件可以分为以下几类。

（1）用户界面类、数据库类

　　我国很多公司都具有开发这类构件的能力，但不容易做到质量上乘、功能齐全和使用方便。

（2）商务应用类

　　因我国的商业环境和惯例有别于其他国家，因此国内企业尚不具备开发此类构件产品的可能，但可以通过采购此类产品来为海外客户服务。

（3）工具类、网络通讯类

　　封装较为复杂的调用或者一个/组算法，比如 TCP/IP 协议，读写图像，压缩，加密算法等。目前，我国许多软件公司具有开发这类构件的基础，但需要将构件产品化。

（4）核心技术类

　　例如识别、语音、3D 模型等。我国拥有这类核心技术的软件企业不多，但很多大学实验室、研究所都有不错的核心技术，完全可作为开发核心技术构件的基础。

　　如果把软件系统看成是构件的集合，那么从构件的外部形态来看，构成一个系统的构件可分为 5 类。

（1）独立而成熟的构件

　　独立而成熟的构件得到了实际运行环境的多次检验，该类构件隐藏了所有接口，用户只需用规定好的命令进行使用。例如，数据库管理系统和操作系统等。

（2）有限制的构件

　　有限制的构件提供了接口，指出了使用的条件和前提。这种构件在装配时，会产生资源冲突、覆盖等影响，在使用时需要加以测试。例如，各种面向对象程序设计语言中的基础类库等。

（3）适应性构件

　　适应性构件进行了包装或使用了接口技术，把不兼容性、资源冲突等进行了处理，可以直接使用。这种构件可以不加修改地使用在各种环境中。例如 ActiveX 等。

（4）装配的构件

　　装配（assemble）的构件在安装时，已经装配在操作系统、数据库管理系统或信息系统不同层次上,使用胶水代码(glue code)就可以进行连接使用。目前一些软件商提供的大多数软件产品都属这一类。

(5) 可修改的构件

可修改的构件可以进行版本替换。如果对原构件修改错误、增加新功能,可以利用重新"包装"或写接口来实现构件的替换。这种构件在应用系统开发中使用得比较多。

3. 人员及权限管理

构件库系统是一个开放的公共构件共享机制,任何使用者都可以通过网络访问构件库,这在为使用者带来便利的同时,也给系统的安全性带来了一定的风险,因此有必要对不同使用者的访问权限(privilege)作出适当的限制,以保证数据安全。

一般来讲,构件库系统可包括五类用户,即注册用户、公共用户、构件提交者、一般系统管理员和超级系统管理员。他们对构件库分别有不同的职责和权限,这些人员相互协作,共同维护着构件库系统的正常运作。同时,系统为每一种操作定义一个权限,包括提交构件、管理构件、查询构件及下载构件。每一用户可被赋予一项或多项操作权限,这些操作权限组合形成该人员的权限,从而支持对操作的分工,为权限分配提供了灵活性。

1.2.4 构件重用

构件开发的目的是重用,为了让构件在新的软件项目中发挥作用,库的使用者必须完成以下工作:检索与提取构件,理解与评价构件,修改构件,最后将构件组装到新的软件产品中。

1. 检索与提取构件

构件库的检索方法与组织方式密切相关,针对 1.2.3 节介绍的关键字分类法、刻面分类法和超文本组织方法,分别讨论相应的检索方法。

(1) 基于关键字的检索

这种简单检索方法的基本思想是:系统在图形用户界面上将构件库的关键字树形结构直观地展示给用户;用户通过对树形结构的逐级浏览寻找需要的关键字并提取相应的构件。当然,用户也可直接给出关键字(其中可含通配符),由系统自动给出合适的候选构件清单。

这种方法的优点是简单、易于实现,但在某些场合没有应用价值,因为用户往往无法用构件库中已有的关键字描述期望的构件功能或行为,对库的浏览也容易使用户迷失方向。

(2) 刻面检索法

该方法基于刻面分类法,由三步构成。

① 构造查询。用户提供要查找的构件在每个刻面上的特征,生成构件描述符。此时,用户可以从构件库已有的概念中进行挑选,也可将某些特征值指定为空。系统在检索过程中将忽略特征值为空的刻面。

② 检索构件。实现刻面检索法的计算机辅助软件工程(computer aided software engineering,CASE)工具在构件库中寻找相同或相近的构件描述符及相应的构件。

③ 对构件进行排序。被检索出来的构件清单除按相似程度排序外,还可以按照与重用

有关的度量信息排序。例如,构件的复杂性、可重用性和已成功的重用次数等。

这种方法的优点是易于实现相似构件的查找,但查询时比较麻烦。

(3) 超文本检索法

超文本检索法的基本步骤是:用户首先给出一个或数个关键字,系统在构件的说明文档中进行精确或模糊的语法匹配,匹配成功后,向用户列出相应的构件说明。如1.2.3节所述,构件说明是含有许多超文本结点的正文,用户阅读这些正文时可实现多个构件说明文档之间的自由跳转,最终选择合适的构件。为了避免用户在跳转过程中迷失方向,系统可以通过图形界面提供浏览历史信息图,允许将特定画面定义为命名"书签"并随时跳转至"书签",并帮助用户逆跳转路径逐步返回。

这种方法的优点是用户界面友好,但在某些情况下用户难以在超文本浏览过程中正确选取构件。

(4) 其他检索方法

上述检索方法基于语法(syntax)匹配,要求使用者对构件库中出现的众多词汇有较全面的把握、较精确的理解。理论的检索方法是语义(semantic)匹配:构件库的用户以形式化(formalization)手段描述所需要的构件的功能或行为语义,系统通过定理证明及基于知识的推理过程寻找语义上等价或相近的构件。遗憾的是,这种基于语义的检索方法涉及许多人工智能(artificial intelligence)难题,目前尚难以支持大型构件库的工程实现。

2. 理解与评价构件

要使库中的构件在当前的开发项目中发挥作用,准确地理解构件是至关重要的。当开发人员需要对构件进行某些修改时,情况更是如此。考虑到设计信息对于理解构件的必要性以及构件的用户逆向发掘设计信息的困难性,必须要求构件的开发过程遵循公共软件工程规范,并且在构件库的文档中,全面、准确地说明以下内容:

① 构件的功能与行为。
② 相关的领域知识。
③ 可适应性约束条件与例外情形。
④ 可以预见的修改部分及修改方法。

但是,如果软件开发人员希望重用以前非重用设计的构件,上述假设就不能成立。此时开发人员必须借助于CASE工具对候选构件进行分析。这种CASE工具对构件进行扫描,将各类信息存入某种浏览数据库,然后回答构件用户的各类查询,进而帮助理解。

逆向工程是理解构件的另一种重要手段。它试图通过对构件的分析,结合领域知识,半自动地生成相应的设计信息,然后借助设计信息完成对构件的理解和修改。

对构件可重用的评价,是通过收集并分析构件的用户在实际重用该构件的历史过程中的各种反馈信息来完成的。这些信息包括重用成功的次数,对构件的修改量,构件的健壮性度量和性能度量等。

3. 修改构件

理想的目标是对库中的构件不做修改而直接用于新的软件项目。但是,在大多数情况下,必须对构件进行或多或少的修改,以适应新的需求。为了减少构件修改的工作量,要求开发人员尽量使构件的功能、行为和接口设计更为抽象化、通用化和参数化。这样，构件的用户即可通过对实参的选取来调整构件的功能或行为。如果这种调整仍不足以使构件适用于新的软件项目，用户就必须借助设计信息和文档来理解、修改构件。所以，与构件有关的文档和抽象层次更高的设计信息对于构件的修改至关重要。例如，如果需要将 C 语言书写的构件改写为 Java 语言形式，构件的算法描述就十分重要。

4. 构件组装

构件组装是指将库中的构件经适当修改后相互连接，或者将它们与当前开发项目中的软件元素相连接，最终构成新的目标软件。构件组装技术大致可分为基于功能的组装技术、基于数据的组装技术和面向对象的组装技术。

（1）基于功能的组装技术

基于功能的组装技术采用子程序调用和参数传递的方式将构件组装起来。它要求库中的构件以子程序/过程/函数的形式出现，并且必须有清晰的接口说明。当使用这种组装技术进行软件开发时，开发人员首先应对目标软件系统进行功能分解，将系统分解为强内聚、松耦合的功能模块。然后根据各模块的功能需求提取构件，对它进行适应性修改后再挂接在上述功能分解框架（framework）中。

（2）基于数据的组装技术

基于数据的组装技术首先根据当前软件问题的核心数据结构设计出一个框架，然后根据框架中各结点的需求提取构件并进行适应性修改，再将构件逐个分配至框架中的适当位置。此后，构件的组装方式仍然是传统的子程序调用与参数传递。这种组装技术也要求库中构件以子程序形式出现，但它所依赖的软件设计方法不是功能分解，而是面向数据的设计方法，例如 Jackson 系统开发方法。

（3）面向对象的组装技术

由于封装和继承特征，面向对象方法比其他软件开发方法更适合支持软件重用。在面向对象的软件开发方法中，如果从类库中检索出来的基类能够完全满足新软件项目的需求，则可以直接应用，否则，必须以类库中的基类为父类采用构造法或子类法生成子类。

① 构造法。为了在子类中使用库中基类的属性（attribute）和方法（method），可以考虑在子类中引进基类的对象作为子类的成员变量，然后在子类中通过成员变量重用基类的属性和方法。表 1-1 是一个构造法的例子。

表 1-1 构造法实例

```
//定义基类
class Person{
public:
    Person(char * name, int age);
    ~Person();
protected:
    char * name;
    int age;
};
```

续表

```
//基类构造函数
Person::Person(char * name, int age)
{
    Person::name = new char[strlen(name) + 1];
    strcpy(Person::name,name);
    Person::age = age;
    cout << "Construct Person" << name << "," << age << ".\n";
    return;
}
//基类析构函数
Person::~Person()
{
    cout << "Destruct Person" << name << "," << age << ".\n";
    delete name;
    return;
}

//下面采用构造法生成 Teacher 类
class Teacher{
public:
    Teacher(char * name, int age, char * teaching);
    ~Teacher();
protected:
    Tperson * Person;
    char * course;
};

// Teacher 类的实现
Teacher::Teacher(char * name, int age, char * teaching)
{
    //重用基类的方法 Person()
    Tperson = new Person(name, age);
    strcpy(course, teaching);
    return;
}
Teacher::~Teacher()
{
    delete Tperson;
}
```

② 子类法。与构造法完全不同，子类法将新子类直接说明为库中基类的子类，通过继承和修改基类的属性与行为完成新子类的定义。表 1-2 是子类法的一个例子。

表 1-2　子类法实例

```cpp
//定义基类
class Person{
public:
    Person(char * name, int age);
    ~Person();
protected:
    char * name;
    int age;
};

//基类构造函数
Person::Person(char * name, int age)
{
    Person::name = new char[strlen(name) + 1];
    strcpy(Person::name,name);
    Person::age = age;
    cout ≪ "Construct Person" ≪ name ≪ "," ≪ age ≪ ".\n";
    return;
}

//基类析构函数
Person::~Person()
{
    cout ≪ "Destruct Person" ≪ name ≪ "," ≪ age ≪ ".\n";
    delete name;
    return;
}

//下面采用子类法构造 Teacher 类
class Teacher::public Person{
public:
    Teacher(char * name, int age, char * teaching):Person(name,age)
    {
        course = new char[strlen(teaching) + 1];
        strcpy(course, teaching);
        return;
    }
    ~Teacher();
    {
        delete course;
        return;
    }
protected:
    char * course;
};
```

1.2.5 软件重用实例

本节针对电子政务领域产品的开发过程中的重用策略与方法,从系统分析、设计到编码几个流程阶段,介绍软件的领域重用与层次重用的方法。

1. 应用背景

随着信息化技术的发展和政府上网工程的推进,电子政府与电子政务正逐步走向成熟,信息化管理和办公自动化成为政府机关的一个战略性课题。为了进一步推动政府信息化的建设,必须进一步研究和开发适应新时代的基于 Internet 和 Intranet 的办公管理系统。

本节介绍的通用办公管理系统(general office management system,GOMS)就是这样的一个系统。GOMS 是面向政府机关的信息化管理和办公自动化系统,是电子政务的主要组成部分。因此,GOMS 和其他电子政务系统一样,存在跨平台、分布、异构以及对原有应用系统进行整合的问题。为了面对各类机关的应用需要,GOMS 采用了多层 B/S 体系结构和 J2EE 技术实现系统的分布异构及跨平台,支持流行操作系统、Web 服务器以及数据库管理系统。

2. 需求重用

在产品领域定位的指导下,经过深入分析调研,我们发现所有的事务型系统都有一个共同的特征:工作流程。在 ISO 9000 中也规定任何组织的事务处理必须有标准、规范的工作流程。在系统分析时,可以将这些业务工作流程抽象出来,如公文管理中的收文流程、发文流程、归档流程、稽催流程、档案管理流程等。而且,在非公文管理的其他业务中也可以抽取流程,如车辆管理业务流程、会议室管理流程、请假加班流程等。因此,可以建立一个工作流(workflow)平台,使所有的业务流程只要在工作流平台中进行定义就可以运作,从而实现"零代码编写的理想目标"。

一般的应用软件产品除了完成业务所需要的功能外,还必须有一些支持模块(module),以支持系统的正常运行。这些模块通常包括组织管理模块和系统支持模块。组织管理是机关业务得以正常运作的基础,这对于每一个电子政务领域内的应用系统来说都是必不可少的。通常系统支持模块是为了软件系统的正常运作所提供的必不可少的功能,如系统权限管理、日志管理、数据库备份/恢复功能等都属于此类。

对于软件企业来说,保持系列产品在风格上的一致性是非常重要的。它不但可以减少系列产品的广告费用,降低系列产品的维护、培训费用,而且还可以在软件开发时进行界面风格重用,降低软件开发成本。

3. 设计重用

在产品开发之初,识别了所有的业务流程都可以运行于工作流平台之上。因此,在产品设计时,采用了以工作流平台为核心的领域软件产品设计框架,如图 1-5 所示。

该工作流平台向产品最终用户提供流程自定义工具,使用户无需编程就可以自定义出所需要的工作业务流程,并可对流程流转过程进行实时监控。而且,还向软件开发人员提供了快速应用开发工具以及应用编程接口（application programming interface，API），使开发人员只要调用该工作流平台 API 就可以实现复杂流程业务程序。

在选好系统领域框架和统一开发方法后，系统构件的开发就应充分利用已有框架所提供的服务和工具，并力求实现大粒度构件重用。通过系统构件的分层，将频繁变动的业务逻辑层分离出来，实现通用类构件的完全重用。并且在各个模块之间设计统一的接口，当某一模块业务逻辑改变时，使系统之间的影响最小。系统实现即插即用（plug and play），容易升级。为此，我们采用层次式软件体系结构（见 3.2.4 节），将产品的系统构件模型定义为四个层次，如图 1-6 所示。

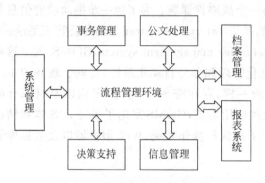

图 1-5　领域软件产品设计框架

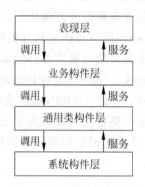

图 1-6　层次式体系结构

（1）系统构件层

系统构件层是指系统开发平台本身所提供的类库，包括 Java JDK 类库等。

（2）通用类构件层

通用类构件层是产品重用的核心，它不但能实现产品的纵向重用，而且还可以实现系列产品的横向重用。这一层主要包含了工作流平台核心模块、组织管理模块、系统管理模块、页面风格函数以及 JSP 的 CSS 和 JS 等字符串处理、数据库连接、通用打印和查询、权限验证和日期处理等与业务逻辑无关的类。

（3）业务构件层

业务构件层是指为了满足各个不同业务的需要而设计的软件包，并在业务软件包中设置明确的接口，方便业务之间的交互，并可以实现系列产品之间的大粒度构件重用。

（4）表现层

表现层主要采用 JSP、Serverlet 页面来展现业务流程界面。在表现层中，JSP 只调用 JavaBean 业务逻辑接口方法实现业务逻辑的处理，作为用户与系统交互的接口，而不涉及任何业务逻辑。

GOMS 系统在层次式软件体系结构的基础上，利用面向对象的继承、封装（encapsulation）和多态（polymorphism）等特性，上层能够继承下层的所有功能，并可进行屏蔽、修改和扩充，从而实现功能的逐层扩展。通过抽象，能够将系统的大多数公共操作和通用的数据库表结构提取出来，实现一个 GOMS 系统的基本操作库（基本类库）。通过封装，能够将完成某种功能的一系列操作和数据结构封装在一个模块中，隐藏内部的具体实现过程。通过继承和重载（overloading），后代不但能够方便地获得、扩充或者修改祖先的功能，而且还可以达到通过少量修改下层的方法来实现软件的可扩展，从而解决管理流程不断变化、软件难以适应的问题。

4. 代码重用

在采用上述可重用的分析、设计方法后,系统的实现(implementation)变得相对容易。在各代码段的实现时,只需要调用明确的接口,就可以实现处理功能,降低了算法的复杂度,大大提高了编码(coding)的效率及程序的可维护性。在编码时,主要采用 JavaBean 和 JSP 技术实现业务实体逻辑和用户系统操作接口。在 JavaBean 中充分采用 Java 的优秀的面向对象机制,实现业务实体类的处理逻辑,并尽可能地达到 JavaBean 方法的"一次编写,处处运行"的目标。在编写 JSP 时,完全引用业务逻辑层的 JavaBean,从而使 JSP 的页面编写变得简单,并实现了业务逻辑的封装性,提高了 JSP 程序代码的安全性。

另外,在编码过程中的一个重要重用是算法的重用。由于在类设计时基本上每一个类都提供了相似的功能,如新增、删除、修改、查询,而这些操作的算法基本上是一致的,差别只在于结构化查询语言(structured query language,SQL)语句的具体细节上,所以在设计编码时,可以先设计一个基类提供这些功能,在其他类实现时可以继承基类并重载或应用这些方法,实现算法的重用。

5. 组织结构的重用

在软件重用的过程中,仅仅有软件重用方法是不够的,还必须有重用的开发组织结构予以支持。因此,我们在产品开发过程中建立了重用的组织框构,主要由三组成员组成:构件开发组、构件应用组和协调组,这三个组的关系如图 1-7 所示。

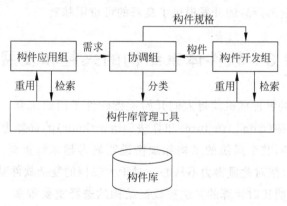

图 1-7　组织结构关系

(1) 构件开发组

构件开发组负责从协调组接收构件设计规格说明,进行构件的设计和实现,把实现了的构件交给协调组。构件开发组在接收到构件设计规格说明时,先在构件库中检索是否已经存在满足规格说明的构件,或者相接近、相类似的构件,如果存在这样的构件,则可以直接重用,或者扩展已有功能以满足规格说明的需要。

(2) 构件应用组

构件应用组负责业务逻辑的设计与实现,在开发过程中查询构件库,从中检索可重用构件,使用可重用构件进行业务逻辑的快速实现。如果构件库中没有需要的构件,则把构件的需求交给协调组。

（3）协调组

协调组负责在构件开发组和构件应用组之间起协调作用，接收并分析来自构件应用组的构件需求，对构件开发或从其他途径获取构件进行决策。如果决定自行开发，就形成构件设计规格说明，交给构件开发组。协调组同时负责构件的资格确认、质量控制、分类和存储工作。

6. 构件库

在软件重用过程中，建立构件库以进行可重用构件的推广和使用。在构件创建完成后，协调组将构件分类存放于产品项目工程中，提供给应用组使用，并用 JBuilder 生成 JavaDoc 文档存放于 Visual SourceSafe 构件文档库中，以便应用时查询，同时通知构件需求提供者。

采用超文本方法组织构件库，所有构件都辅以详细的功能和行为说明文档，说明中出现的构件以网状链接方式相互连接。应用组成员在阅读文档的过程中可按照人类的联想思维方式任意跳转到包含相关构件的文档。此外，还提供全文检索功能，将用户（构件开发组/应用组成员）给出的关键字与说明文档中的文字进行匹配，实现构件的浏览式检索。

为了避免用户在跳转过程中迷失方向，系统通过图形用户界面提供浏览历史信息图，允许将特定画面定义为命名"书签"并随时跳转至"书签"，帮助用户逆跳转路径而逐步返回。

在通用办公管理系统及电子政务产品开发过程中，实现了产品领域横向的重用和产品开发过程中的纵向层次结构的重用，在项目规划和整个软件开发过程中系统地采用了重用的策略，并建立了一整套重用管理机制，从而大大提高了软件产品的可重用性和软件生产率(productivity)，并为后继产品的开发提供了良好的可重用基础。

1.3 软件体系结构的兴起和发展

20 世纪 60 年代的软件危机使得人们开始重视软件工程的研究。起初，人们把软件设计的重点放在数据结构(data structure)和算法(algorithmic)的选择上，随着软件系统规模越来越大、越来越复杂，整个系统的结构和规格说明显得越来越重要。软件危机的日益加剧，现有的软件工程方法对此显得力不从心。对于大规模的复杂软件系统来说，对总体的系统结构设计和规格说明比对计算的算法和数据结构的选择重要得多。在此背景下，人们认识到软件体系结构(software architecture)的重要性，并认为对软件体系结构的系统深入的研究将会成为提高软件生产率和解决软件维护问题的新的最有希望的途径。

自从软件系统首次被分成许多模块，模块之间相互作用，组合起来有整体的属性，就具有了体系结构。优秀的开发者常常会使用一些体系结构模式(architecture pattern)作为软件系统结构设计策略，但他们并没有规范地、明确地表达出来，这样就无法将他们的知识与别人交流。软件体系结构是设计抽象的进一步发展，满足了更好地理解软件系统，更方便地开发更大、更复杂的软件系统的需要。

事实上，软件总是具有体系结构，不存在没有体系结构的软件。体系结构一词在英文里就是"建筑"的意思。把软件比做一座楼房，从整体上讲，是因为它有基础、主体和装饰，即操作系统之上的基础设施软件，实现计算逻辑的主体应用程序，方便使用的用户界面程序。从细节上来看，每一个程序也是有结构的。早期的结构化程序就是以语句组成模块，模块的聚集和嵌套形成层层调用的程序结构就是体系结构。结构化程序的程序（表达）结构和（计算的）逻辑结构的一致性及自顶向下开发方法自然而然地形成了体系结构。由于结构化程序设计时代程序规模不大，通过强调结构化程序设计方法学，自顶向下、逐步求精，并注意模块的耦合性就可以得到相对良好的结构，所以，并未特别研究软件体系结构。

我们可以作个简单的比喻，结构化程序设计时代是以砖、瓦、灰、沙、石、预制梁、柱、屋面板盖平房和小楼，而面向对象时代以整面墙、整间房、一层楼梯的预制件盖高楼大厦。构件怎样搭配才合理？体系结构怎样构造容易？重要构件有了更改后，如何保证整栋高楼不倒？每种应用领域（医院、工厂、旅馆）需要什么构件？有哪些实用、美观、强度、造价合理的构件骨架使建造出来的建筑（即体系结构）更能满足用户的需求？如同土木工程进入到现代建筑学一样，软件也从传统的软件工程进入到现代面向对象的软件工程，研究整个软件系统的体系结构，寻求建构最快、成本最低、质量最好的构造过程。

软件体系结构虽脱胎于软件工程，但其形成同时借鉴了计算机体系结构和网络体系结构中很多宝贵的思想和方法，最近几年软件体系结构研究已完全独立于软件工程的研究，成为计算机科学的一个最新的研究方向和独立学科分支。软件体系结构研究的主要内容涉及软件体系结构描述、软件体系结构风格、软件体系结构评价和软件体系结构的形式化方法等。解决好软件的重用、质量和维护问题，是研究软件体系结构的根本目的。

1.3.1 软件体系结构的定义

虽然软件体系结构已经在软件工程领域中有着广泛的应用，但迄今为止还没有一个被大家所公认的定义。许多专家学者从不同角度和不同侧面对软件体系结构进行了刻画，较为典型的定义有：

① Dewayne Perry 和 Alexander Wolf 曾这样定义：软件体系结构是具有一定形式的结构化元素（element），即构件的集合，包括处理构件、数据构件和连接构件。处理构件负责对数据进行加工，数据构件是被加工的信息，连接构件把体系结构的不同部分组合连接起来。这一定义注重区分处理构件、数据构件和连接构件，这一方法在其他的定义和方法中基本上得到保持。

② Mary Shaw 和 David Garlan 认为软件体系结构是软件设计过程中的一个层次，这一层次超越计算过程中的算法设计和数据结构设计。体系结构问题包括总体组织和全局控制、通信协议（protocol）、同步、数据存取，给设计元素分配特定功能，设计元素的组织、规模和性能，在各设计方案间进行选择等。软件体系结构处理算法与数据结构上关于整体系统结构设计和描述方面的一些问题，如全局组织和全局控制结构，关于通信、同步与数据存取的协议，设计构件功能定义，物理分布与合成，设计方案的选择、评估（evaluation）与实现等。

③ Kruchten 指出，软件体系结构有四个角度，它们从不同方面对系统进行描述：概念（concept）角度描述系统的主要构件及它们之间的关系；模块角度包含功能分解与层次结构；运行角度描述了系统的动态结构；代码角度描述了各种代码和库函数在开发环境中的组织。

④ Hayes Roth 则认为软件体系结构是一个抽象的系统规范,主要包括用其行为来描述的功能构件和构件之间的相互连接、接口和关系。

⑤ David Garlan 和 Dewne Perry 于 1995 年在国际电气和电子工程师协会(Institute of Electrical and Electronics Engineers, IEEE)软件工程学报上又采用如下定义:软件体系结构是一个程序/系统各构件的结构、它们之间的相互关系以及进行设计的原则和随时间演化(evolution)的指导方针。

⑥ Barry Boehm 和他的学生提出,一个软件体系结构包括一个软件和系统构件、互联及约束的集合;一个系统需求说明的集合;一个基本原理用以说明这一构件、互联和约束能够满足系统需求。

⑦ 1997年,Bass、Ctements 和 Kazman 在《使用软件体系结构》一书中给出如下定义:一个程序或计算机系统的软件体系结构包括一个或一组软件构件、软件构件外部的可见特性及其相互关系。其中,"软件外部的可见特性"是指软件构件提供的服务、性能、特性、错误处理和共享资源使用等。

总之,软件体系结构的研究正在发展,软件体系结构的定义也必然随之完善。在本书中,如果不特别指出,我们将使用软件体系结构的下列定义:

软件体系结构为软件系统提供了一个结构、行为和属性的高级抽象,由构成系统的元素的描述、这些元素的相互作用、指导元素集成的模式以及这些模式的约束组成。软件体系结构不仅指定了系统的组织(organization)结构和拓扑(topology)结构,并且显示系统需求和构成系统的元素之间的对应关系,提供了一些设计决策的基本原理。

1.3.2 软件体系结构的意义

1. 体系结构是风险承担者进行交流的手段

软件体系结构代表了系统的公共的高层次抽象。这样,系统的大部分有关人员(即使不是全部)能把它作为建立一个互相理解的基础,形成统一认识,互相交流。

因为软件系统的各个风险承担者(客户、用户、项目管理人员、设计开发人员以及测试人员等)关心着系统的各个不同方面,这些方面都受体系结构的影响,所以体系结构可能是大家都关心的一个重要因素(即使是从不同愿望出发)。例如,用户关心系统是否满足可用性和可靠性需求;客户关心的是系统能否在规定时间内完成,并且开支在预算范围内。管理人员担心在经费支出和进度条件下,按此体系结构能否使开发组成员在一定程度上独立开发,各部分的交互是否遵循统一的规范,开发进度是否可控;开发人员关心的是如何才能实现体系结构的各项目标。

总之,体系结构提供了一种共同语言来表达各种关注和协商,进而对大型复杂系统能进行理智的管理,这对项目最终的质量和使用有极大的影响。

2. 体系结构是早期设计决策的体现

软件体系结构体现了系统的最早的一组设计决策(decision),这些早期的约束比起后续的开发、设计、编码或运行服务及维护阶段的工作重要得多,对系统生命周期(life cycle)

的影响也大得多。早期决策的正确性最难以保证,而且这些决策也最难改变,影响范围也最大。

(1) 软件体系结构明确了对系统实现的约束条件

所谓"实现"就是要用实体来显示出一个软件体系结构,即要符合体系结构所描述的结构性设计决策,分割成规定的构件,按规定方式互相交互。如果系统实现严格遵循体系结构设计中所做出的关于系统结构的决策,则系统实现将能够体现出体系结构的特色。也就是说,在具体实现时必须按照体系结构的设计,将系统分成若干个组成部分,各部分必须按照预定的方式进行交互,而且每个部分也必须具有体系结构中所规定的外部特征。

这些约束是在系统级或项目范围内作出的,每个构件上工作的实现者是看不见的。这样一来,可以分离着重点,软件体系结构的设计者不必是算法设计者或精通编程语言,只需重点考虑系统的总体权衡(tradeoff)问题;而构件的开发人员在体系结构给定的约束下进行开发。

(2) 软件体系结构决定了开发和维护组织的组织结构

体系结构不仅规定了所开发软件的系统结构,还影响着项目开发组织的结构。开发一个大型系统时,常见的任务划分方法是系统的任务划分结构,即将系统的不同部分交由不同的小组去开发完成。体系结构中包含了对系统的最高层次的分解,因而一般作为任务划分结构的基础。

任务划分结构又规定了计划、调度及预算的单位,决定了组内交流的渠道,配置控制和文件系统的组织、集成(integration)与测试计划和过程,甚至对电子公告牌的组织、开发小组出去野餐的次数这样的琐碎细节也提出了要求。各开发小组按照体系结构中对各主要构件接口的规定进行交流。一旦进入维护阶段,维护活动也会反映出软件的结构,常由不同的小组分别负责对各具体部分的维护。

(3) 软件体系结构制约着系统的质量属性

一个大型系统能否具有所期望的质量属性,主要是由确定体系结构的时间决定的。小的软件系统可以通过编程或调试措施来达到质量属性的要求,随着软件系统规模的扩大,这种技巧也将越来越无法满足要求。这是因为,在大型软件系统中,质量属性更多地是由系统结构和功能划分来实现的,而不再主要依靠所选用的算法或数据结构。

系统的质量属性可以分为两类:第一类是可以通过运行软件并观察其效果来度量的,如功能、性能、安全性及可靠性等;第二类是指那些无法通过观察系统来度量,只能通过观察开发活动或维护活动来考察的特性,包括各种可维护性问题,如可适应性、可移植性、可重用性等(例如,可重用性依赖于系统中的构件与其他构件的联系情况)。必须认识到:软件体系结构并不能单独保证系统所要求的功能与质量。低劣的下游设计及实现都会破坏一个体系结构的构架。好的软件体系结构是必要条件,但不是成功的充分条件。

(4) 通过研究软件体系结构可能预测软件的质量

能否在系统开发或使用之前就确知在体系结构上做了哪些合理的决策(例如,系统是否将表现出所期望的质量属性)?答案是否定的。从理论上来说,用某种方法选择体系结构和随机选择一个体系结构没有什么两样。可以使用对体系结构的评价来预测系统未来的质量属性。一些体系结构评估技术(见第 6 章)可以全面地对按某软件体系结构开发出来的软件产品的质量及缺陷作出比较准确的预测。

(5) 软件体系结构使推理和控制更改更简单

按照经典软件工程理论,软件维护阶段所花费的成本占整个软件生命周期中的60%～80%。根据这一论断,许多(即使不是全部)程序员或设计师从来没有进行过新系统的开发,而仅仅是在已有代码的基础上工作。

在整个软件生命周期内,体系结构的更改可以划分为三类：局部的、非局部的和体系结构级的变更。局部变更是最经常发生的,也是最容易进行的,只需修改某一个构件就可以实现。非局部变更的实现则需对多个构件进行修改,但并不改动体系结构。体系结构级的变更是指会影响各部分的相互关系,甚至要改动整个系统。所以,一个优秀的体系结构应该能使更改简单易行。

重要的是要确定何时必须更改,确定哪种更改方式的风险最小,评估更改的后果,以及合理安排所提出的更改的实施顺序和优先级等。所有这些都需要深入地洞察系统的各部分的关系、相互依赖关系、性能及行为特性。

(6) 软件体系结构有助于循序渐进的原型设计

一旦确定了体系结构,就可以对其进行分析,并将其按可执行模型来构造原型(prototype)。从两个方面有助于开发活动的顺利进行,一是可以在软件生命周期的早期阶段明确潜在的系统性能问题,二是在软件生命周期的早期阶段就能得到一个可执行的系统。这两个方面都将减少项目开发的潜在风险。如果所用的体系结构是若干相关体系结构中的一个,则构建原型框架的代价就可以分摊到多个系统上。

(7) 软件体系结构可以作为培训的基础

在对项目组新成员介绍所开发的系统时,可以首先介绍系统的体系结构,以及对构件之间如何交互从而实现系统需求的高层次的描述,让项目新成员很快进入角色。

3. 软件体系结构是可传递和可重用的模型

软件体系结构体现了一个相对来说比较小又可理解的模型。

软件体系结构级的重用意味着体系结构的决策能在具有相似需求的多个系统中发生影响,这比代码级的重用有更大的好处。通过对体系结构的抽象可以使设计者能够对一些经过实践证明是非常有效的体系结构构件进行重用,从而提高设计的效率和可靠性。在设计过程中常常会发现,对一个体系结构构件稍加抽象,就可以将它应用到其他设计中,这样会大大降低设计的复杂度。例如,在某个设计中采用了管道-过滤器(pipe-filter)模型,当将系统映射到Unix系统中时,会发现Unix系统已经提供了功能丰富的管道-过滤器功能,这样就可以充分利用Unix系统提供的这些构件来简化设计和开发。

鉴于体系结构的重要性,Perry将软件体系结构视为软件开发中第一类重要的设计对象,Barry Boehm也明确指出："在没有设计出体系结构及其规则时,整个项目不能继续下去,而且体系结构应该看作是软件开发中可交付的中间产品"。由此可见,体系结构在软件开发中为不同的人员提供了共同交流的语言,体现并尝试了系统早期的设计决策,并作为系统设计的抽象,为实现框架和构件的共享和重用、基于体系结构的软件开发提供了有力的支持。

1.3.3 软件体系结构的发展史

软件系统的规模在迅速增大的同时，软件开发方法也经历了一系列的变革。在此过程中，软件体系结构也由最初模糊的概念发展到一个渐趋成熟的理论和技术。

20世纪70年代以前，尤其是在以ALGOL 68为代表的高级语言出现以前，软件开发基本上都是汇编程序设计，此阶段系统规模较小，很少明确考虑系统结构，一般不存在系统建模工作。70年代中后期，由于结构化开发方法的出现与广泛应用，软件开发中出现了概要设计与详细设计，而且主要任务是数据流设计与控制流设计，此时软件结构已作为一个明确的概念出现在系统的开发中。

20世纪80年代初到90年代中期，是面向对象开发方法兴起与成熟阶段。由于对象是数据与基于数据之上操作的封装，因而在面向对象开发方法下，数据流设计与控制流设计则统一为对象建模，同时，面向对象方法还提出了一些其他的结构视图，如在对象建模技术(object modeling technology,OMT)方法中提出了功能视图、对象视图与动态视图(包括状态图和事件追踪图)；Booch方法中则提出了类视图、对象视图、状态迁移图、交互作用图、模块图、进程图；1997年出现的统一建模语言UML则从功能模型(用例视图)、静态模型(包括类图、对象图、构件图和包图)、动态模型(协作图、顺序图、状态图和活动图)、配置模型(配置图)描述应用系统的结构。

20世纪90年代以后是基于构件的软件开发阶段，该阶段以过程为中心，强调软件开发采用构件化技术和体系结构技术，要求开发出的软件具备很强的自适应性、互操作性、可扩展性和可重用性。此阶段中，软件体系结构已经作为一个明确的文档和中间产品存在于软件开发过程中，同时，软件体系结构作为一门学科逐渐得到人们的重视，并成为软件工程领域的研究热点，因而Perry和Wolf认为："未来的年代将是研究软件体系结构的时代"。

纵观软件体系结构技术的发展过程，从最初的"无结构"设计到现行的基于体系结构的软件开发，可以认为经历了四个阶段。

(1)"无体系结构"设计阶段。以汇编语言进行小规模应用程序开发为特征。

(2)萌芽阶段。出现了程序结构设计主题，以控制流图和数据流图构成软件结构为特征。

(3)初期阶段。出现了从不同侧面描述系统的结构模型，以UML为典型代表。

(4)高级阶段。以描述系统的高层抽象结构为中心，不关心具体的建模细节，划分了体系结构模型与传统软件结构的界限，该阶段以Kruchten提出的"4+1"模型为标志。由于概念尚不统一，描述规范也不能达成一致认识，在软件开发实践中软件体系结构尚不能发挥重要作用。

1.4 软件体系结构的应用现状

目前，软件体系结构领域研究非常活跃，归纳现有体系结构的研究活动，主要包括如下几个方面。

1. 软件体系结构描述语言

在提高软件工程师对软件系统的描述和理解能力中，虽然软件体系结构描述起着重要作用，但这些抽象的描述通常是非形式化的和随意的。体系结构设计经常难以理解，难以进行形式化分析和模拟，缺乏相应的支持工具帮助设计师完成设计工作。为了解决这个问题，用于描述和推理的形式化语言得以发展，这些语言就叫做体系结构描述语言（architecture description language，ADL），ADL 寻求增加软件体系结构设计的可理解性和重用性。

ADL 是这样一种语言，系统设计师可以利用它所提供的特性进行软件系统概念体系结构建模。ADL 提供了具体的语法与刻画体系结构的概念框架。ADL 使得系统开发者能够很好地描述他们设计的体系结构，以便与他人交流，能够用提供的工具对许多实例进行分析。

这种描述语言的目的就是提供一种规范化的体系结构描述，从而使得体系结构的自动化分析变得可能。研究人员已经提出了若干适用于特定领域的 ADL，典型的有 C2、Wright、Aesop、Unicon、Rapide、SADL、MetaH、Weaves 等。Shaw 和 Garlan 指出，一个好的 ADL 的框架应具备如下几个方面的特点，即组装性、抽象性、重用性、可配置性、异构性、可分析性等。在此基础上，Medividovic 提出了一种 ADL 的分类和比较框架，详细分析了多种典型的 ADL 的优点与不足，对当前 ADL 研究作了比较全面的总结，并为将来的 ADL 的开发提供了很有价值的参考建议。

在 ADL 研究方面，国内的一些学者也相应提出了几种比较有特色的 ADL，如北京大学杨芙清院士等人提出的 JB/SADL，中科院软件所唐稚松院士等人提出的 XYX/ADL，吉林大学金淳兆教授等人提出的 FRADL 和 Tracer，东北大学刘积仁教授等人提出的 A-ADL，北京邮电大学艾波教授等人提出的 XYZ/SAE 等。

有关 ADL 的详细内容将在第 4 章介绍。

2. 体系结构描述构造与表示

按照一定的描述方法，用体系结构描述语言对体系结构进行说明的结果则称为体系结构的表示，而将描述体系结构的过程称为体系结构构造。在体系结构描述方面，Kruchten 提出的"4+1"模型是当前软件体系结构描述的一个经典范例，该模型由逻辑视图、开发视图、过程视图和物理视图组成，并通过场景将这 4 个视图有机地结合起来，比较细致地描述了需求和体系结构之间的关系（见 2.2 节）。

而 Booch 从 UML 的角度给出了一种由设计视图、过程视图、实现视图和部署视图，再加上一个用例视图构成的体系结构描述模型。Medividovic 则总结了用 UML 描述体系结构的三种途径：不改变 UML 用法而直接对体系结构建模；利用 UML 支持的扩充机制扩展 UML 的元模型实现对体系结构建模概念的支持；对 UML 进行扩充，增加体系结构建模元素。我国电子科技大学的于卫等人研究了其中的第二种方案，其主要思路是提炼 5 个软件体系结构的核心部件，利用 UML 扩充机制中的一种，给出了相应的对象约束语言（object constraint language，OCL）约束规则的描述，并且给出了描述这些元素之间的关系的模型。

IEEE 于 1995 年成立了体系结构工作组（AWG），综合了体系结构描述研究成果，并参考业界的体系结构描述的实践，起草了体系结构描述框架标准 IEEE P1471。

Rational 从资产重用的角度提出了体系结构描述的规格说明框架（architecture

description specification),该建议草案已经提交给 OMG,可望成为体系结构描述的规范。IEEE P1471 和 Rational 的 ADS,都提出了体系结构视点(viewpoint)的概念,并从多个视点描述体系结构的框架。但问题在于:一个体系结构应该从哪几个视点进行考虑?每个视点由哪些构成?各种视点应当使用哪种体系结构描述语言,以及采用哪些体系结构建模和分析技术等问题都未解决。

综上所述,虽然 UML 作为一个工业化标准的可视化建模语言,支持多角度、多层次、多方面的建模需求,支持扩展,并有强大的工具支持,确实是一种可选的体系结构描述语言,但是根据 Medividovic 给出的体系结构语言的框架,UML 不属于体系结构描述语言的范畴。事实上,判断一种语言是否适合用作体系结构描述语言的关键在于,它能否表达体系结构描述语言应该表达的概念与抽象,如果需要转化,其复杂性如何?

3. 体系结构分析、设计与验证

体系结构是对系统的高层抽象,并只对感兴趣的属性进行建模。由于体系结构是在软件开发过程之初产生的,因此设计好的体系结构可以减少和避免软件错误的产生和维护阶段的高昂代价。体系结构是系统集成的蓝本、系统验收的依据,体系结构本身需要分析与测试,以确定这样的体系结构是否满足需求。体系结构分析的内容可分为结构分析、功能分析和非功能分析。而在进行非功能分析时,可以采用定量分析方法与推断的分析方法。在非功能分析的途径上,则可以采用单个体系结构分析与体系结构比较的分析方法。Kazman 等人提出了一种非功能分析的体系结构分析方法 SAAM(见第 6 章),并运用场景技术,提出了基于场景的体系结构分析方法,而 Barbacci 等人提出了多质量属性情况下的体系结构质量模型、分析与权衡方法 ATAM(见第 6 章)。

生成一个满足软件需求的体系结构的过程即为体系结构设计。体系结构设计过程的本质在于:将系统分解成相应的组成成分(如构件、连接件),并将这些成分重新组装成一个系统。具体说来,体系结构设计有两大类方法:过程驱动方法和问题列表驱动方法。前者包括:

① 面向对象方法,与 OOA/OOD 相似,但更侧重接口与交互。
② "4+1"模型方法。
③ 基于场景的迭代方法。

应该说,基于过程驱动的体系结构设计方法适用范围广,易于裁减,具备动态特点,通用性与实践性强。而问题列表驱动法的基本思想是枚举设计空间,并考虑设计维的相关性,以此来选择体系结构的风格(style)。显然,该方法适用于特定领域,是静态的,并可以实现量化体系结构设计空间。如 Allen 博士的论文专门研究了用户界面类的量化设计空间,提出了 19 个功能维、26 个结构维、622 条设计规则。

体系结构设计研究的重点内容之一就是体系结构风格或模式,体系结构模式在本质上反映了一些特定的元素按照特定的方式组成一个特定的结构,该结构应有利于上下文环境(context)下的特定问题的解决。体系结构模式分为两个大类:固定术语和参考模型。已知的固定术语类的体系结构模型包括管道-过滤器、客户/服务器、面向对象、黑板、分层、对等模式(基于事件调用方法,隐式调用,基于推理模式)、状态转换,一些派生的固定术语类的体系结构模式包括 Gen Voca、C2 和 REST 等;而参考模型则相对较多,常常与特定领域相关,如编译器的顺序参考模型和并行参考模型、信息系统的参考模型、航空模拟环境系统的参考模型等。国内学者在这方面也做了不少有益的工作，如北京大学杨芙清院士等人提出的 JB/HBM 风格。

体系结构测试着重于仿真系统模型，解决体系结构层的主要问题。由于测试的抽象层次不同，体系结构测试策略可以分为单元/子系统/集成/验收测试等阶段的测试策略。在体系结构集成测试阶段，Debra 等人提出了一组针对体系结构的测试覆盖标准，Paola Inveradi 提出了一种基于 CHAM 的体系结构语义验证技术。

应该说，体系结构分析、设计和验证已经取得了很丰富的研究成果。但是这些方法存在着一个普遍缺点：可操作性差，难以实用化，因此并没有取得很好的实践效果。

4. 体系结构发现、演化与重用

体系结构发现解决如何从已经存在的系统中提取软件的体系结构，属于逆向工程范畴。Waters 等人提出了一种迭代(iteration)式体系结构发现过程，即由不同的人员对系统进行描述，然后对这些描述进行分类并融合，发现并解除冲突，将体系结构新属性加入到已有的体系结构模型中，并重复该过程直至体系结构描述充分。

由于系统需求、技术、环境、分布等因素的变化而最终导致软件体系结构的变动，称之为软件体系结构演化。软件系统在运行时刻的体系结构变化称为体系结构的动态性，而将体系结构的静态修改称为体系结构扩展。体系结构扩展与体系结构动态性都是体系结构适应性和演化性的研究范畴。可以用多值代数或图重写理论来解释软件体系结构的演化。Esteban 等人通过研究系统的动态可配置特性，提出了电信软件体系结构动态修改的方案。体系结构的动态性分为有约束的和无约束的以及结构动态性和语义动态性。Darwin 和 C2 都直接支持结构动态性，而 CHAM、Wright 和 Rapide 支持语义动态性。在 C2 中定义有专门支持体系结构修改的描述语言 AML，而 Darwin 对体系结构的修改则采用相应的脚本语言，CHAM 是通过多值演算实现系统体系结构的变换，Wright 通过顺序通信进程 CSP 描述构件的交互语义。

体系结构重用属于设计重用，比代码重用更抽象。一般认为易于重用的标准包括领域易于理解，变化相对较慢，内部有构件标准，与已存在的基础设施兼容，在大规模系统开发时体现规模效应。由于软件体系结构是系统的高层抽象，反映了系统的主要组成元素及其交互关系，因而较算法更稳定，更适合于重用。鉴于软件体系结构是应大系统开发和软件产品线(software product line)技术而出现的，在二者之间，我们认为，产品线中的体系结构重用更有现实意义，并具有更大的相似性。体系结构模式就是体系结构重用研究的一个成果，而体系结构参考模型则是特定域软件体系结构的重用的成熟的象征。Katwijk 等人采用扩展数据流技术 EDFG 实现了系统与构件的构造过程，得出了相应的体系结构是易于重用的结论。

总之，重用技术作为软件工程领域倡导的有效技术之一，在基于构件与体系结构的软件开发时代，软件体系结构重用将是一个重要的主题。

5. 基于体系结构的软件开发方法

本质上，软件体系结构是对软件需求的一种抽象解决方案。在引入了体系结构的软件开发之后，应用系统的构造过程变为"问题定义→软件需求→软件体系结构→软件设计→软

件实现",可以认为软件体系结构架起了软件需求与软件设计之间的一座桥梁。而在由软件体系结构到实现的过程中,借助一定的中间件(middleware)技术与软件总线(bus)技术,软件体系结构易于映射成相应的实现。Bass 等人提出了一种基于体系结构的软件开发过程。国内学者在这方面也做了不少的工作,如清华大学车敦仁教授等人提出了基于体系结构的应用平台及框架仓库技术,北京邮电大学艾波教授等人提出了基于体系结构的开发模型中软件体系结构的生命周期模型,北京航空航天大学陶伟博士等人提出了一种以六个体系结构视图为中心的软件开发方式。

软件开发模型是跨越整个软件生存周期的系统开发、运行、维护所实施的全部工作和任务的结构框架,给出了软件开发活动各阶段之间的关系。目前,常见的软件开发模型大致可分为三种类型:

(1) 以软件需求完全确定为前提的瀑布模型。
(2) 在软件开发初始阶段只能提供基本需求时采用的渐进式开发模型,如螺旋模型等。
(3) 以形式化开发方法为基础的变换模型。

所有开发方法都是要解决需求与实现之间的差距。但是,这三种类型的软件开发模型都存在这样或那样的缺陷,不能很好地支持基于软件体系结构的开发过程。因此,研究人员在发展基于体系结构的软件开发模型方面做了一定的工作。

在基于构件和基于体系结构的软件开发逐渐成为主流的开发方法的情况下,已经出现了基于构件的软件工程。但是,对体系结构的描述、表示、设计和分析以及验证等内容的研究还相对不足,随着需求复杂化及其演化,切实可行的体系结构设计规则与方法将更为重要。

我们将在第 5 章讨论基于体系结构的软件开发方法。

6. 特定领域的体系结构框架

鉴于特定领域的应用具有相似的特征,因而经过严格设计,并将直觉的成分减少到最小程度,可以有效地实现重用,并可借鉴领域中已经成熟的体系结构。Rick Hayers-Roth 和 Will Tracz 分别对特定领域的体系结构(domain specific software architecture,DSSA)给出了不同的定义,前者侧重于 DSSA 的特征,强调系统由构件组成,适用于特定领域,有利于开发成功应用程序的标准结构;后者侧重于 DSSA 的组成要素,指出 DSSA 应该包括领域模型、参考需求、参考体系结构、相应的支持环境或设施、实例化、细化或评估的方法与过程。两种 DSSA 定义都强调了参考体系结构的重要性。

特定领域的体系结构是将体系结构理论应用到具体领域的过程,常见的 DSSA 有 CASE 体系结构、CAD 软件的参考模型、信息系统的参考体系结构、网络体系结构 DSSA、机场信息系统的体系结构和信息处理 DSSA 等。国内学者提出的 DSSA 有北京邮电大学周莹新博士提出的电信软件的体系结构,北京航空航天大学金茂忠教授等人提出的测试环境的体系结构等。

软件体系结构充当一个理解系统构件和它们之间关系的框架,特别是那些始终跨越时间和实现的属性。这个理解对于现在系统的分析和未来系统的综合很有必要。在分析和支持下,体系结构抓住领域知识和实际的一致,促进设计的评估和构件的实施,减少仿真和构造原型。在综合的支持下,体系结构提供了建立系列产品的基础,以可预测的方式利用领域知识构造和维护模块、子系统和系统。

7. 软件体系结构支持工具

几乎每种体系结构都有相应的支持工具,如 Unicon、Aesop 等体系结构支持环境,C2 的支持环境 ArchStudio,支持主动连接件的 Tracer 工具等。另外,支持体系结构分析的工具,如支持静态分析的工具、支持类型检查的工具、支持体系结构层次依赖分析的工具、支持体系结构动态特性仿真工具、体系结构性能仿真工具等。但与其他成熟的软件工程环境相比,体系结构设计的支持工具还很不成熟,难以实用化。

8. 软件产品线体系结构

软件体系结构的开发是大型软件系统开发的关键环节。体系结构在软件产品线的开发中具有至关重要的作用,在这种开发生产中,基于同一个软件体系结构,可以创建具有不同功能的多个系统。在软件产品族之间共享体系结构和一组可重用的构件,可以降低开发和维护成本。

一个产品线代表一组具有公共的系统需求集的软件系统,它们都是根据基本的用户需求对标准的产品线构架进行定制,将可重用构件与系统独有的部分集成而得到的。采用软件生产线式模式进行软件生产,将产生巨型编程企业。但目前生产的软件产品族大部分是处于同一领域的。

软件产品线是一个十分适合专业的软件开发组织的软件开发方法,能有效地提高软件生产率和质量,缩短开发时间,降低总开发成本。软件体系结构有利于形成完整的软件产品线。

我们将在第 7 章详细讨论软件产品线有关知识。

9. 建立评价软件体系结构的方法

软件体系结构的设计是整个软件开发过程中关键的一步。对于当今世界上庞大而复杂的系统来说,没有一个合适的体系结构,一个成功的软件设计几乎是不可想像的。不同类型的系统需要不同的体系结构,甚至一个系统的不同子系统也需要不同的体系结构。体系结构的选择往往会成为一个系统设计成败的关键。

但是,怎样才能知道为软件系统所选用的体系结构是恰当的呢?如何确保按照所选用的体系结构能顺利地开发出成功的软件产品呢?要回答这些问题并不容易,因为它受到很多因素的影响,需要专门的方法来对其进行评估。目前,常用的三个软件体系结构评估方法是:

(1) 体系结构权衡分析方法(architecture tradeoff analysis method,ATAM)。
(2) 软件体系结构分析方法(software architecture analysis method,SAAM)。
(3) 中间设计的积极评审(active reviews for intermediate design,ARID)。

有关软件体系结构的评估方法,将在第 6 章进行详细讨论。

10. 小结

目前,软件体系结构尚处在迅速发展之中,越来越多的研究人员正在把注意力投向软件体系结构的研究。关于软件体系结构的研究工作主要在国外展开,到目前为止国内对于软件体系结构的研究尚处在起步阶段。软件体系结构在国内未引起人们广泛注意的原因主要有两点:

(1) 软件体系结构从表面上看起来是一个老话题,似乎没有新东西。

(2) 与国外相比,国内对大型和超大型复杂软件系统开发的经历相对较少,对软件危机的灾难性体会没有国外深刻,因而对软件体系结构研究的重要性和必要性的认识还不很充分。

主要参考文献

[1] 杨芙清,朱冰,梅宏.软件重用.软件学报,1995(9):525~533
[2] 杨芙清,王千祥,梅宏等.基于重用的软件生产技术.中国科学(E辑),2001(4):363~371
[3] 齐治昌,谭庆平,宁洪.软件工程.北京:高等教育出版社,1997.7
[4] 周之英.现代软件工程[中].北京:科学出版社,2000.1
[5] 葛志春.软件重用技术在产品开发中的实践.中国系统分析员,2002(4):42~47
[6] 李庆如,麦中凡.领域分析:为软件重用产生有用的模型.计算机研究与发展,1999(10):1188~1196
[7] 孙昌爱,金茂忠,刘超.软件体系结构研究综述.软件学报,2002(7):1228~1237
[8] 张友生.软件体系结构的概念.程序员,2002(6):35~38
[9] 张友生.软件体系结构的现状和发展方向.程序员,2002(6):35~38
[10] Perry, D E., Wolf, A L. Foundations for the study of software architecture. ACM SIGSOFT Software Engineering Notes, 1992, 17(4):40~50
[11] Kruchten, P B. The 4+1 view model of architecture. IEEE Software, 1995, 12(6):42~50
[12] Perry, D E. Software engineering and software architecture. In: Feng Yu-lin, ed. Proceedings of the International Conference on Software: Theory and Practice. Beijing: Electronic Industry Press, 2000, 1~4
[13] Boehm, B. Engineering context (for software architecture), invited talk, In: Garlan D., ed. Proceedings of the 1st International Workshop on Architecture for Software Systems Seattle. New York: ACM Press, 1995, 1~8

第 2 章

软件体系结构建模

2.1 软件体系结构建模概述

研究软件体系结构的首要问题是如何表示软件体系结构,即如何对软件体系结构建模。根据建模的侧重点不同,可以将软件体系结构的模型分为 5 种:结构模型、框架模型、动态模型、过程模型和功能模型。在这 5 个模型中,最常用的是结构模型和动态模型。

(1) 结构模型

结构模型这是一个最直观、最普遍的建模方法。这种方法以体系结构的构件、连接件(connector)和其他概念来刻画结构,并力图通过结构来反映系统的重要语义内容,包括系统的配置、约束、隐含的假设条件、风格、性质等。研究结构模型的核心是体系结构描述语言。

(2) 框架模型

框架模型与结构模型类似,但它不太侧重描述结构的细节而更侧重整体的结构。框架模型主要以一些特殊的问题为目标建立只针对和适应该问题的结构。

(3) 动态模型

动态模型是对结构或框架模型的补充,研究系统的"大颗粒"的行为性质。例如,描述系统的重新配置或演化。动态可以指系统总体结构的配置、建立或拆除通信通道或计算的过程。这类系统常是激励型的。

(4) 过程模型

过程模型研究构造系统的步骤和过程。因而结构是遵循某些过程脚本的结果。

(5) 功能模型

该模型认为体系结构是由一组功能构件按层次组成,下层向上层提供服务。它可以看作是一种特殊的框架模型。

2.2 "4+1"视图模型

2.1 节的 5 种模型各有所长,将 5 种模型有机地统一在一起,形成一个完整的模型来刻画软件体系结构更合适。例如,Kruchten 在 1995 年提出了一个"4+1"的视图模型。"4+1"视图模型从5个不同的视角,包括逻辑视图、进程视图、物理视图、开发视图和场景视图来描述软件体系结构。每一个视图只关心系统的一个侧面,5个视图结合在一起才能反映系统的软件体系结构的全部内容。"4+1"视图模型如图2-1所示。

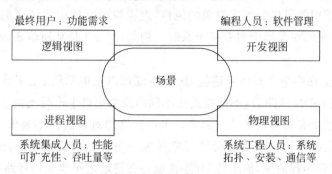

图 2-1 "4+1"视图模型

2.2.1 逻辑视图

逻辑视图(logic view)主要支持系统的功能需求,即系统提供给最终用户的服务。在逻辑视图中,系统分解成一系列的功能抽象,这些抽象主要来自问题领域。这种分解不但可以用来进行功能分析,而且可用作标识在整个系统的各个不同部分的通用机制和设计元素。在面向对象技术中,通过抽象、封装和继承,可以用对象模型来代表逻辑视图,用类图(class diagram)来描述逻辑视图。我们可以从Booch标记法中导出逻辑视图的标记法,只是从体系结构级的范畴来考虑这些符号,用Rational Rose进行体系结构设计。图2-2是逻辑视图中使用的符号集合。

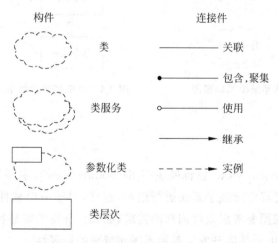

图 2-2 逻辑视图中使用的标记符号

类图用于表示类的存在以及类与类之间的相互关系,是从系统构成的角度来描述正在开发的系统。一个类的存在不是孤立的,类与类之间以不同方式互相合作,共同完成某些系统功能。关联关系表示两个类之间存在着某种语义上的联系,其真正含义要由附加在横线之上的一个短语来予以说明。在表示包含关系的图符中,带有实心圆的一端表示整体,相反的一端表示部分。在表示使用关系的图符中,带有空心圆的一端连接在请求服务的类,相反的一端连接在提供服务的类。在表示继承关系的图符中,箭头由子类指向基类。

逻辑视图中使用的风格为面向对象的风格,逻辑视图设计中要注意的主要问题是要保持一个单一的、内聚的对象模型贯穿整个系统。例如,图2-3是某通信系统体系结构(ACS)中的主要类。

ACS的功能是在终端之间建立连接,这种终端可以是电话机、主干线、专用线路、特殊电话线、数据线或ISDN线路等,不同线路由不同的线路接口卡进行支持。线路控制器对象的作用是译码并把所有符号加入到线路接口卡中。终端对象的作用是保持终端的状态,代表本条线路的利益参与协商服务。会话对象代表一组参与会话的终端,使用转换服务(目录、逻辑地址映射到物理地址,路由等)和连接服务在终端之间建立语音路径。

对于规模更大的系统来说,体系结构级中包含数十甚至数百个类,例如,图2-4是一个空中交通管制系统的顶级类图,该图包含了8组类。

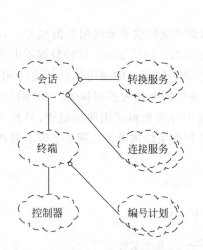 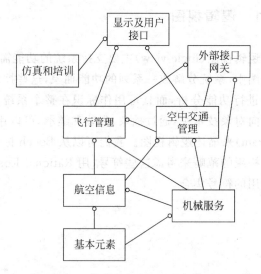

图2-3 某通信系统体系结构逻辑视图　　　图2-4 空中交通管制系统的一级类图

2.2.2 开发视图

开发视图(development view)也称模块视图(module view),主要侧重于软件模块的组织和管理。软件可通过程序库或子系统进行组织,这样,对于一个软件系统,就可以由不同的人进行开发。开发视图要考虑软件内部的需求,如软件开发的容易性、软件的重用和软件的通用性,要充分考虑由于具体开发工具的不同而带来的局限性。

开发视图通过系统输入输出关系的模型图和子系统图来描述。可以在确定了软件包含的所有元素之后描述完整的开发角度,也可以在确定每个元素之前,列出开发视图原则。

与逻辑视图一样，我们可以使用 Booch 标记法中某些符号来表示开发视图，如图 2-5 所示。

在开发视图中，最好采用 4～6 层子系统，而且每个子系统仅仅能与同层或更低层的子系统通信，这样可以使每个层次的接口既完备又精练，避免了各个模块之间很复杂的依赖关系。而且，设计时要充分考虑，对于各个层次，层次越低，通用性越强，这样，可以保证应用程序的需求发生改变时，所作的改动最小。开发视图所用的风格通常是层次结构风格。例如，图 2-6 所示的是空中交通管制系统的五层结构图。

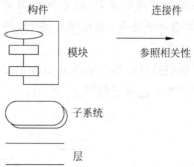

图 2-5　开发视图中使用的标记符号

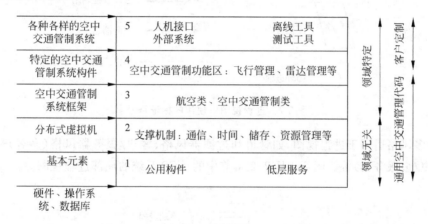

图 2-6　空中交通管制系统的五层结构

图 2-6 是图 2-4 的开发视图。第 1 层和第 2 层组成了一个领域无关的分布式基础设施，贯穿于整个产品线中，并且与硬件平台、操作系统或数据库管理系统等无关。第 3 层增加了空中交通管制系统的框架，以形成一个领域特定的软件体系结构。第 4 层使用该框架建立一个功能平台，第 5 层则依赖于具体客户和产品，包含了大部分用户接口以及与外部系统的接口。

2.2.3　进程视图

进程视图（process view）侧重于系统的运行特性，主要关注一些非功能性的需求，例如系统的性能和可用性。进程视图强调并发性、分布性、系统集成性和容错能力，以及从逻辑视图中的主要抽象如何适合进程结构。它也定义逻辑视图中的各个类的操作具体是在哪一个线程（thread）中被执行的。

进程视图可以描述成多层抽象，每个级别分别关注不同的方面。在最高层抽象中，进程结构可以看做是构成一个执行单元的一组任务。它可看成一系列独立的，通过逻辑网络相互通信的程序。它们是分布的，通过总线或局域网、广域网等硬件资源连接起来。通过进程视图可以从进程测量一个目标系统最终执行情况。例如在以计算机网络作为运行环境的图书管理系统中,服务器需对来自各个不同的客户机的进程管理,决定某个特定进程(如查询子进程、借还书子进程)的唤醒、启动、关闭等操作,从而控制整个网络协调有序地工作。

我们通过扩展 Booch 对 Ada 任务的表示法,来表示进程视图,从体系结构角度来看,进程视图的标记元素如图 2-7 所示。

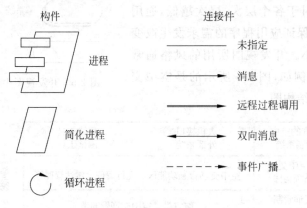

图 2-7 进程视图中使用的标记符号

有很多风格适用于进程视图,如管道和过滤器风格、客户/服务器风格(多客户/单服务器,多客户/多服务器)等。图 2-8 是 2.2.1 节中的 ACS 系统的局部进程视图。

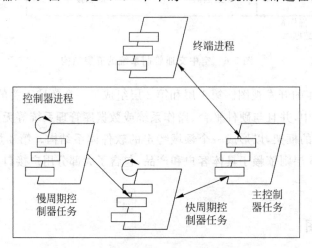

图 2-8 ACS 系统的进程视图(局部)

在图 2-8 中,所有终端均由同一个终端进程进行处理,由其输入队列中的消息驱动。控制器对象在组成控制器进程的三个任务之一中执行,慢循环周期(200ms)任务扫描所有挂起(suspend)终端,把任何一个活动的终端置入快循环周期(10ms)任务的扫描列表,快循环周期任务检测任何显著的状态改变,并把改变的状态传递给主控制器任务,主控制器任务解释改变,通过消息与相应的终端进行通信。在这里,通过共享内存来实现在控制器进程中传递的消息。

2.2.4 物理视图

物理视图(physical view)主要考虑如何把软件映射到硬件上，它通常要考虑系统性能、规模、可靠性等。解决系统拓扑结构、系统安装、通信等问题。当软件运行于不同的结点上时，各视图中的构件都直接或间接地对应于系统的不同结点上。因此，从软件到结点的映射要有较高的灵活性，当环境改变时，对系统其他视图的影响最小。

大型系统的物理视图可能会变得混乱，因此可以与进程视图的映射一起以多种形式出现，也可单独出现。图 2-9 是物理视图的标记元素集合。

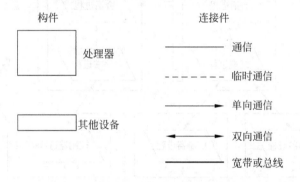

图 2-9 物理视图中使用的标记符号

图 2-10 是一个大型 ACS 系统的可能硬件配置，图 2-11 和图 2-12 是进程视图的两个不同的物理视图映射，分别对应一个小型的 ACS 和大型的 ACS，C、F 和 K 是三个不同容量的计算机类型，支持三个不同的可执行文件。

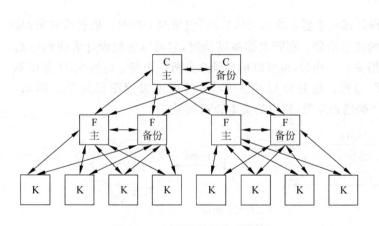

图 2-10 ACS 系统的物理视图

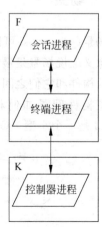

图 2-11 具有进程分配的小型 ACS 系统的物理视图

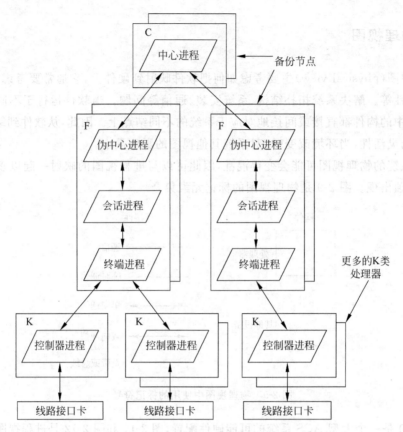

图 2-12 具有进程分配的大型 ACS 系统的物理视图

2.2.5 场景

场景(scenarios)可以看作是那些重要系统活动的抽象,它使四个视图有机联系起来,从某种意义上说场景是最重要的需求抽象。在开发体系结构时,它可以帮助设计者找到体系结构的构件和它们之间的作用关系。同时,也可以用场景来分析一个特定的视图,或描述不同视图构件间是如何相互作用的。场景可以用文本表示,也可以用图形表示。例如,图 2-13 是一个小型 ACS 系统的场景片段,相应的文本表示如下。

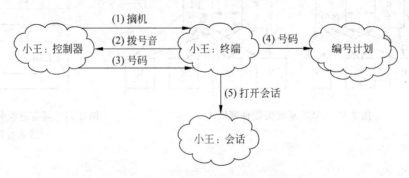

图 2-13 本地呼叫场景的一个原型

① 小王的电话控制器检测和验证电话从挂机到摘机状态的转变,且发送一个消息以唤醒相应的终端对象。
② 终端分配一定的资源,且通知控制器发出某种拨号音。
③ 控制器接收所拨号码并传给终端。
④ 终端使用编号计划分析号码。
⑤ 当一个有效的拨号序列进入时,终端打开一个会话。

从以上分析可知,逻辑视图和开发视图描述系统的静态结构,而进程视图和物理视图描述系统的动态结构。对于不同的软件系统来说,侧重的角度也有所不同。例如,对于管理信息系统来说,比较侧重于从逻辑视图和开发视图来描述系统,而对于实时控制系统来说,则比较注重于从进程视图和物理视图来描述系统。

2.3 软件体系结构的核心模型

综合软件体系结构的概念,体系结构的核心模型由 5 种元素组成:构件、连接件、配置(configuration)、端口(port)和角色(role)。其中构件、连接件和配置是最基本的元素。

(1) 构件是具有某种功能的可重用的软件模板单元,表示系统中主要的计算元素和数据存储。构件有两种:复合构件和原子构件,复合构件由其他复合构件和原子构件通过连接而成;原子构件是不可再分的构件,底层由实现该构件的类组成,这种构件的划分提供了体系结构的分层表示能力,有助于简化体系结构的设计。

(2) 连接件表示构件之间的交互,简单的连接件如:管道(pipe)、过程调用(procedure call)、事件广播(event broadcast)等,更为复杂的交互如:客户-服务器(client-server)通信协议,数据库和应用之间的 SQL 连接等。

(3) 配置表示构件和连接件的拓扑逻辑和约束。

另外,构件作为一个封装的实体,只能通过其接口与外部环境交互,构件的接口由一组端口组成,每个端口表示构件和外部环境的交互点。通过不同的端口类型,一个构件可以提供多重接口。一个端口可以非常简单,如过程调用,也可以表示更为复杂的界面(包含一些约束),如必须以某种顺序调用的一组过程调用。

连接件作为建模软件体系结构的主要实体,同样也有接口,连接件的接口由一组角色组成,连接件的每一个角色定义了该连接件表示的交互的参与者,二元连接件有两个角色,如:RPC 的角色为 caller 和 callee,pipe 的角色是 reading 和 writing,消息传递连接件的角色是 sender 和 receiver。有的连接件有多于两个的角色,如事件广播有一个事件发布者角色和任意多个事件接收者角色。

基于以上所述,我们可将软件体系结构的核心模型表示为图 2-14 所示。

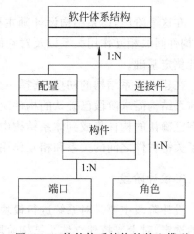

图 2-14 软件体系结构的核心模型

2.4 软件体系结构的生命周期模型

对于软件项目的开发来说,一个清晰的软件体系结构是首要的。传统的软件开发过程可以划分为从概念直到实现的若干个阶段,包括问题定义、需求分析、软件设计、软件实现及软件测试等。软件体系结构的建立应位于需求分析之后,软件设计之前。在建立软件体系结构时,设计者主要从结构的角度对整个系统进行分析,选择恰当的构件、构件间的相互作用以及它们的约束,最后形成一个系统框架以满足用户的需求,为软件设计奠定基础。

下面从各个阶段的功能出发,分析这几个层次之间的关系。

1. 需求分析阶段

需求分析阶段的任务是根据需求,决定系统的功能,在此阶段,设计者应对目标对象和环境作细致深入的调查,收集目标对象的基本信息,从中找出有用的信息,这是一个抽象思维、逻辑推理的过程,其结果是软件规格说明。需求是指用户对目标软件系统在功能、行为、性能、设计约束等方面的期望,需求过程主要是获取用户需求,确定系统中所要用到的构件。

体系结构需求包括需求获取、生成类图、对类分组、把类打包成构件和需求评审等过程。其中需求获取主要是定义开发人员必须实现的软件功能,使得用户能完成他们的任务,从而满足业务上的功能需求。与此同时,还要获得软件质量属性,满足一些非功能需求。获取需求之后,就可以利用工具(例如 Rational Rose)自动生成类图,然后对类进行分组,简化类图结构,使之更清晰。分组之后,再要把类簇打包成构件,这些构件可以分组合并成更大的构件。

最后进行需求评审,组织一个由不同代表(如分析人员、客户、设计人员、测试人员)组成的小组,对体系结构需求及相关构件进行仔细的审查。审查的主要内容包括所获取的需求是否真实反映了用户的要求,类的分组是否合理,构件合并是否合理等。

2. 建立软件体系结构阶段

在这个阶段,体系结构设计师主要从结构的角度对整个系统进行分析,选择恰当的构件、构件间的相互作用关系以及对它们的约束,最后形成一个系统框架以满足用户需求,为设计奠定基础。

在建立体系结构的初期,选择一个合适的体系结构风格是首要的。选择了风格之后,把在体系结构需求阶段已确认的构件映射到体系结构中,将产生一个中间结构。然后,为了把所有已确认的构件集成到体系结构中,必须认真分析这些构件的相互作用和关系。一旦决定了关键构件之间的关系和相互作用,就可以在前面得到的中间结构的基础上进行细化。

3. 设计阶段

设计阶段主要是对系统进行模块化并决定描述各个构件间的详细接口、算法和数据类型的选定,对上支持建立体系结构阶段形成的框架,对下提供实现基础。

一旦设计了软件体系结构,我们必须邀请独立于系统开发的外部人员对体系结构进行评审。

4. 实现阶段

将设计阶段设计的算法及数据类型进行程序语言表示,满足设计体系结构和需求分析的要求,从而得到满足设计需求的目标系统。整个实现过程是以复审后的文档化的体系结构说明书为基础的,每个构件必须满足软件体系结构中说明的对其他构件的责任。这些决定即实现的约束是在系统级或项目范围内作出的,每个构件上工作的实现者是看不见的。

在体系结构说明书中,已经定义了系统中的构件与构件之间的关系。因为在体系结构层次上,构件接口约束对外惟一地代表了构件,所以可以从构件库中查找符合接口约束的构件,必要时开发新的满足要求的构件。

然后,按照设计提供的结构,通过组装支持工具把这些构件的实现体组装起来,完成整个软件系统的连接与合成。

最后一步是测试,包括单个构件的功能性测试和被组装应用的整体功能和性能测试。

由此可见,软件体系结构在系统开发的全过程中起着基础的作用,是设计的起点和依据,同时也是装配和维护的指南。与软件本身一样,软件体系结构也有其生命周期,图 2-15 形象地表示了体系结构的生命周期。

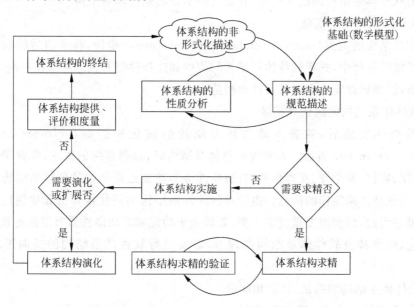

图 2-15 软件体系结构的生命周期模型

(1) 软件体系结构的非形式化描述

在软件体系结构的非形式化描述(software architecture informal description)阶段,对软件体系结构的描述尽管常用自然语言,但是该阶段的工作却是创造性和开拓性的。一种软件体系结构在其产生时,其思想通常是简单的,并常常由软件设计师用非形式化的自然语言表示概念、原则。例如:客户机/服务器体系结构就是为适应分布式系统的要求,从主从式演变而来的一种软件体系结构。

(2) 软件体系结构的规范描述和分析

软件体系结构的规范描述和分析(software architecture specification and analysis)阶段,通过运用合适的形式化数学理论模型对第 1 阶段的体系结构的非形式化描述进行规范定义,从而得到软件体系结构的形式化规范描述,以使软件体系结构的描述精确、无歧义,并进而分析软件体系结构的性质,如无死锁性、安全性、活性等。分析软件体系结构的性质有利于在系统设计时选择合适的软件体系结构,从而对软件体系结构的选择起指导作用,避免盲目选择。

(3) 软件体系结构的求精及其验证

软件体系结构的求精及其验证(software architecture refinement and verification)阶段,完成对已设计好的软件体系结构进行验证和求精。大型系统的软件体系结构总是通过从抽象到具体,逐步求精而达到的,因为一般来说,由于系统的复杂性,抽象是人们在处理复杂问题和对象时必不可少的思维方式,软件体系结构也不例外。但是过高的抽象却使软件体系结构难以真正在系统设计中实施。因而,如果软件体系结构的抽象粒度过大,就需要对体系结构进行求精、细化,直至能够在系统设计中实施为止。在软件体系结构的每一步求精过程中,需要对不同抽象层次的软件体系结构进行验证,以判断较具体的软件体系结构是否与较抽象的软件体系结构的语义一致,并能实现抽象的软件体系结构。

(4) 软件体系结构的实施

软件体系结构的实施(software architecture enactment)阶段,将求精后的软件体系结构实施于系统的设计中,并将软件体系结构的构件和连接件等有机地组织在一起,形成系统设计的框架,以便据此实施于软件设计和构造中。

(5) 软件体系结构的演化和扩展

当体系结构实施后,就进入软件体系结构的演化和扩展(software architecture evolution and extension)阶段。在实施软件体系结构时,根据系统的需求,常常是非功能的需求,如性能、容错、安全性、互操作性、自适应性等非功能性质影响软件体系结构的扩展和改动,这称为软件体系结构的演化。由于对软件体系结构的演化常常由非功能性质的非形式化需求描述引起,因而需要重复第 1 步,如果由于功能和非功能性质对以前的软件体系结构进行演化,就要涉及软件体系结构的理解,需要进行软件体系结构的逆向工程和再造工程。

(6) 软件体系结构的提供、评价和度量

软件体系结构的提供、评价和度量(software architecture provision, evaluation and metric)阶段通过将软件体系结构实施于系统设计后,系统实际的运行情况,对软件体系结构进行定性的评价和定量的度量,以利于对软件体系结构的重用,并取得经验教训。

(7) 软件体系结构的终结

如果一个软件系统的软件体系结构进行多次演化和修改,软件体系结构已变得难以理解,更重要的是不能达到系统设计的要求,不能适应系统的发展。这时,对该软件体系结构的再造工程即不必要、也不可行,说明该软件体系结构已经过时,应该摈弃,以全新的满足系统设计要求的软件体系结构取而代之。这个阶段被称为软件体系结构的终结(software architecture termination)阶段。

2.5 软件体系结构抽象模型

本节将使用抽象代数理论,对构件、连接件和软件体系结构的定义以及它们的属性和动态行为进行讨论,建立软件体系结构的数学理论体系,讨论不同类型软件系统结构的相互关系,给出软件体系结构范式的概念和建立范式的方法。读者需要具有初步的抽象代数知识,才能阅读和理解本节内容。

2.5.1 构件

构件可能有不同的理解,本节把构件看成数据单元或计算单元,具体定义如下:

定义 1 构件是一个数据单元或一个计算单元,它由构件接口和构件实现模块组成。构件接口是构件与外部接触点的集合,即 $\langle Port_1, Port_2, \cdots, Port_n \rangle$,而每一个接触点 $Port_i$ 是一个八元组 $\langle ID, Publ_i, Exte_i, Priv_i, Beha_i, Msgs_i, Cons_i, Non\text{-}Func_i \rangle$,其中:

ID 是构件的标识;

$Publ_i$ 是构件第 i 个接触点能提供给环境或其他构件的功能集合;

$Exte_i$ 是构件第 i 个接触点运行所需环境或其他构件的功能集合;

$Priv_i$ 是构件第 i 个接触点私有属性集合;

$Beha_i$ 是构件第 i 个接触点行为语义描述;

$Msgs_i$ 是构件第 i 个接触点所产生消息的集合;

$Cons_i$ 是对构件第 i 个接触点行为约束,它通常包括构件运行的初始条件、前置条件和后置条件,有时为了明确表示这 3 个条件,可把它写成 Cons(init, pre-cond, post-cond), init, pre-cond 和 post-cond 分别表示初始条件、前置和后置条件的集合;

$Non\text{-}Func_i$ 是构件第 i 个接触点非功能说明,包括构件的安全性、可靠性说明等。

在定义 1 中构件接口给出了构件的形式化描述,它定义了一类构件的模式。为了方便,一般用元组元素(ID)表示构件 ID 中的一类元素的集合。如 Pub(C)表示构件 C 中各接口点 Port 中 Publ 元素的集合。

【例 1】 Client/Server 结构中 Server 端的一个应用构件。

Type Appl is Interface
  Extern action Request(Msg:String)
  Public action Results(Msg:String)
Behavior
  $(\exists M \in Msgs(Appl)) \wedge Receive(Appl, M) \Rightarrow Results(Appl, M)$
End Appl.

定义 2 设 A 和 B 是论域 U 中的两个构件,如果 A 和 B 满足下列条件,则称 B 是 A 的一个演化,记为 $Evolve(B, A)$。

(1) $Dom(A)=Dom(B)$； (2) $Publ(B)\supseteq Publ(A)$；
(3) $Extn(B)\subseteq Extn(A)$； (4) $Priv(B)\subseteq Priv(A)$；
(5) $Beha(B)\Rightarrow Beha(A)$； (6) $Msgs(B)=Msgs(A)$；
(7) $(Cons(B)=Cons(A) \text{ or } Cons(B)\Rightarrow Cons(A))$；
(8) $(\text{Non-Func}(B)=\text{Non-Func}(A) \text{ or } \text{Non-Func}(B)\Rightarrow \text{Non-Func}(A))$。

定义 1 和定义 2 反映了构件的可重用和可演化的特性。除此之外，构件还应具有互操作性，下面，我们把构件间典型的操作抽象为构件间的运算。

定义 3 设 A 和 B 是论域 U 中的两个构件，若 $\exists x\in Publ(A) \wedge \exists y\in Extn(B)$ 使得 $(x\Rightarrow y) \wedge (\text{pre-cons}(B))$，这时构件 A 通过发送一个消息"激发"(invocation)构件 B 中的 $Publ(B)$ 来实现功能需求，就称构件 A,B 进行了一次"激发"运算，记做 $Inv(A,B)$ 或 $A\oplus B$。

例如，CORBA 中构件之间的连接为"激发"连接。在"激发"模式下，构件 A,B 的实现是独立的(independence)。

显然，$A\oplus B$ 仍然是一个构件，它满足下列性质：
(1) $Dom(A\oplus B)=Dom(a)\bigcup Dom(B)$；
(2) $Publ(A\oplus B)=Publ(A)\bigcup Publ(B)$；
(3) $Extn(A\oplus B)=Extn(A)\bigcup Extn(B)$；
(4) $Priv(A\oplus B)=Priv(A)\bigcup Priv(B)$；
(5) $Beha(A\oplus B)\Leftrightarrow Beha(A)\bigcap Beha(B)$；
(6) $Msgs(A\oplus B)=(Msgs(A)\bigcup Msgs(B))$；
(7) $Cons(A\oplus B)\Leftrightarrow Cons(A)\bigcap Cons(B)$；
(8) $\text{Non-Func}(A\oplus B)\Leftrightarrow \text{Non-Func}(A)\bigcap \text{Non-Func}(B)$。

定义 4 设 A 和 B 是论域 U 中的两个构件，如果满足下列条件，则称 A 和 B 是相等的，记为 $A=B$。

(1) $Dom(A)=Dom(B)$； (2) $Publ(A)=Publ(B)$；
(3) $Extn(A)=Extn(B)$； (4) $Priv(A)=Priv(B)$；
(5) $Beha(A)\Leftrightarrow Beha(B)$； (6) $Msgs(A)=Msgs(B)$；
(7) $Cons(A)\Leftrightarrow Cons(B)$； (8) $\text{Non-Func}(A)\Leftrightarrow \text{Non-Func}(B)$。

定理 1 设 A,B 和 C 是论域 U 中的 3 个构件，它们对运算 $\oplus$ 满足结合律，即

$$(A\oplus B)\oplus C = A\oplus (B\oplus C) \qquad (*)$$

证明：要证明式 $(*)$ 成立，只要证明等式的左边和等式的右边满足定义 4 中的 8 个条件。为此我们有代表性地证明第 2 个和第 5 个条件成立，其他证明是类似的。

对 $\forall x\in Publ((A\oplus B)\oplus C)$，由定义 3 的性质(2)可知，$x\in Publ(A) \vee x\in Publ(B) \vee x\in Publ(C)$，所以可得 $x\in Publ(A\oplus (B\oplus C))$。同理，对 $\forall y\in Publ(A\oplus (B\oplus C))$ 有 $y\in Publ((A\oplus B)\oplus C)$。因此，有 $Publ((A\oplus B)\oplus C)=Publ(A\oplus (B\oplus C))$，定义 4 的性质(2)成立。

由 $Beha((A\oplus B)\oplus C)\leftrightarrow (Beha(A)\wedge Beha(B))\wedge Beha(C)$
$\leftrightarrow Beha(A)\wedge Beha(B)\wedge Beha(C)\leftrightarrow Beha(A)\wedge (Beha(B)\wedge Beha(C))$
$\leftrightarrow Beha(A\oplus (B\oplus C))$

则 Beha$((A \oplus B) \oplus C) \Leftrightarrow$ Beha$(A \oplus (B \oplus C))$,定义 4 的性质(5)成立。证毕。

推论 1 设 $C_1, C_2, \cdots, C_n$ 是论域 U 的 n 个任意构件,则它们对 $\oplus$ 运算满足结合律,即
$(\cdots((C_1 \oplus C_2) \oplus C_3) \oplus \cdots \oplus C_{n-1}) \oplus C_n = C_1 \oplus (\cdots((C_2 \oplus C_3) \oplus \cdots C_{n-1}) \oplus C_n)$

下面使用构件间的"使用"(Using)运算。

定义 5 设 A 和 B 是论域 U 中的两个构件,若 $\exists x \in$ Publ$(A) \land \exists y \in$ Extn(B) 使得 $(x \Rightarrow y) \land (\text{pre-cond}(B))$,这时构件 A 通过"使用"构件 B 中的 Publ(B) 来实现功能需求,就称构件 A, B 进行了一次"使用"运算,记做 Use(A, B) 或 $A \otimes B$。

这里的"使用"是指复制 B 中的代码到 A 中或传递 B 中代码的指针到 A 中。例如传统意义的过程调用、动态链接库(dynamic link library)都为软件的"使用"。与运算 $\oplus$ 不同,A, B 的实现是非独立的,构件 A 的代码与 B 的代码有关。

显然,$A \otimes B$ 仍然是一个构件,它满足下列性质:
(1) Dom$(A \otimes B) = $ Dom$(A) \bigcup$ Dom(B);
(2) Publ$(A \otimes B) = $ Publ$(A) \bigcup$ Publ(B);
(3) Extn$(A \otimes B) = $ Extn$(A) \bigcup$ Extn(B);
(4) Priv$(A \otimes B) = $ Priv$(A) \bigcup$ Priv(B);
(5) Beha$(A \otimes B) \Leftrightarrow$ Beha$(A) \bigcap$ Beha(B);
(6) Msgs$(A \otimes B) = ($Msgs$(A) \bigcup$ Msgs$(B))$;
(7) Cons$(A \otimes B) \Leftrightarrow$ Cons$(A) \bigcap$ Cons(B);
(8) Non-Func$(A \otimes B) \Leftrightarrow$ Non-Func$(A) \bigcap$ Non-Func(B)。

与"激发"运算的情形类似,"使用"也满足结合率。

定理 2 设 A, B 和 C 是论域 U 中的 3 个构件,它们对运算 $\otimes$ 满足结合律,即
$$(A \otimes B) \otimes C = A \otimes (B \otimes C)$$

推论 2 设 $C_1, C_2, \cdots, C_n$ 是论域 U 的 n 个任意构件,则它们对 $\otimes$ 运算满足结合律,即
$(\cdots((C_1 \otimes C_2) \otimes C_3) \otimes \cdots \otimes C_{n-1}) \otimes C_n = C_1 \otimes (\cdots((C_2 \otimes C_3) \otimes \cdots C_{n-1}) \otimes C_n)$

2.5.2 连接件

连接件是软件体系结构的一个组成部分,它通过对构件间的交互规则的建模来实现构件间的连接。与构件不同,连接件不需编译。

定义 6 连接件是构件运算的实现,它是一个六元组 $\langle$ID, Role, Beha, Msgs, Cons, Non-Func$\rangle$。其中:

ID 是连接件的标识。

Role 为连接件和构件的交互点的集合,Role$=\langle$Id, Action, Event, LConstrains$\rangle$。其中:Id 是 Role 的标识;Action 是 Role 活动的集合,每个活动由事件的连接(谓词)组成;Event 是 Role 产生的事件集合;LConstrains 是 Role 的约束集合。把 Role 从连接件的其他属性分开来描述的目的是突出连接件的多态性,即一个连接件可同时与多个构件相连。

Beha 是连接件的行为集合。

Msgs 是连接件中各 Role 中事件产生的消息的结合。

Cons 是连接件约束的集合，它包括连接件的初始条件、前置条件和后置条件，有时为了明确表示这 3 个条件，可把它写成 Cons(init, pre-cond, post-cond)，init、pre-cond 和 post-cond 分别表示初始条件、前置和后置条件的集合。

Non-Func 是连接件的非功能说明，包括连接件的安全性、可靠性说明等。

2.5.3 软件体系结构

软件体系结构是一个设计，它包括所建立系统中的各元素（构件和连接件）的描述、元素之间的交互、指导装配的范例和对范例的约束。按照这一思想，并考虑到与构件和连接件定义的一致性，下面给出软件体系结构的递归定义。

定义 7 设论域为 U，
（1）构件是一个软件体系结构；
（2）连接件是一个软件体系结构；
（3）构件经有限次连接（运算）后是软件体系结构。

软件体系结构记为 $A=\langle C,O \rangle$，其中 C 表示组成体系结构的构件集合，O 表示构件运算的集合。

由定义 7 可得软件体系结构的性质如下：
（1）封闭性（envelopment）：即构件与构件、构件与体系结构、体系结构与体系结构连接后仍是一个体系结构。
（2）层次性（hierarchy）：即体系结构可由构件连接而成，而体系结构又可以再经过连接组成新的更大的体系结构。
（3）可扩充性（expansibility）。即一个满足条件的新构件可以通过连接加入到结构中。

引理 1 设 $A=\langle C,O \rangle$ 是一个软件体系结构，则 A 是一个代数系统。

由软件体系结构的封闭性可得引理 1 的正确性。

定理 3 设 $A=\langle C,O \rangle$ 是一个软件体系结构，则 A 对运算 $\oplus$ 和 $\otimes$ 分别构成半群。

证明：$\forall C_1,C_2,C_3 \in C$，由定义 3 和定义 5 知 C 对运算 $\oplus$ 和 $\otimes$ 是封闭的，即 $C_1 \oplus C_2 \in C$，$C_1 \otimes C_2 \in C$。又由定理 1 和定理 2 知，C 对运算 $\oplus$ 和 $\otimes$ 满足结合律，即 $(C_1 \oplus C_2) \oplus C_3 = C_1 \oplus (C_2 \oplus C_3)$ 和 $(C_1 \otimes C_2) \otimes C_3 = C_1 \otimes (C_2 \otimes C_3)$ 成立。又由引理 1 知 $A=\langle C,O \rangle$ 是一个代数系统。因此，$A=\langle C,O \rangle$ 对运算 $\oplus$ 和 $\otimes$ 分别构成半群。证毕。

2.5.4 软件体系结构关系

在不同的体系结构中往往存在着对应关系，这些对应关系反映了结构之间的变化和更新，这种对应关系为结构的一致性和适应性检查提供了必要的支持，为此定义结构间的映射。

定义 8 设 $A_1=\langle C_1,O_1 \rangle$，$A_2=\langle C_2,O_2 \rangle$ 是两个不同的体系结构，若对 $\forall x \in C_1$，总有 $\exists y \in C_2$，使得 y 与 x 对应，则称 A_1 与 A_2 之间存在着一个映射，记为 $f: A_1 \rightarrow A_2$ 或 $y=f(x)$。若映射是满射，则称体系结构间映射为满射；若映射是一对一的，则称体系结构间为

一一映射。

定义 9 设 $A_1=\langle C_1,O_1\rangle$，$A_2=\langle C_2,O_2\rangle$ 是两个体系结构，f 是 A_1 到 A_2 的一个映射，若对 $\forall x\in C_1$ 和 $\forall y\in C_2$ 有 $f(x\otimes y)=f(x)\oplus f(y)$，其中 $\otimes\in O_1$，$\oplus\in O_2$，则称 f 为从 A_1 到 A_2 的同态，也称 A_1 与 A_2 同态；若 f 是单射，则称 f 是从 A_1 到 A_2 的单一同态；若 f 是一一映射，则称 f 是从 A_1 到 A_2 的同构，也称 A_1 与 A_2 同构。

定理 4 设 $A_1=\langle C_1,O_1\rangle$，$A_2=\langle C_2,O_2\rangle$，$A_3=\langle C_3,O_3\rangle$ 是 3 个体系结构，f 是从 A_1 到 A_2 的一个映射，g 是从 A_2 到 A_3 的一个映射。则 $g\cdot f$ 是从 A_1 到 A_3 的体系结构同态，其中"·"是映射的连接。

证明：对 $\forall a,b,c\in C_1$，$\exists \otimes\in O_1$，$\exists \oplus\in O_2$，$\exists \phi\in O_3$，根据·的定义有：
$$g\cdot f(a\otimes b)=g(f(a\otimes b))=g(f(a)\oplus f(b))=g(f(a))\phi g(f(b))$$
$$=(g\cdot f)(a)\phi(g\cdot f)(b)$$
可见，$g\cdot f$ 构成了从 A_1 到 A_3 的结构同态。证毕。

定理 5 设 $A=\langle C,O\rangle$ 是一个体系结构，如果对 $\exists a\in C$，$\exists b\in C$，有 b 是 a 的一个演化，即 Evolve(b,a) 成立，则体系结构 $A=\langle C,O\rangle$ 和 $A'=\langle C',O\rangle$ 同态，这里 $C'=(C-\{a\})\bigcup\{b\}$。

定理 5 的证明是显然的，此略。

定义 10 若 $A=\langle C,O\rangle$ 是一个体系结构，如果对 $\exists a\in C$，$\exists b\in C$ 有 Evolve(b,a) 成立，则称体系结构 $A'=\langle C',O\rangle$ 是 $A=\langle C,O\rangle$ 的一个演化，这里 $C'=(C-\{a\})\bigcup\{b\}$。

在软件体系结构中，一些构件之间往往存在着一定的联系。如某些构件来源于同类事物处理，某些构件有相同的连接方式等。为了更好地描述构件间的关系，下面给出相应的定义。

定义 11 给定两个体系结构 $A_1=\langle C_1,O_1\rangle$，$A_2=\langle C_2,O_2\rangle$，构造一个新的结构 $A_1\times A_2=\langle C_1\times C_2,\Theta\rangle$。其中 $C_1\times C_2$ 是构件集合的笛卡儿乘积，而 Θ 定义成对 $\forall x_1,x_2\in C_1$ 和 $\forall y_1,y_2\in C_2$ 有
$$\langle x_1,y_1\rangle\Theta\langle x_2,y_2\rangle=\langle x_1\oplus x_2,y_1\otimes y_2\rangle,\oplus\in O_1,\otimes\in O_2$$

称 $A_1\times A_2$ 是 A_1 到 A_2 的积体系结构，而 A_1 和 A_2 是 $A_1\times A_2$ 的因子，这里的 $\oplus$ 和 $\otimes$ 运算并非一定是"激发"或"使用"运算。

在定义 11 的基础上可以定义体系结构间的关系。

定义 12 对 $\forall x_1,x_2\in C_1$ 和 $\forall y_1,y_2\in C_2$，在定义 11 中，所有满足 $\langle x_1\oplus x_2\rangle$ 的 (x_1,x_2) 的任意一个子集合称为关于运算 $\oplus$ 的一个关系；所有满足 $\langle y_1\otimes y_2\rangle$ 的 (y_1,y_2) 的任意一个子集合称为关于 $\otimes$ 运算的一个关系。

作为定义 12 的一个特例，令 $A_1=A_2$，运算 $\oplus$ 和 $\otimes$ 是"激发"运算和"使用"运算，则所有满足 $\langle x_1\oplus x_2\rangle$ 的 (x_1,x_2) 的任意一个子集合称为关于运算 $\oplus$ 的一个事件依赖关系，记为 $x_1\xrightarrow{\text{事件依赖}}x_2$；所有满足 $\langle y_1\otimes y_2\rangle$ 的 (y_1,y_2) 的任意一个子集合称为关于 $\otimes$ 运算的一个实现依赖关系，记为 $y_1\xrightarrow{\text{实现依赖}}y_2$。

有时为了讨论问题方便，对这两种依赖不加以区分，把它们简称为依赖，记为 $a\xrightarrow{\text{依赖}}b$。

定理 6 事件依赖和实现依赖满足传递性，即 $x\xrightarrow{\text{依赖}}y$，$y\xrightarrow{\text{依赖}}z$，则 $x\xrightarrow{\text{依赖}}z$。

证明：根据事件依赖和实现依赖的定义很容易证明。我们把它留给读者作为练习。

2.5.5 软件体系结构范式

软件体系结构范式应具有代表性，对软件开发有指导意义，应充分体现软件系统的高可信性和软件的可重用性。下面给出体系结构范式定义，并给出体系结构范式的有关定理。讨论之前，我们仿照数据库系统中的有关概念，首先给出码和范式的定义。

定义 13 设 $A=\langle C,O \rangle$ 是一个软件体系结构，若 $\exists y \in C, \forall x \in C$，都有 $x \xrightarrow{\text{依赖}} y$，则称 y 为体系结构 A 的候选码(candidate key)，若候选码多于一个时，可选定其中一个作为主码(primary key)。

定义 14 设 $A=\langle C,O \rangle$ 是一个软件体系结构，若任意一个构件都至少与另一个构件依赖，则称 A 满足第一范式，记为 $1NF$。

显然，$1NF$ 是软件体系结构设计的最基本的要求。

定义 15 设 $A=\langle C,O \rangle$ 是一个软件体系结构，若 A 中存在码，则称 A 满足第二范式，记为 $2NF$。

$2NF$ 对软件体系结构的要求比 $1NF$ 的要求要高。我们很容易找到满足 $2NF$ 的软件体系结构例子。如 Client/Server 就是一种典型的 $2NF$ 体系结构。再如，为了提高系统的可靠性所采用的双机容错系统也是一种 $2NF$ 体系结构，与一般 Client/Server 不同的是双机容错系统有两个码，其中一个为主码。

上述讨论并未区分依赖是何种依赖，实际上不同的依赖下软件体系结构的可靠性是不同的。基于实现依赖的体系结构可靠性明显低于基于事件依赖的体系结构。因为在基于实现依赖的体系结构中构件之间的实现不是完全独立的。一个构件失效会导致其他构件的失效，软件系统的可靠性将呈几何级数下降。而基于事件依赖的体系结构的构件之间的实现是完全独立的，一个构件的失效并不影响其他构件的运行。我们从可靠性角度出发给出体系结构的可靠性范式 RNF。

定义 16 设 $A=\langle C,O \rangle$ 是一个软件体系结构，若 A 满足第一范式，并且 C 中的构件都为事件依赖，则称 A 满足可靠性范式，记为 RNF。

显然，$2NF$ 与 RNF 无从属关系。为了构建可靠的软件系统，一个自然的要求是设计满足 RNF 的软件体系结构。为此，我们给出软件体系结构范式转换定理。

引理 2 任何一个程序可以只用顺序、分支和循环结构来编码。

引理 2 来源于 Bohm 于 1996 年发表的一篇论文(见参考文献)。

定理 7 设 $A=\langle C,O \rangle$ 是一个软件体系结构，若 A 满足第一范式，则总可以找到一种方法对 A 进行转换，使得转换后的 A 满足 RNF。

证明：设软件体系结构 $A=\langle C,O \rangle$ 满足第一范式，分两种情况证明 A 可以被转化成满足 RNF 范式的体系结构。

(1) 构件之间只有事件依赖运算，这种情形下体系结构本身就是满足 RNF 的范式，无须证明。

(2) 构件之间存在实现依赖运算。我们采用 CPS(continuation passing style)对实现依赖进行转换。所谓的 CPS 转换是把含有"使用"的构件分成若干程序段,在每一个程序段中不再含有对其他构件的"使用",重新构造程序段,使它们之间只有"激发"。下面分三种类型进行转换。

① 构件之间的实现依赖是顺序关系,即 $\exists a,x$,有 $\mathrm{Use}(a,x)$。这时可以把构件 a 写成 $\{a_1,x,a_2\}$,如图 2-16 所示。其中 x 的输入是 a_1 的输出,a_2 的输入是 x 的输出,并且 a_1,x 和 a_2 的实现代码是相互独立的,为此总可以用消息控制程序的执行,即把所有的 Use 转换为 Invoke。该情况得证。

图 2-16 顺序关系

② 构件之间的实现依赖是分支关系,即 $\exists a,x,y$,有 Con→$\mathrm{Use}(a,x)$ 或者 Con→$\mathrm{Use}(a,y)$,Con 是判断条件。这时可以把构件 a 写成 $\{a_1,a_2,x,y,a_3\}$,如图 2-17 所示。a_1 是条件语句前的语句集合,a_2 为判断语句,a_3 为条件语句之后的语句集合,a_1,a_2,x,y,a_3 的实现代码是相互独立的。因此可以用判断事件是否发生来"激发"x 或 y 的执行,即把所有的 Use 转换为 Invoke。该情况得证。

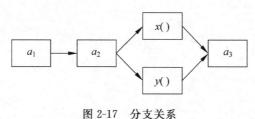

图 2-17 分支关系

③ 构件之间的实现依赖是循环关系。即 $\exists a,x$,有 Con→$\mathrm{Use}(a,x)$→Con,Con 是循环条件。这时可以把构件 a 写成 $\{a_1,x,a_2,a_3\}$,如图 2-18 所示。a_1 是循环语句前的语句集合,a_2 为循环语句,a_3 为循环语句之后的语句集合,a_1,x,a_2,a_3 的实现代码是相互独立的。因此可以用循环条件事件是否发生来"激发"x 的执行,即把所有的 Use 转换为 Invoke。该情况得证。

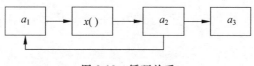

图 2-18 循环关系

由引理 2 知定理 7 成立。证毕。

定理 7 的证明过程给出了满足 $1NF$ 的软件体系结构如何转换成满足 RNF 的软件体系结构。

本节用抽象代数方法对软件体系结构进行了讨论,给出了构件、连接件和软件体系结构的定义,并用数学方法对它们的属性和行为进行描述。

主要参考文献

[1] P. Kruchten. Architectural blueprints——the "4+1" view model of software architecture. IEEE Software, 1995(6): 42~50
[2] G. Booch. Object-oriented analysis and design with applications, 2nd edition, Benjamin-Cummings Pub. Co. Redwood City, California, 1993
[3] 周莹新,艾波. 软件体系结构建模研究. 软件学报,1998(11): 866~872
[4] 赵会群,王国仁,高远. 软件体系结构抽象模型. 计算机学报,2002(7): 730~736
[5] C. Bohm and G. Jacopini. Flow diagram, turing machine and languages with only two formation rules. Comm. ACM, 1966(5): 366~371

第3章 软件体系结构风格

3.1 软件体系结构风格概述

软件体系结构设计的一个核心问题是能否使用重复的体系结构模式,即能否达到体系结构级的软件重用。也就是说,能否在不同的软件系统中,使用同一体系结构。基于这个目的,学者们开始研究和实践软件体系结构的风格和类型问题。

软件体系结构风格是描述某一特定应用领域中系统组织方式的惯用模式(idiomatic paradigm)。体系结构风格定义一个系统家族,即一个体系结构定义一个词汇表和一组约束。词汇表中包含一些构件和连接件类型,而这组约束指出系统是如何将这些构件和连接件组合起来的。体系结构风格反映了领域中众多系统所共有的结构和语义特性,并指导如何将各个模块和子系统有效地组织成一个完整的系统。按这种方式理解,软件体系结构风格定义了用于描述系统的术语表和一组指导构件系统的规则。

对软件体系结构风格的研究和实践促进对设计的重用,一些经过实践证实的解决方案也可以可靠地用于解决新的问题。体系结构风格的不变部分使不同的系统可以共享同一个实现代码。只要系统是使用常用的、规范的方法来组织,就可使别的设计者很容易地理解系统的体系结构。例如,如果某人把系统描述为"客户/服务器"模式,则不必给出设计细节,我们立刻就会明白系统是如何组织和工作的。

软件体系结构风格为大粒度的软件重用提供了可能。然而,对于应用体系结构风格来说,由于视点的不同,系统设计师有很大的选择余地。要为系统选择或设计某一个体系结构风格,必须根据特定项目的具体特点,进行分析比较后再确定,体系结构风格的使用几乎完全是特定的。

讨论体系结构风格时要回答的问题是:
① 设计词汇表是什么?
② 构件和连接件的类型是什么?
③ 可容许的结构模式是什么?
④ 基本的计算模型是什么?
⑤ 风格的基本不变性是什么?
⑥ 其使用的常见例子是什么?
⑦ 使用此风格的优缺点是什么?

⑧ 其常见的特例是什么？

这些问题的回答包括了体系结构风格的最关键的四要素内容，即提供一个词汇表、定义一套配置规则、定义一套语义解释原则和定义对基于这种风格的系统所进行的分析。

Garlan 和 Shaw 根据此框架给出了通用体系结构风格的分类：

① 数据流风格：批处理序列；管道/过滤器。
② 调用/返回风格：主程序/子程序；面向对象风格；层次结构。
③ 独立构件风格：进程通信；事件系统。
④ 虚拟机风格：解释器；基于规则的系统。
⑤ 仓库风格：数据库系统；超文本系统；黑板系统。

3.2 经典软件体系结构风格

3.2.1 管道和过滤器

在管道/过滤器风格的软件体系结构中，每个构件都有一组输入和输出，构件读输入的数据流，经过内部处理，然后产生输出数据流。这个过程通常通过对输入流的变换及增量计算来完成，所以在输入被完全消费之前，输出便产生了。因此，这里的构件被称为过滤器，这种风格的连接件就像是数据流传输的管道，将一个过滤器的输出传到另一过滤器的输入。此风格特别重要的过滤器必须是独立的实体，它不能与其他的过滤器共享数据，而且一个过滤器不知道它上游和下游的标识。一个管道/过滤器网络输出的正确性并不依赖于过滤器进行增量计算过程的顺序。

图 3-1 是管道/过滤器风格的示意图。一个典型的管道/过滤器体系结构的例子是以 Unix shell 编写的程序。Unix 既提供一种符号，以连接各组成部分（Unix 的进程），又提供某种进程运行时机制以实现管道。另一个著名的例子是传统的编译器。传统的编译器一直被认为是一种管道系统，在该系统中，一个阶段（包括词法分析、语法分析、语义分析和代码生成）的输出是另一个阶段的输入。

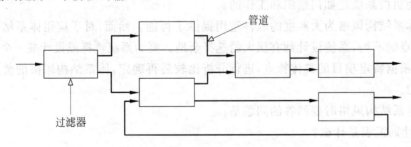

图 3-1 管道/过滤器风格的体系结构

管道/过滤器风格的软件体系结构具有许多很好的特点：
① 使得软构件具有良好的隐蔽性和高内聚、低耦合的特点。
② 允许设计者将整个系统的输入/输出行为看成是多个过滤器的行为的简单合成。
③ 支持软件重用。只要提供适合在两个过滤器之间传送的数据，任何两个过滤器都可

被连接起来。

④ 系统维护和增强系统性能简单。新的过滤器可以添加到现有系统中来；旧的可以被改进的过滤器替换掉。

⑤ 允许对一些如吞吐量、死锁等属性的分析。

⑥ 支持并行执行。每个过滤器是作为一个单独的任务完成，因此可与其他任务并行执行。

但是，这样的系统也存在着若干不利因素。

① 通常导致进程成为批处理的结构。这是因为虽然过滤器可增量式地处理数据，但它们是独立的，所以设计者必须将每个过滤器看成一个完整的从输入到输出的转换。

② 不适合处理交互的应用。当需要增量地显示改变时，这个问题尤为严重。

③ 因为在数据传输上没有通用的标准，每个过滤器都增加了解析和合成数据的工作，这样就导致了系统性能下降，并增加了编写过滤器的复杂性。

3.2.2 数据抽象和面向对象组织

抽象数据类型概念对软件系统有着重要作用，目前软件界已普遍转向使用面向对象系统。这种风格建立在数据抽象和面向对象的基础上，数据的表示方法和它们的相应操作封装在一个抽象数据类型或对象中。这种风格的构件是对象，或者说是抽象数据类型的实例。对象是一种被称做管理者的构件，因为它负责保持资源的完整性。对象是通过函数和过程的调用来交互的。

图 3-2 是数据抽象和面向对象风格的示意图。

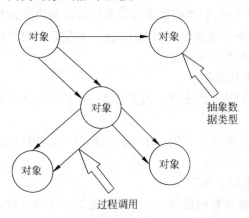

图 3-2　数据抽象和面向对象风格的体系结构

面向对象的系统有许多的优点，并早已为人所知：

① 因为对象对其他对象隐藏它的表示，所以可以改变一个对象的表示，而不影响其他的对象。

② 设计者可将一些数据存取操作的问题分解成一些交互的代理程序的集合。

但是，面向对象的系统也存在着某些问题。

① 为了使一个对象和另一个对象通过过程调用等进行交互,必须知道对象的标识。只要一个对象的标识改变了,就必须修改所有其他明确调用它的对象。

② 必须修改所有显式调用它的其他对象,并消除由此带来的一些副作用。例如,如果 A 使用了对象 B,C 也使用了对象 B,那么,C 对 B 的使用所造成的对 A 的影响可能是料想不到的。

3.2.3 基于事件的隐式调用

基于事件的隐式调用风格的思想是构件不直接调用一个过程,而是触发或广播一个或多个事件。系统中的其他构件中的过程在一个或多个事件中注册,当一个事件被触发,系统自动调用在这个事件中注册的所有过程,这样,一个事件的触发就导致了另一模块中的过程的调用。

从体系结构上说,这种风格的构件是一些模块,这些模块既可以是一些过程,又可以是一些事件的集合。过程可以用通用的方式调用,也可以在系统事件中注册一些过程,当发生这些事件时,过程被调用。

基于事件的隐式调用风格的主要特点是事件的触发者并不知道哪些构件会被这些事件影响。这样不能假定构件的处理顺序,甚至不知道哪些过程会被调用,因此,许多隐式调用的系统也包含显式调用作为构件交互的补充形式。

支持基于事件的隐式调用的应用系统很多。例如,在编程环境中用于集成各种工具,在数据库管理系统中确保数据的一致性约束,在用户界面系统中管理数据,以及在编辑器中支持语法检查。例如在某系统中,编辑器和变量监视器可以登记相应 Debugger 的断点事件。当 Debugger 在断点处停下时,它声明该事件由系统自动调用处理程序,如编辑程序可以卷屏到断点,变量监视器刷新变量数值。而 Debugger 本身只声明事件,并不关心哪些过程会启动,也不关心这些过程作什么处理。

隐式调用系统的主要优点如下。

① 为软件重用提供了强大的支持。当需要将一个构件加入现存系统中时,只需将它注册到系统的事件中。

② 为改进系统带来了方便。当用一个构件代替另一个构件时,不会影响到其他构件的接口。

隐式调用系统的主要缺点如下。

① 构件放弃了对系统计算的控制。一个构件触发一个事件时,不能确定其他构件是否会响应它。而且即使它知道事件注册了哪些构件的构成,它也不能保证这些过程被调用的顺序。

② 数据交换的问题。有时数据可被一个事件传递,但另一些情况下,基于事件的系统必须依靠一个共享的仓库进行交互。在这些情况下,全局性能和资源管理便成了问题。

③ 既然过程的语义必须依赖于被触发事件的上下文约束,关于正确性的推理存在问题。

3.2.4 分层系统

层次系统组织成一个层次结构,每一层为上层服务,并作为下层客户。在一些层次系统中,除了一些精心挑选的输出函数外,内部的层只对相邻的层可见。这样的系统中构件在一些层实现了虚拟机(在另一些层次系统中层是部分不透明的)。连接件通过决定层间如何交互的协议来定义,拓扑约束包括对相邻层间交互的约束。

这种风格支持基于可增加抽象层的设计。这样,允许将一个复杂问题分解成一个增量步骤序列的实现。由于每一层最多只影响两层,同时只要给相邻层提供相同的接口,允许每层用不同的方法实现,同样为软件重用提供了强大的支持。

图 3-3 是层次系统风格的示意图。层次系统最广泛的应用是分层通信协议。在这一应用领域中,每一层提供一个抽象的功能,作为上层通信的基础。较低的层次定义低层的交互,最低层通常只定义硬件物理连接。

层次系统的许多可取属性如下。

① 支持基于抽象程度递增的系统设计,使设计者可以把一个复杂系统按递增的步骤进行分解。

② 支持功能增强,因为每一层至多和相邻的上下层交互,因此功能的改变最多影响相邻的上下层。

③ 支持重用。只要提供的服务接口定义不变,同一层的不同实现可以交换使用。这样,就可以定义一组标准的接口,而允许各种不同的实现方法。

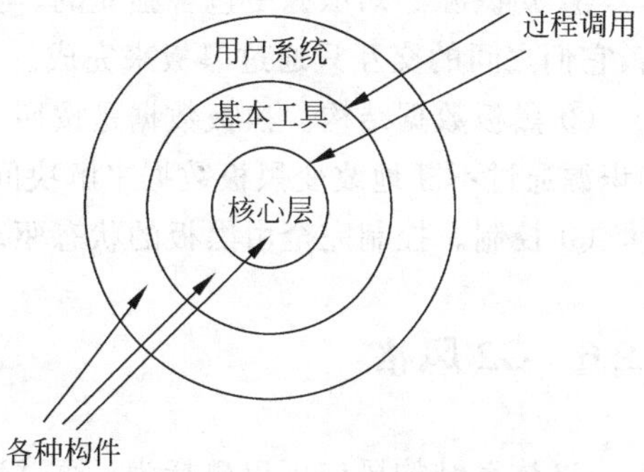

图 3-3 层次系统风格的体系结构

但是,层次系统的不足之处如下。

① 并不是每个系统都可以很容易地划分为分层的模式,甚至即使一个系统的逻辑结构是层次化的,出于对系统性能的考虑,系统设计师不得不把一些低级或高级的功能综合起来。

② 很难找到一个合适的、正确的层次抽象方法。

3.2.5 仓库系统及知识库

在仓库(repository)风格中,有两种不同的构件:中央数据结构说明当前状态,独立构件在中央数据存储上执行,仓库与外构件间的相互作用在系统中会有大的变化。

控制原则的选取产生两个主要的子类。若输入流中某类时间触发进程执行的选择,则仓库是一传统型数据库;另一方面,若中央数据结构的当前状态触发进程执行的选择,则仓库是一黑板系统。

图 3-4 是黑板系统的组成。黑板系统的传统应用是信号处理领域,如语音和模式识别。另一应用是松耦合代理数据共享存取。

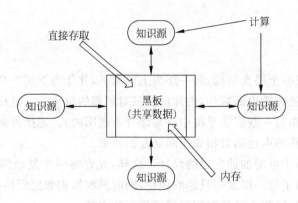

图 3-4 黑板系统的组成

我们从图 3-4 中可以看出,黑板系统主要由以下三部分组成。

① 知识源。知识源中包含独立的、与应用程序相关的知识,知识源之间不直接进行通信,它们之间的交互只通过黑板来完成。

② 黑板数据结构。黑板数据是按照与应用程序相关的层次来组织的解决问题的数据,知识源通过不断地改变黑板数据来解决问题。

③ 控制。控制完全由黑板的状态驱动,黑板状态的改变决定使用的特定知识。

3.2.6 C2 风格

C2 体系结构风格可以概括为:通过连接件绑定在一起按照一组规则运作的并行构件网络。C2 风格中的系统组织规则如下。

① 系统中的构件和连接件都有一个顶部和一个底部。

② 构件的顶部应连接到某连接件的底部,构件的底部则应连接到某连接件的顶部,而构件与构件之间的直接连接是不允许的。

③ 一个连接件可以和任意数目的其他构件和连接件连接。

④ 当两个连接件进行直接连接时,必须由其中一个的底部到另一个的顶部。

图 3-5 是 C2 风格的示意图。图中构件与连接件之间的连接体现了 C2 风格中构建系统的规则。

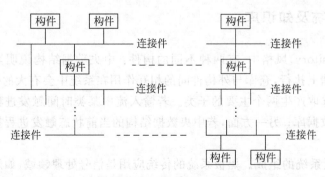

图 3-5 C2 风格的体系结构

C2 风格是最常用的一种软件体系结构风格。从 C2 风格的组织规则和结构图中,我们可以得出,C2 风格具有以下特点:
① 系统中的构件可实现应用需求,并能将任意复杂度的功能封装在一起。
② 所有构件之间的通信是通过以连接件为中介的异步消息交换机制来实现的。
③ 构件相对独立,构件之间依赖性较少。系统中不存在某些构件将在同一地址空间内执行,或某些构件共享特定控制线程之类的相关性假设。

3.3 客户/服务器风格

客户/服务器(client/server,C/S)计算技术在信息产业中占有重要的地位。网络计算经历了从基于宿主机的计算模型到客户/服务器计算模型的演变。

在集中式计算技术时代广泛使用的是大型机/小型机计算模型。它是通过一台物理上与宿主机相连接的非智能终端来实现宿主机上的应用程序。在多用户环境中,宿主机应用程序即负责与用户的交互,又负责对数据的管理:宿主机上的应用程序一般也分为与用户交互的前端和管理数据的后端,即数据库管理系统(database management system,DBMS)。集中式的系统使用户能共享贵重的硬件设备,如磁盘机、打印机和调制解调器等。但随着用户的增多,对宿主机能力的要求很高,而且开发者必须为每个新的应用重新设计同样的数据管理构件。

20 世纪 80 年代以后,集中式结构逐渐被以 PC 机为主的微机网络所取代。个人计算机和工作站的采用,永远改变了协作计算模型,从而导致了分散的个人计算模型的产生。一方面,由于大型机系统固有的缺陷,如缺乏灵活性,无法适应信息量急剧增长的需求,并为整个企业提供全面的解决方案等。另一方面,由于微处理器的日新月异,其强大的处理能力和低廉的价格使微机网络迅速发展,已不仅仅是简单的个人系统,这便形成了计算机界的向下规模化(downsizing)。其主要优点是用户可以选择适合自己需要的工作站、操作系统和应用程序。

C/S 软件体系结构是基于资源不对等,且为实现共享而提出来的,是 20 世纪 90 年代成熟起来的技术,C/S 体系结构定义了工作站如何与服务器相连,以实现数据和应用分布到多个处理机上。C/S 体系结构有三个主要组成部分:数据库服务器、客户应用程序和网络,如图 3-6 所示。

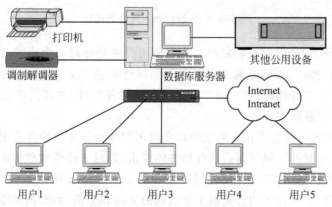

图 3-6　C/S 体系结构示意图

服务器负责有效地管理系统的资源,其任务集中于:
① 数据库安全性的要求。
② 数据库访问并发性的控制。
③ 数据库前端的客户应用程序的全局数据完整性规则。
④ 数据库的备份与恢复。

客户应用程序的主要任务是:
① 提供用户与数据库交互的界面。
② 向数据库服务器提交用户请求并接收来自数据库服务器的信息。
③ 利用客户应用程序对存在于客户端的数据执行应用逻辑要求。

网络通信软件的主要作用是完成数据库服务器和客户应用程序之间的数据传输。

C/S体系结构将应用一分为二,服务器(后台)负责数据管理,客户机(前台)完成与用户的交互任务。服务器为多个客户应用程序管理数据,而客户程序发送、请求和分析从服务器接收的数据,这是一种"胖客户机(fat client)"、"瘦服务器(thin server)"的体系结构。其数据流图如图3-7所示。

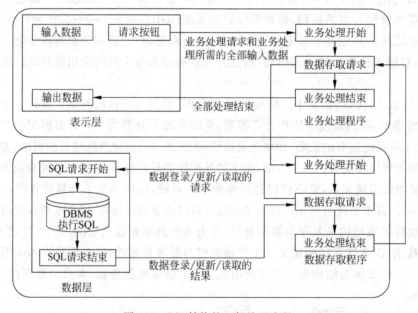

图 3-7 C/S 结构的一般处理流程

在一个C/S体系结构的软件系统中,客户应用程序是针对一个小的、特定的数据集,如一个表的行来进行操作,而不是像文件服务器那样针对整个文件进行;对某一条记录进行封锁,而不是对整个文件进行封锁,因此保证了系统的并发性,并使网络上传输的数据量减到最少,从而改善了系统的性能。

C/S体系结构的优点主要在于系统的客户应用程序和服务器构件分别运行在不同的计算机上,系统中每台服务器都可以适合各构件的要求,这对于硬件和软件的变化显示出极大的适应性和灵活性,而且易于对系统进行扩充和缩小。在C/S体系结构中,系统中的功能构件充分隔离,客户应用程序的开发集中于数据的显示和分析,而数据库服务器的开发则集中于数据的管理,不必在每一个新的应用程序中都要对一个 DBMS 进行编码。将大应用处理任务分布到许多通过网络连接的低成本计算机上,以节约大量费用。

C/S 体系结构具有强大的数据操作和事务处理能力,模型思想简单,易于人们理解和接受。但随着企业规模的日益扩大,软件的复杂程度不断提高,C/S 体系结构逐渐暴露了以下缺点:

① 开发成本较高。C/S 体系结构对客户端软硬件配置要求较高,尤其是软件的不断升级,对硬件要求不断提高,增加了整个系统的成本,且客户端变得越来越臃肿。

② 客户端程序设计复杂。采用 C/S 体系结构进行软件开发,大部分工作量放在客户端的程序设计上,客户端显得十分庞大。

③ 信息内容和形式单一,因为传统应用一般为事务处理,界面基本遵循数据库的字段解释,开发之初就已确定,而且不能随时截取办公信息和档案等外部信息,用户获得的只是单纯的字符和数字,既枯燥又死板。

④ 用户界面风格不一,使用繁杂,不利于推广使用。

⑤ 软件移植困难。采用不同开发工具或平台开发的软件,一般互不兼容,不能或很难移植到其他平台上运行。

⑥ 软件维护和升级困难。采用 C/S 体系结构的软件要升级,开发人员必须到现场为客户机升级,每个客户机上的软件都需维护。对软件的一个小小改动(例如只改动一个变量),每一个客户端都必须更新。

⑦ 新技术不能轻易应用。因为一个软件平台及开发工具一旦选定,不可能轻易更改。

3.4 三层 C/S 结构风格

3.4.1 三层 C/S 结构的概念

C/S 体系结构具有强大的数据操作和事务处理能力,模型思想简单,易于人们理解和接受。但随着企业规模的日益扩大,软件的复杂程度不断提高,传统的二层 C/S 结构存在以下几个局限。

① 二层 C/S 结构是单一服务器且以局域网为中心的,所以难以扩展至大型企业广域网或 Internet。

② 软、硬件的组合及集成能力有限。

③ 客户机的负荷太重,难以管理大量的客户机,系统的性能容易变坏。

④ 数据安全性不好。因为客户端程序可以直接访问数据库服务器,那么,在客户端计算机上的其他程序也可想办法访问数据库服务器,从而使数据库的安全性受到威胁。

正是因为二层 C/S 体系结构有这么多缺点,因此,三层 C/S 体系结构应运而生。其结构如图 3-8 所示。

与二层 C/S 结构相比,在三层 C/S 体系结构中,增加了一个应用服务器。可以将整个应用逻辑驻留在应用服务器上,而只有表示层存在于客户机上。这种结构被称为"瘦客户机"。三层 C/S 体系结构是将应用功能分成表示层、功能层和数据层三个部分,如图 3-9 所示。

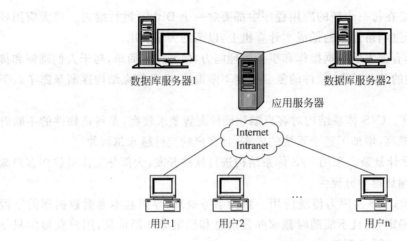

图 3-8 三层 C/S 结构示意图

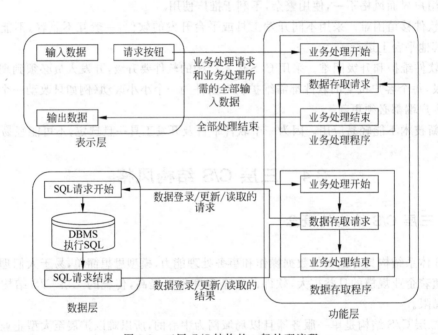

图 3-9 三层 C/S 结构的一般处理流程

（1）表示层

表示层是应用的用户接口部分，担负着用户与应用间的对话功能。它用于检查用户从键盘等输入的数据，显示应用输出的数据。为使用户能直观地进行操作，一般要使用图形用户界面（graphic user interface，GUI），操作简单、易学易用。在变更用户界面时，只需改写显示控制和数据检查程序，而不影响其他两层。检查的内容也只限于数据的形式和取值的范围，不包括有关业务本身的处理逻辑。

（2）功能层

功能层相当于应用的本体，它是将具体的业务处理逻辑编入程序中。例如，在制作订购合同时要计算合同金额，按照定好的格式配置数据、打印订购合同，而处理所需的数据则要从表示层或数据层取得。表示层和功能层之间的数据交往要尽可能简洁。例如,用户检索数据时,要设法将有关检索要求的信息一次性地传送给功能层,而由功能层处理过的检索结果数据也一次性地传送给表示层。

通常,在功能层中包含有确认用户对应用和数据库存取权限的功能以及记录系统处理日志的功能。功能层的程序多半是用可视化编程工具开发的,也有使用 COBOL 和 C 语言的。

(3) 数据层

数据层就是数据库管理系统,负责管理对数据库数据的读写。数据库管理系统必须能迅速执行大量数据的更新和检索。现在的主流是关系型数据库管理系统(RDBMS),因此,一般从功能层传送到数据层的要求大都使用 SQL 语言。

三层 C/S 的解决方案是:对这三层进行明确分割,并在逻辑上使其独立。原来的数据层作为数据库管理系统已经独立出来,所以,关键是要将表示层和功能层分离成各自独立的程序,并且还要使这两层间的接口简洁明了。

一般情况是只将表示层配置在客户机中,如图 3-10(1)或 3-10(2)所示。如果像图 3-10(3)所示的那样连功能层也放在客户机中,与二层 C/S 体系结构相比,其程序的可维护性要好得多,但是其他问题并未得到解决。客户机的负荷太重,其业务处理所需的数据要从服务器传给客户机,所以系统的性能容易降低。

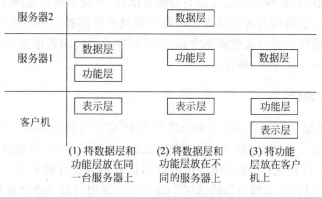

图 3-10 三层 C/S 物理结构比较

如果将功能层和数据层分别放在不同的服务器中,如图 3-10(2)所示,则服务器和服务器之间也要进行数据传送。但是,由于在这种形态中三层是分别放在各自不同的硬件系统上的,所以灵活性很高,能够适应客户机数目的增加和处理负荷的变动。例如,在追加新业务处理时,可以相应增加装载功能层的服务器。因此,系统规模越大这种形态的优点就越显著。

在三层 C/S 体系结构中,中间件是最重要的构件。所谓中间件是一个用 API 定义的软件层,是具有强大通信能力和良好可扩展性的分布式软件管理框架。它的功能是在客户机和服务器或者服务器和服务器之间传送数据,实现客户机群和服务器群之间的通信。其工作流程是:在客户机里的应用程序需要驻留网络上某个服务器的数据或服务时,搜索此数据的 C/S 应用程序需访问中间件系统。该系统将查找数据源或服务,并在发送应用程序请求后重新打包响应,将其传送回应用程序。

3.4.2 三层 C/S 结构应用实例

在这一节里,我们通过某石油管理局劳动管理系统的设计与开发,来介绍三层 C/S 结构的应用。

1. 系统背景介绍

该石油管理局是国有特大型企业,其劳动管理信息系统(management information system,MIS)具有较强的特点:

① 信息量大,须存储并维护全油田近 20 万名职工的基本信息以及其他各种管理信息。

② 单位多,分布广,系统涵盖 70 多个单位,分布范围 8 万余平方公里。

③ 用户类型多、数量大,劳动管理工作涉及管理局(一级)、厂矿(二级)、基层大队(三级)等三级层次,各层次的业务职责不同,各层次领导对系统的查询功能的要求和权限也不同,系统用户总数达 700 多个。

④ 网络环境不断发展,70 多个二级单位中有 40 多个接入广域网,其他二级单位只有局域网,而绝大部分三级单位只有单机,需要陆续接入广域网,而已建成的广域网仅有骨干线路速度为 100M,大部分外围线路速率只有 64K 到 2M。

项目要求系统应具备较强的适应能力和演化能力,不论单机还是网络环境均能运行,并保证数据的一致性,且能随着网络环境的改善和管理水平的提高平稳地从单机方式向网络方式,从集中式数据库向分布式数据库方式,以及从独立的应用程序方式向适应 Intranet 环境的方式(简称 Intranet 方式)演化。

2. 系统分析与设计

三层 C/S 体系结构运用事务分离的原则将 MIS 应用分为表示层、功能层、数据层三个层次,每一层次都自己的特点,如表示层是图形化的、事件驱动的,功能层是过程化的,数据层则是结构化和非过程化的,难以用传统的结构化分析与设计技术统一表达这三个层次。面向对象的分析与设计技术则可以将这三个层次统一利用对象的概念进行表达。当前有很多面向对象的分析和设计方法,我们采用 Coad 和 Yourdon 的 OOA(object-oriented analyzing,面向对象的分析)与 OOD(object-oriented design,面向对象的设计)技术进行三层结构的分析与设计。

在 MIS 的三层结构中,中间的功能层是关键。运行 MIS 应用程序的最基本的任务就是执行数千条定义业务如何运转的业务逻辑。一个业务处理过程就是一组业务处理规则的集合。中间层反映的是应用域模型,是 MIS 系统的核心内容。

Coad 和 Yourdon 的 OOA 用于理解和掌握 MIS 应用域的业务运行框架,也就是应用域建模。OOA 模型描述应用域中的对象,以及对象间各种各样的结构关系和通信关系。OOA 模型有两个用途。首先,每个软件系统都建立在特定的现实世界中,OOA 模型就是用来形式化该现实世界的"视图"。它建立起各种对象,分别表示软件系统主要的组织结构以及现实世界强加给软件系统的各种规则和约束条件。其次,给定一组对象,OOA 模型规定了它们如何协同才能完成软件系统所指定的工作。这种协同在模型中是以表明对象之间通信方式的一组消息连接来表示的。

OOA 模型划分为五个层次或视图,分别如下:

① 对象-类层。表示待开发系统的基本构造块。对象都是现实世界中应用域概念的抽象。这一层是整个 OOA 模型的基础,在劳动管理信息系统中存在 100 多个类。

② 属性层。对象所存储(或容纳)的数据称为对象的属性。类的实例之间互相约束,它们必须遵从应用域的某些限制条件或业务规则,这些约束称为实例连接。对象的属性和实例连接共同组成了 OOA 模型的属性层。属性层中的业务规则是 MIS 中最易变化的部分。

③ 服务层。对象的服务加上对象实例之间的消息通信共同组成了 OOA 模型的服务层。服务层中的服务包含了业务执行过程中的一部分业务处理逻辑,也是 MIS 中容易改变的部分。

④ 结构层。结构层负责捕捉特定应用域的结构关系。分类结构表示类属成员的构成,反映通用性和特殊性。组装结构表示聚合,反映整体和组成部分。

⑤ 主题层。主题层用于将对象归类到各个主题中,以简化 OOA 模型。为了简化劳动管理信息系统,将整个系统按业务职能划分为十三个主题,分别为:职工基本信息管理,工资管理,劳动组织计划管理,劳动定员定额管理,劳动合同管理,劳动统计管理,职工考核鉴定管理,劳动保险管理,劳动力市场管理,劳动政策查询管理,领导查询系统,系统维护管理和系统安全控制。

在 OOD 方法中,OOD 体系结构以 OOA 模型为设计模型的雏形。OOD 将 OOA 的模型作为 OOD 的问题论域部分(PDC),并增加其他三个部分:人机交互部分(HIC)、任务管理部分(TMC)和数据管理部分(DMC)。各部分与 PDC 一样划分为五个层次,但是针对系统的不同方面。OOD 的任务是将 OOA 所建立的应用模型计算机化,OOD 所增加的三个部分是为应用模型添加计算机的特征。

① 问题论域部分:以 OOA 模型为基础,包含那些执行基本应用功能的对象,可逐步细化,使其最终能解决实现限制、特性要求、性能缺陷等方面的问题,PDC 封装了应用服务器功能层的业务逻辑。

② 人机交互部分:指定了用于系统的某个特定实现的界面技术,在系统行为和用户界面的实现技术之间架起了一座桥梁。HIC 封装了客户层的界面表达逻辑。

③ 任务管理部分:把有关特定平台的处理机制低系统的其他部分隐藏了起来。在该项目中,利用 TMC 实现分布式数据库的一致性管理。在三层 C/S 结构中,TMC 是应用服务器的一个组成部分。

④ 数据管理部分:定义了那些与所有数据库技术接口的对象。DMC 同样是三层结构中应用服务器的一部分。由于 DMC 封装了数据库访问逻辑使应用独立于特定厂商的数据库产品,便于系统的移植和分发。

OOD 的四个部分与三层结构的对应关系如图 3-11 所示。

3. 系统实现与配置

三层 C/S 体系结构提供了良好的结构扩展能力。三层结构在本质上是一种开发分布式应用程序的框架,在系统实现时可采用支持分布式应用的构件技术实现。

当前,已有三种分布式构件标准:Microsoft 的 DCOM、OMG 的 CORBA 和 Sun 的

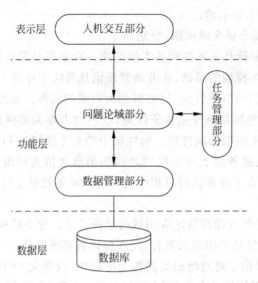

图 3-11 OOD 与三层 C/S 结构

JavaBeans。这三种构件标准各有特点。考虑到在该项目应用环境的客户端和应用服务器均采用 Windows 98/2000 和 Windows NT/2000,我们采用在这些平台上具有较高效率的支持 DCOM 的 ActiveX 方式实现客户端和应用服务器的程序。

ActiveX 可将程序逻辑封装起来,并划分到进程内、本地或远程进程外执行。为将应用程序划分到不同的构件里面,我们引入"服务模型"的概念。服务模型提供了一种逻辑性(而非物理性)的方式,如图 3-12 所示。

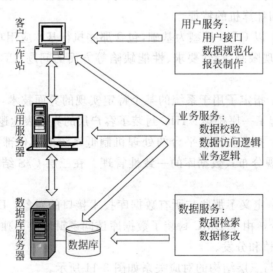

图 3-12 服务模型结构图

"服务模型"是对所创建的构件进行分组的一种逻辑方式,这种模型与语言无关。服务模型基于这样一个概念:每个构件都是一系列服务的集合,这些服务由构件提供给其他对象。

创建应用方案的时候,共有三种类型的服务可供选用:用户服务、业务服务以及数据服务。每种服务类型都对应于三层 C/S 体系结构中的某一层。在服务模型里,为实现构件间的相互通信,必须遵守两条基本的规则:

① 一个构件能向当前层及构件层上下的任何一个层的其他构件发出服务请示。

② 不能跳层发出服务请求。用户服务层内的构件不能直接与数据服务层内的构件通信,反之亦然。

在劳动管理信息系统的实现中,将 PDC 的十三个子系统以及 TMC 和 DMC 分别用单独的构件实现,这样,系统可根据各单位的实际情况进行组合,实现系统的灵活配置。而且这些构件还可以作为一个部件用于构造新的更大的 MIS。

根据各种用户不同阶段对系统的不同需求以及系统未来的演化可能,我们拟定了如下几种不同的应用配置方案:单机配置方案,单服务器配置方案,业务服务器配置方案和事务服务器配置方案。

(1) 单机配置方案

对于未能连入广域网的二级单位和三级单位单机用户,将三层结构的所有构件连同数据库系统均安装在同一台机器上,与中心数据库的数据交换采用拨号上网或交换磁介质的方式完成。当它连入广域网时,可根据业务量情况采用单服务器配置方案或业务服务器配置方案。

(2) 单服务器配置方案

对于已建有局域网的二级单位,当建立了本地数据库且其系统负载不大时,可将业务服务构件与数据服务构件配置在同一台物理服务器中,而应用客户(表示层)构件在各用户的计算机内安装。

(3) 业务服务器配置方案

这是三层结构的理想配置方案。工作负荷大的单位采用将业务服务构件和数据服务构件分别配置于独立的物理服务器内以改善性能。该方案也适用于暂时不建立自己的数据库,而使用局劳资处的中心数据库的单位,此时只须建立一台业务服务器。该单位需要建立自己的数据库时,只需把业务服务器的数据库访问接口改动一下,其他方面无需任何改变。

(4) 事务服务器配置方案

当系统采用 Intranet 方式提供服务时,将应用客户由构件方式改为 Web 页面方式,应用客户与业务服务构件之间的联系由 Web 服务器与事务服务器之间的连接提供,事务服务器对业务服务构件进行统一管理和调度,业务服务构件和数据服务构件不必做任何修改,这样既可以保证以前的投资不受损失,又可以保证业务运行的稳定性。向 Intranet 方式的转移是渐进的,两种运行方式将长期共存,如图 3-13 所示。

在上述各种方案中,除单机配置方案外,其他方案均能对系统的维护和安全管理提供极大方便。任何应用程序的更新只需在对应的服务器上更新有关的构件即可。安全性则由在服务器上对操作应用构件的用户进行相应授权来保障,由于任何用户不直接拥有对数据库的访问权限,其操作必须通过系统提供的构件进行,这样就保证了系统的数据不被滥用,具有很高的安全性。同时,三层 C/S 体系结构具有很强的可扩展性,可以根据需要选择不同的配置方案,并且在应用扩展时方便地转移为另一种配置。

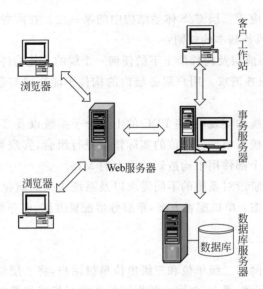

图 3-13　向 Intranet 方式的转移

3.4.3　三层 C/S 结构的优点

根据三层 C/S 的概念及使用实例,我们可以看出,与传统的二层结构相比,三层 C/S 结构具有以下优点:

① 允许合理地划分三层结构的功能,使之在逻辑上保持相对独立性,从而使整个系统的逻辑结构更为清晰,能提高系统和软件的可维护性和可扩展性。

② 允许更灵活有效地选用相应的平台和硬件系统,使之在处理负荷能力上与处理特性上分别适应于结构清晰的三层;并且这些平台和各个组成部分可以具有良好的可升级性和开放性。例如,最初用一台 Unix 工作站作为服务器,将数据层和功能层都配置在这台服务器上。随着业务的发展,用户数和数据量逐渐增加,这时,就可以将 Unix 工作站作为功能层的专用服务器,另外追加一台专用于数据层的服务器。若业务进一步扩大,用户数进一步增加,则可以继续增加功能层的服务器数目,用以分割数据库。清晰、合理地分割三层结构并使其独立,可以使系统构成的变更非常简单。因此,被分成三层的应用基本上不需要修正。

③ 三层 C/S 结构中,应用的各层可以并行开发,各层也可以选择各自最适合的开发语言。使之能并行地而且是高效地进行开发,达到较高的性能价格比;对每一层的处理逻辑的开发和维护也会更容易些。

④ 允许充分利用功能层有效地隔离开表示层与数据层,未授权的用户难以绕过功能层而利用数据库工具或黑客手段去非法地访问数据层,这就为严格的安全管理奠定了坚实的基础;整个系统的管理层次也更加合理和可控制。

值得注意的是:三层 C/S 结构各层间的通信效率若不高,即使分配给各层的硬件能力很强,其作为整体来说也达不到所要求的性能。此外,设计时必须慎重考虑三层间的通信方法、通信频度及数据量。这和提高各层的独立性一样是三层 C/S 结构的关键问题。

3.5 浏览器/服务器风格

在三层 C/S 体系结构中,表示层负责处理用户的输入和向客户的输出(出于效率的考虑,它可能在向上传输用户的输入前进行合法性验证)。功能层负责建立数据库的连接,根据用户的请求生成访问数据库的 SQL 语句,并把结果返回给客户端。数据层负责实际的数据库存储和检索,响应功能层的数据处理请求,并将结果返回给功能层。

浏览器/服务器(browser/server,B/S)风格就是上述三层应用结构的一种实现方式,其具体结构为:浏览器/Web 服务器/数据库服务器。采用 B/S 结构的计算机应用系统的基本框架如图 3-14 所示。

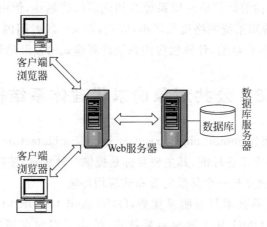

图 3-14　B/S 模式结构

B/S 体系结构主要是利用不断成熟的 WWW 浏览器技术,结合浏览器的多种脚本语言,用通用浏览器就实现了原来需要复杂的专用软件才能实现的强大功能,并节约了开发成本。从某种程度上来说,B/S 结构是一种全新的软件体系结构。

在 B/S 结构中,除了数据库服务器外,应用程序以网页形式存放于 Web 服务器上,用户运行某个应用程序时只需在客户端上的浏览器中键入相应的网址(URL),调用 Web 服务器上的应用程序并对数据库进行操作完成相应的数据处理工作,最后将结果通过浏览器显示给用户。可以说,在 B/S 模式的计算机应用系统中,应用(程序)在一定程度上具有集中特征。

基于 B/S 体系结构的软件,系统安装、修改和维护全在服务器端解决。用户在使用系统时,仅仅需要一个浏览器就可运行全部的模块,真正达到了"零客户端"的功能,很容易在运行时自动升级。B/S 体系结构还提供了异种机、异种网、异种应用服务的联机、联网、统一服务的最现实的开放性基础。

B/S 结构出现之前,管理信息系统的功能覆盖范围主要是组织内部。B/S 结构的"零客户端"方式,使组织的供应商和客户(这些供应商和客户有可能是潜在的,也就是说可能是事先未知的)的计算机方便地成为管理信息系统的客户端,进而在限定的功能范围内查询组织相关信息,完成与组织的各种业务往来的数据交换和处理工作,扩大了组织计算机应用系统的功能覆盖范围,可以更加充分利用网络上的各种资源,同时应用程序维护的工作量也大大减少。另外,B/S结构的计算机应用系统与Internet的结合也使新近提出的一些新的企业计算机应用(如电子商务,客户关系管理)的实现成为可能。

与C/S体系结构相比,B/S体系结构也有许多不足之处,例如:

① B/S体系结构缺乏对动态页面的支持能力,没有集成有效的数据库处理功能。

② B/S体系结构的系统扩展能力差,安全性难以控制。

③ 采用B/S体系结构的应用系统,在数据查询等响应速度上,要远远地低于C/S体系结构。

④ B/S体系结构的数据提交一般以页面为单位,数据的动态交互性不强,不利于在线事务处理(online transaction processing,OLTP)应用。

因此,虽然B/S结构的计算机应用系统有如此多的优越性,但由于C/S结构的成熟性且C/S结构的计算机应用系统网络负载较小,因此,未来一段时间内,将是B/S结构和C/S结构共存的情况。但是,很显然,计算机应用系统计算模式的发展趋势是向B/S结构转变。

3.6 公共对象请求代理体系结构

公共对象请求代理(common object request broker architecture,CORBA)是由对象管理组织OMG制定的一个工业标准,其主要目标是提供一种机制,使得对象可以透明地发出请求和获得应答,从而建立起一个异质的分布式应用环境。

由于分布式对象计算技术具有明显优势,OMG提出了CORBA规范来适应该技术的进一步发展。1991年,OMG基于面向对象技术,给出了以对象请求代理(object request broker,ORB)为中心的对象管理结构,如图3-15所示。

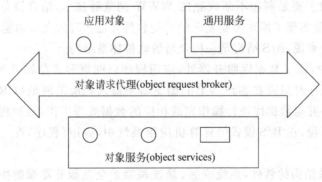

图3-15 对象管理结构

在OMG的对象管理结构中,ORB是一个关键的通信机制,它以实现互操作性为主要目标,处理对象之间消息分布。对象服务实现基本的对象创建和管理功能,通用服务则使用对象管理结构所规定的类接口实现一些通用功能。

针对ORB,OMG又进一步提出了CORBA技术规范,主要内容包括接口定义语言(interface definition language,IDL),接口池(interface repository,IR),动态调用接口(dynamic invocation interface,DII),对象适配器(object adapter,OA)等。

(1) 接口定义语言

CORBA 利用 IDL 统一地描述服务器对象（向调用者提供服务的对象）的接口。IDL 本身也是面向对象的。它虽然不是编程语言，但它为客户对象（发出服务请求的对象）提供了语言的独立性，因为客户对象只需了解服务器对象的 IDL 接口，不必知道其编程语言。IDL 语言是 CORBA 规范中定义的一种中性语言，它用来描述对象的接口，而不涉及对象的具体实现。在 CORBA 中定义了 IDL 语言到 C、C++、SmallTalk 和 Java 语言的映射。

(2) 接口池

CORBA 的接口池包括了分布计算环境中所有可用的服务器对象的接口表示。它使动态搜索可用服务器的接口、动态构造请求及参数成为可能。

(3) 动态调用接口

CORBA 的动态调用接口提供了一些标准函数以供客户对象动态创建请求、动态构造请求参数。客户对象将动态调用接口与接口池配合使用可实现服务器对象接口的动态搜索、请求及参数的动态构造与动态发送。当然，只要客户对象在编译之前能够确定服务器对象的 IDL 接口，CORBA 也允许客户对象使用静态调用机制。显然，静态机制的灵活性虽不及动态机制，但执行效率却胜过动态机制。

(4) 对象适配器

在 CORBA 中，对象适配器用于屏蔽 ORB 内核的实现细节，为服务器对象的实现者提供抽象接口，以便他们使用 ORB 内部的某些功能。这些功能包括服务器对象的登录与激活、客户请求的认证等。

CORBA 定义了一种面向对象的软件构件构造方法，使不同的应用可以共享由此构造出来的软件构件。每个对象都将其内部操作细节封装起来，同时又向外界提供了精确定义的接口，从而降低了应用系统的复杂性，也降低了软件开发费用。CORBA 的平台无关性实现了对象的跨平台引用，开发人员可以在更大的范围内选择最实用的对象加入到自己的应用系统之中。CORBA 的语言无关性使开发人员可以在更大的范围内相互利用别人的编程技能和成果。

下面，我门对 CORBA 体系结构风格进行分析。

CORBA 的设计词汇表 ＝ [构件::＝客户机系统/服务器系统/其他构件；连接件::＝请求/服务]。其中客户机系统包括客户机应用程序、客户桩(stump)、上下文对象和接口仓库等构件，以及桩类型激发 API 和动态激发 API 等连接件。服务器系统包括服务器应用程序方法库，服务器框架和对象请求代理等构件，以及对象适配器等连接件。CORBA 的体系结构模式如图 3-16 所示。

在此体系结构中，客户机应用程序用桩类型激发 API 或者动态激发 API 向服务器发送请求。在服务器端接受方法调用请求，不进行参数引导，设置需要的上下文状态，激发服务器框架中的方法调度器，引导输出参数，并完成激发。服务器应用程序使用服务器端的服务部分，它包含了某个对象的一个或者多个实现，用于满足客户机对指定对象上的某个操作的请求。

很明显，客户机系统是独立于服务器系统的，同样，服务器系统也独立于客户机系统。

CORBA 体系结构模式充分利用了当今软件技术发展的最新成果，在基于网络的分布式应用环境下实现应用软件的集成，使得面向对象的软件在分布、异构环境下实现可重用、

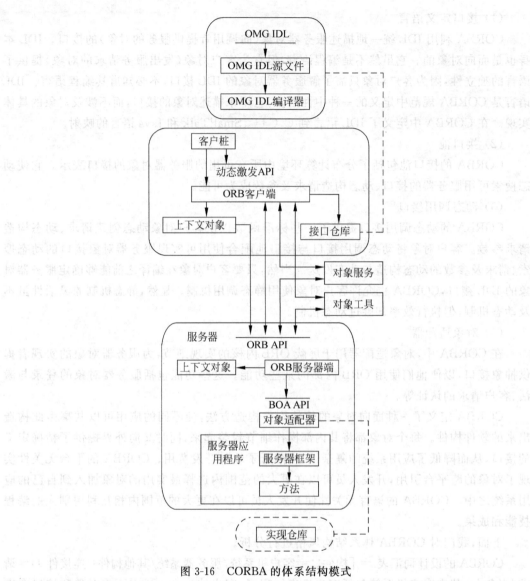

图 3-16 CORBA 的体系结构模式

可移植和互操作。其特点可以总结为如下几个方面:

① 引入中间件作为事务代理,完成客户机向服务对象方(Server)提出的业务请求,引入中间件概念后分布计算模式如图 3-17 所示。

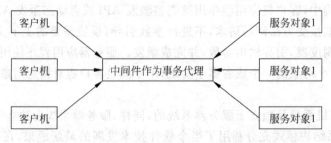

图 3-17 引入中间件后客户机与服务器之间的关系

② 实现客户与服务对象的完全分开，客户不需要了解服务对象的实现过程以及具体位置。

③ 提供软总线机制，使得在任何环境下、采用任何语言开发的软件只要符合接口规范的定义，均能够集成到分布式系统中。

④ CORBA 规范软件系统采用面向对象的软件实现方法开发应用系统，实现对象内部细节的完整封装，保留对象方法的对外接口定义。

在以上特点中，最突出的是中间件的引入。对象模型是应用开发人员对客观事物属性和功能的具体抽象。由于 CORBA 使用了对象模型，将 CORBA 系统中所有的应用看成是对象及相关操作的集合，因此通过对象请求代理，使 CORBA 系统中分布在网络中应用对象的获取只取决于网络的畅通性和服务对象特征获取的准确程度，而与对象的位置以及对象所处的设备环境无关。

3.7 正交软件体系结构

3.7.1 正交软件体系结构的概念

正交(orthogonal)软件体系结构由组织层和线索的构件构成。层是由一组具有相同抽象级别的构件构成。线索是子系统的特例，它是由完成不同层次功能的构件组成(通过相互调用来关联)，每一条线索完成整个系统中相对独立的一部分功能。每一条线索的实现与其他线索的实现无关或关联很少，在同一层中的构件之间是不存在相互调用的。

如果线索是相互独立的，即不同线索中的构件之间没有相互调用，那么这个结构就是完全正交的。从以上定义，我们可以看出，正交软件体系结构是一种以垂直线索构件族为基础的层次化结构，其基本思想是把应用系统的结构按功能的正交相关性，垂直分割为若干个线索(子系统)，线索又分为几个层次，每个线索由多个具有不同层次功能和不同抽象级别的构件构成。各线索的相同层次的构件具有相同的抽象级别。因此，我们可以归纳正交软件体系结构的主要特征如下：

① 正交软件体系结构由完成不同功能的 $n(n>1)$ 个线索(子系统)组成。

② 系统具有 $m(m>1)$ 个不同抽象级别的层。

③ 线索之间是相互独立的(正交的)。

④ 系统有一个公共驱动层(一般为最高层)和公共数据结构(一般为最低层)。

对于大型的和复杂的软件系统，其子线索(一级子线索)还可以划分为更低一级的子线索(二级子线索)，形成多级正交结构。正交软件体系结构的框架如图 3-18 所示。

图 3-18 是一个三级线索、五层结构的正交软件体系结构框架图，在该图中，ABDFK 组成了一条线索，ACEJK 也是一条线索。因为 B、C 处于同一层次中，所以不允许进行互相调用；H、J 处于同一层次中，也不允许进行互相调用。一般来讲，第五层是一个物理数据库连接构件或设备构件，供整个系统公用。

在软件演化过程中，系统需求会不断发生变化。在正交软件体系结构中，因线索的正交性，每一个需求变动仅影响某一条线索，而不会涉及到其他线索。这样，就把软件需求的变动局部化了，产生的影响也被限制在一定范围内，因此容易实现。

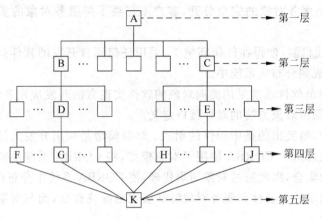

图 3-18 正交软件体系结构框架

3.7.2 正交软件体系结构的实例

在本节中,我们以某省电力局的一个管理信息系统为例,讨论正交软件体系结构的应用。

1. 设计思想

在设计初期,考虑到未来可能进行的机构改革,在系统投入运行后,单位各部门的功能有可能发生以下变化:

① 某些部门的功能可能改变,或取消,或转入另外的部门或其工作内容发生变更;
② 有的部门可能被撤销,其功能被整个并入其他部门或分解并入数个部门;
③ 某些部门的功能可能需要扩充。

为适应将来用户需求可能发生的变化,尽量降低维护成本、提高可用性和重用性,我们使用了多级正交软件体系结构的设计思想。在本系统中,考虑到其系统较大和实际应用的需要,将线索分为两级:主线索和子线索。总体结构包含数个主线索(第一级),每个主线索又包含数个子线索(第二级),因此一个主线索也可以看成一个小的正交结构。这样为大型软件结构功能的划分提供了便利,使得既能对功能进行分类,又能在每一类中对功能进行细分。使功能划分既有序,又合理,能控制在一定粒度以内,合理的粒度又为线索和层次中构件的实现打下良好的基础。

在 3.7.1 节提到的完全正交结构不能很好地适用于本应用,因此我们放宽了对结构正交的严格性,允许在线索间有适当的相互调用,因为各功能或多或少会有相互重叠的地方,因此会发生共享某些构件的情况。进一步,我们还放宽了对结构分层的限制,允许某些线索(少数)的层次与其他线索(多数)不同。这些均是反复权衡理想情况时的优点和实现代价后总结出的原则,这样既易于实现,又能充分利用正交结构的优点。

2. 结构设计

按照上述思想,首先将整个系统设计为两级正交结构,第一级划分为 38 个主线索(子系统),系统总体结构如图 3-19 所示,每个主线索又可划分为数个子线索(≥2)。

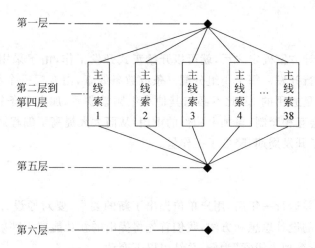

图 3-19 系统总体正交体系结构设计

为了简单起见,仅就其中的一个主线索进行说明,其他主线索的子线索划分也采用大致相同的策略。该主线索所实现的功能属于多种经营管理处的范围,该处有生产经营科、安全监察科、财务科、劳务科,包括 11 个管理功能(如人员管理、产品质量监督、安全监察、生产经营、劳资统计等),即 11 个子线索,该主线索子正交体系结构如图 3-20 所示。

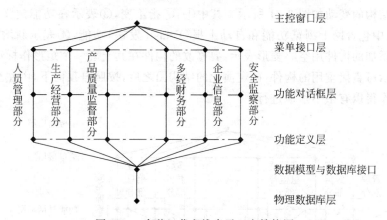

图 3-20 多种经营主线索子正交结构图

在图 3-20 中,主控窗口层、数据模型与数据库接口、物理数据库层分别对应图 3-11 中的第一、五和第六层。组合图 3-19 和图 3-20 可看出整个 MIS 的结构包括六个层次。

① 第一层实现主控窗口,由主控窗口对象控制引发所有线索运行。

② 第二层实现菜单接口,支持用户选择不同的处理功能。

③ 第三层涵盖了所有的功能对话框,这是与功能的真正接口。

④ 第四层是真正的功能定义,在这一定义的构件有:数据录入构件(包括插入、删除、更新)、报表处理构件、快速查询构件、图形分析构件、报表打印构件等。

⑤ 第五层和第六层是数据服务的实现,第五层是包括了特定的数据模型和数据库接口,第六层就是数据库本身。

3. 程序编制

在软件结构设计方案确定之后,就可以开始正式开发工作,由于采用正交结构的思想,可以分数个小组并行开发。每个小组分配一条或数条线索,由专门一个小组来设计通用共享构件。由于构件是通用的,因此不必与其他小组频繁联系,加上各条线索之间相互调用少,所以各小组不会互相牵制,再加上构件的重用,从而大大提高了编程效率,给设计带来极大的灵活性,缩短了开发周期,降低了工作量。

4. 演化控制

软件开发完成并运行一年后,用户单位提出了新的要求,要对原设计方案进行修改,按照在第1部分提出的设计思想和方法,我们首先将提出的新功能要求映射到原设计结构上,这里仍以"多种经营管理主线索"为例,总结出以下变动:

(1) 报表和报表处理功能的变动:例如财务管理子线索有如下变动,财务报表有增删(直接在数据库中添加和删除表),某些报表需要增加一些汇兑处理和计算功能(对它的功能定义层作上修改标记),其他一些子功能(子线索)也需增加自动上报功能,另外所有的子线索都需要增加浏览器功能,以便对数据进行网上浏览。

(2) 子线索的变动:增加养老统筹子线索。

对初始结构的变动如图3-21所示。其中①,②指不变,③表示在功能定义层新添加的一个构件,其中包含网上浏览功能和自动上报(E-mail 发送)功能,④表示新增加养老统筹子线索。新添加的构件用空心菱形表示,要修改的构件在其上套一个矩形作标记,其他未作标记的则表示可直接重用的构件,确定演化的结构图之后,按照自顶向下,由左至右的原则,更新演化工作得以有条不紊地进行。

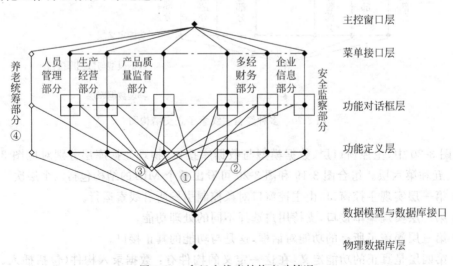

图 3-21 多经主线索结构变动情况

现对多经主线索子正交结构演化情况进行统计:原结构包含子线索11条,构件36个;新结构包含子线索12条,构件41个。其中重用构件24个,修改11个,新增6个。新增子线索一条。由于涉及到添加公用共享构件,所以没有完全重用某条子线索的情况,但是大部分只用在功能对话框层做少量修改即可。

经分析，构件重用率为 58.6%，修改率为 26.8%，增加率为 14.6%。表 3-1 是对工作量（每天 8 小时，单位人/天）的统计分析。

表 3-1 劳动量比较表

主线索	修改前开发工作量	修改工作量	修改与开发工作量之比/%
1	60	4	6.67
2	120	4	3.33
3	90	6	6.67
4	60	4	6.67
5	60	2	3.33
6	60	3	5.00
...	...	...	...
37	60	2	3.33
38	30	3	10

38 条主线索的修改与开发工作量比例均未超过 13%，比传统方法工作量减少 20% 左右。可见多级正交结构对于降低软件演化更新的开销是行之有效的，而且非常适合大型软件开发，特别是在 MIS 领域，由于其结构在一定应用领域内均有许多共同点，因此有一定的通用性。

3.7.3 正交软件体系结构的优点

正交软件体系结构具有以下优点：

(1) 结构清晰，易于理解。正交软件体系结构的形式有利于理解。由于线索功能相互独立，不进行互相调用，结构简单、清晰，构件在结构图中的位置已经说明它所实现的是哪一级抽象，担负的是什么功能。

(2) 易修改，可维护性强。由于线索之间是相互独立的，所以对一个线索的修改不会影响到其他线索。因此，当软件需求发生变化时，可以将新需求分解为独立的子需求，然后以线索和其中的构件为主要对象分别对各个子需求进行处理，这样软件修改就很容易实现。系统功能的增加或减少，只需相应的增删线索构件族，而不影响整个正交体系结构，因此能方便地实现结构调整。

(3) 可移植性强，重用粒度大。因为正交结构可以为一个领域内的所有应用程序所共享，这些软件有着相同或类似的层次和线索，可以实现体系结构级的重用。

3.8 基于层次消息总线的体系结构风格

层次消息总线(hierarchy message bus, HMB)的体系结构风格是由北京大学杨芙清院士等人提出的一种风格，该体系结构风格的提出基于以下的实际背景：

(1) 随着计算机网络技术的发展，特别是分布式构件技术的日渐成熟和构件互操作标准的出现，如 CORBA、DCOM 和 EJB 等，加速了基于分布式构件的软件开发趋势，具有分布和并发特点的软件系统已成为一种普遍的应用需求。

（2）基于事件驱动的编程模式已在图形用户界面程序设计中获得广泛应用。在此之前的程序设计中，通常使用一个大的分支语句控制程序的转移，对不同的输入情况分别进行处理，程序结构不清晰。基于事件驱动的编程模式在对多个不同事件响应的情况下，系统自动调用相应的处理函数，程序具有清晰的结构。

（3）计算机硬件体系结构和总线的概念为软件体系结构的研究提供了很好的借鉴和启发，在统一的体系结构框架下（即总线和接口规范），系统具有良好的扩展性和适应性。任何计算机厂商生产的配件，甚至是在设计体系结构时根本没有预料到的配件，只要遵循标准的接口规范，都可以方便地集成到系统中，对系统功能进行扩充，甚至是即插即用（即运行时刻的系统演化）。正是标准的总线和接口规范的指定，以及标准化配件的生产，促进了计算机硬件的产业分工和蓬勃发展。

HMB 风格基于层次消息总线、支持构件的分布和并发，构件之间通过消息总线进行通信，如图 3-22 所示。

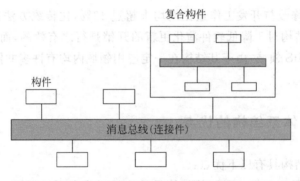

图 3-22 HMB 风格的系统示意图

消息总线是系统的连接件，负责消息的分派、传递和过滤以及处理结果的返回。各个构件挂接在消息总线上，向总线登记感兴趣的消息类型。构件根据需要发出消息，由消息总线负责把该消息分派到系统中所有对此消息感兴趣的构件，消息是构件之间通信的惟一方式。构件接收到消息后，根据自身状态对消息进行响应，并通过总线返回处理结果。由于构件通过总线进行连接，并不要求各个构件具有相同的地址空间或局限在一台机器上。该风格可以较好地刻画分布式并发系统，以及基于 CORBA、DCOM 和 EJB 规范的系统。

如图 3-22 所示，系统中的复杂构件可以分解为比较低层的子构件，这些子构件通过局部消息总线进行连接，这种复杂的构件称为复合构件。如果子构件仍然比较复杂，可以进一步分解，如此分解下去，整个系统形成了树状的拓扑结构，树结构的末端结点称为叶结点，它们是系统中的原子构件，不再包含子构件，原子构件的内部可以采用不同于 HMB 的风格，例如前面提到的数据流风格、面向对象风格及管道-过滤器风格等，这些属于构件的内部实现细节。但要集成到 HMB 风格的系统中，必须满足 HMB 风格的构件模型的要求，主要是在接口规约方面的要求。另外，整个系统也可以作为一个构件，通过更高层的消息总线，集成到更大的系统中。于是，可以采用统一的方式刻画整个系统和组成系统的单个构件。

下面讨论 HMB 风格中的各个组成要素。

3.8.1 构件模型

系统和组成系统的成分通常是比较复杂的,难以从一个视角获得对它们的完整理解,因此一个好的软件工程方法往往从多个视角对系统进行建模,一般包括系统的静态结构、动态行为和功能等方面。例如,OMT 方法采用了对象模型、动态模型和功能模型刻画系统的以上三个方面。

借鉴以上思想,为满足体系结构设计的需要,HMB 风格的构件模型包括接口、静态结构和动态行为三个部分,如图 3-23 所示。

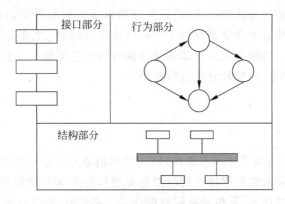

图 3-23　HMB 风格的构件模型

在图 3-23 中,左上方是构件的接口部分,一个构件可以支持多个不同的接口,每个接口定义了一组输入和输出的消息,刻画了构件对外提供的服务以及要求的环境服务,体现了该构件同环境的交互。右上方是用带输出的有限状态自动机刻画的构件行为,构件接收到外来消息后,根据当前所处的状态对消息进行响应,并可能导致状态的变迁。下方是复合构件的内部结构定义,复合构件是由更简单的子构件通过局部消息总线连接而成的。消息总线为整个系统和各个层次的构件提供了统一的集成机制。

3.8.2 构件接口

在体系结构设计层次上,构件通过接口定义了同外界的信息传递和承担的系统责任,构件接口代表了构件同环境的全部交互内容,也是惟一的交互途径。除此之外,环境不应对构件做任何其他与接口无关的假设,例如实现细节等。

HMB 风格的构件接口是一种基于消息的互联接口,可以较好地支持体系结构设计。构件之间通过消息进行通讯,接口定义了构件发出和接收的消息集合。同一般的互联接口相比,HMB 的构件接口具有两个显著的特点。首先,构件只对消息本身感兴趣,并不关心消息是如何产生的,消息的发出者和接收者不必知道彼此的情况,这样就切断了构件之间的直接联系,降低了构件之间的耦合程度,进一步增强了构件的重用潜力,并使得构件的替换变得更为容易。另外,在一般的互联接口定义的系统中,构件之间的连接是在要求的服务和提供的服务之间进行固定的匹配,而在 HMB 的构件接口定义的系统中,构件对外来消息进行响应后,可能会引起状态的变迁。因此,一个构件在接收到同样的消息后,在不同时刻所处的不同状态下,可能会有不同的响应。

消息是关于某个事件发生的信息,上述接口定义中的消息分为两类。

① 构件发出的消息,通知系统中其他构件某个事件的发生或请求其他构件的服务。

② 构件接收的消息,对系统中某个事件的响应或提供其他构件所需的服务。接口中的每个消息定义了构件的一个端口,具有互补端口的构件可以通过消息总线进行通信,互补端口指的是除了消息进出构件的方向不同之外,消息名称、消息带有的参数和返回结果的类型完全相同的两个端口。

当某个事件发生后,系统或构件发出相应的消息,消息总线负责把该消息传递到此消息感兴趣的构件。按照响应方式的不同,消息可分为同步消息和异步消息。同步消息是指消息的发送者必须等待消息处理结果返回才可以继续运行的消息类型。异步消息是指消息的发送者不必等待消息处理结果的返回即可继续执行的消息类型。常见的同步消息包括过程调用,异步消息包括信号、时钟和异步过程调用等。

3.8.3 消息总线

HMB 风格的消息总线是系统的连接件,构件向消息总线登记感兴趣的消息,形成构件消息响应登记表。消息总线根据接收到的消息类型和构件-消息响应登记表的信息,定位并传递该消息给相应的响应者,并负责返回处理结果。必要时,消息总线还对特定的消息进行过滤和阻塞。图 3-24 给出了采用对象类符号表示的消息总线的结构。

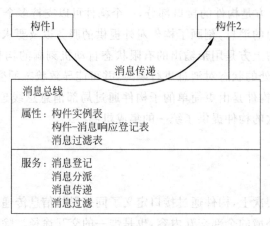

图 3-24 消息总线的结构

1. 消息登记

在基于消息的系统中,构件需要向消息总线登记当前响应的消息集合,消息响应者只对消息类型感兴趣,通常并不关心是谁发出的消息。在 HMB 风格的系统中,对挂接在同一消息总线上的构件而言,消息是一种共享的资源,构件-消息响应登记表记录了该总线上所有构件和消息的响应关系。类似于程序设计中的"间接地址调用",避免了将构件之间的连接"硬编码"到构件的实例中,使得构件之间保持了灵活的连接关系,便于系统的演化。

构件接口中的接收消息集合意味着构件具有响应这些消息类型的潜力,缺省情况下,构件对其接口中定义的所有接收消息都可以进行响应。但在某些特殊的情况下,例如,当一个构件在部分功能上存在缺陷时,就难以对其接口中定义的某些消息进行正确的响应,这时应阻塞那些不希望接收到的消息。这就是需要显式进行消息登记的原因,以便消息响应者更灵活地发挥自身的潜力。

2. 消息分派和传递

消息总线负责消息在构件之间的传递,根据构件-消息响应登记表把消息分派到对此消息感兴趣的构件,并负责处理结果的返回。在消息广播的情况下,可以有多个构件同时响应一个消息,也可以没有构件对该消息进行响应。在后一种情况下,该消息就丢失了,消息总线可以对系统的这种异常情况发出警告,或通知消息的发送构件进行相应的处理。

实际上,构件-消息响应登记表定义了消息的发送构件和接收构件之间的一个二元关系,以此作为消息分派的依据。

消息总线是一个逻辑上的整体,在物理上可以跨越多个机器,因此挂接在总线上的构件也就可以分布在不同的机器上,并发运行。由于系统中的构件不是直接交互,而是通过消息总线进行通信,因此实现了构件位置的透明性。根据当前各个机器的负载情况和效率方面的考虑,构件可以在不同的物理位置上透明地迁移,而不影响系统中的其他构件。

3. 消息过滤

消息总线对消息过滤提供了转换和阻塞两种方式。消息过滤的原因主要在于不同来源的构件事先并不知道各自的接口,因此可能同一消息在不同的构件中使用了不同的名字,或不同的消息使用了相同的名字。前面我们提到,对挂接在同一消息总线上的构件而言,消息是一种共享的资源,这样就会造成构件集成时消息的冲突和不匹配。

消息转换是针对构件实例而言的,即所有构件实例发出和接收的消息类型都经过消息总线的过滤,这里采取简单换名的方法,其目标是保证每种类型的消息名字在其所处的局部总线范围内是惟一的。例如,假设复合构件 A 复合客户/服务器风格,由构件 C 的两个实例 c1 和 c2 以及构件 S 的一个实例 s1 构成,构件 C 发出的消息 msgC 和构件 S 接收的消息 msgS 是相同的消息。但由于某种原因,它们的命名并不一致(除此之外,消息的参数和返回值完全一样)。我们可以采取简单换名的方法,把构件 C 发出的消息 msgC 换名为 msgS,这样无需对构件进行修改,就解决了这两类构件集成问题。

由简单的换名机制解决不了的构件集成的不匹配问题,例如参数类型和个数不一致等,可以采取更为复杂的包装器(wrapper)技术对构件进行封装。

3.8.4 构件静态结构

HMB 风格支持系统自顶向下的层次化分解,复合构件是由比较简单的子构件组装而成的,子构件通过复合构件内部的消息总线连接,各个层次的消息总线在逻辑功能上是一致的,负责相应构件或系统范围内消息的登记、分派、传递和过滤。如果子构件仍然比较复杂,可以进一步分解。图 3-25 是某个系统经过逐层分解所呈现出的结构示意图,不同的消息总线分别属于系统和各层次的复合构件,消息总线之间没有直接的连接,HMB 风格中的这种总线称为层次消息总线。另外,整个系统也可以作为一个构件,集成到更大的系统中。因为各个层次的构件以及整个系统采取了统一的方式进行刻画,所以定义一个系统的同时也就定义了一组"系统",每个构件都可看做一个独立的子系统。

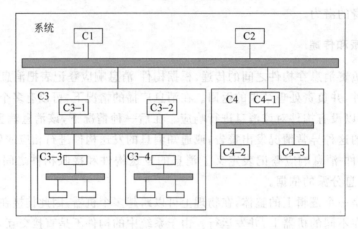

图 3-25　系统/复合构件的静态结构示意图

3.8.5　构件动态行为

在一般的基于事件风格的系统中,如图形用户界面系统 X-Window,对于同一类事件,构件(这里指的是回调函数)总是采取同样的动作进行响应。这样,构件的行为就由外来消息的类型惟一确定,即一个消息和构件的某个操作之间存在着固定的对应关系。对于这类构件,可以认为构件只有一个状态,或者在每次对消息响应之前,构件处于初始状态。虽然在操作的执行过程中,会发生状态的变迁,但在操作结束之前,构件又恢复到初始状态。无论以上哪种情况,都不需要构件在对两个消息响应之间,保持其状态信息。

通常的情况是,构件的行为同时受外来消息类型和自身当前所处状态的影响。类似一些面向对象方法中用状态机刻画对象的行为,在 HMB 风格的系统中,我们采用带输出的有限状态机描述构件的行为。

带输出的有限状态机分为 Moore 机和 Mealy 机两种类型,它们具有相同的表达能力。在一般的面向对象方法中,通常混合采用 Moore 机和 Mealy 机表达对象的行为。为了实现简单起见,选择采用 Mealy 机来描述构件的行为。一个 Mealy 机包括一组有穷的状态集合、状态之间的变迁和在变迁发生时的动作。其中,状态表达了在构件的生命周期内,构件所满足的特定条件、实施的活动或等待某个事件的发生。

3.8.6　运行时刻的系统演化

在许多重要的应用领域中,例如金融、电力、电信及空中交通管制等,系统的持续可用性是一个关键性的要求,运行时刻的系统演化可减少因关机和重新启动而带来的损失和风险。此外,越来越多的其他类型的应用软件也提出了运行时刻演化的要求,在不必对应用软件进行重新编译和加载的前提下,为最终用户提供系统定制和扩展的能力。

HMB 风格方便地支持运行时刻的系统演化,主要体现在以下三个方面:

(1) 动态增加或删除构件

在 HMB 风格的系统中,构件接口中定义的输入和输出消息刻画了一个构件承担的系统责任和对外部环境的要求,构件之间通过消息总线进行通信,彼此并不知道对方的存在。因此只要保持接口不变,构件就可以方便地替换。一个构件加入到系统中的方法很简单,只需向系统登记其所感兴趣的消息即可。但删除一个构件可能会引起系统中对于某些消息没有构件响应的异常情况,这时可以采取两种措施:一是阻塞那些没有构件响应的消息;二是首先使系统中的其他构件或增加新的构件对该消息进行响应,然后再删除相应的构件。

系统中可能增删改构件的情况包括以下几种:

① 当系统功能需要扩充时,往系统中增加新的构件。

② 当对系统功能进行裁减,或当系统中的某个构件出现问题时,需要删除系统中的某个构件。

③ 用带有增强功能或修正了错误的构件新版本代替原有的旧版本。

(2) 动态改变构件响应的消息类型

类似地,构件可以动态地改变对外提供的服务(即接收的消息类型),这时应通过消息总线对发生的改变进行重新登记。

(3) 消息过滤

利用消息过滤机制,可以解决某些构件集成的不匹配问题。消息过滤通过阻塞构件对某些消息的响应,提供了另一种动态改变构件对消息进行响应的方式。

3.9 异构结构风格

3.9.1 为什么要使用异构结构

在前面的几节里,介绍和讨论了一些所谓的"纯"体系结构,但随着软件系统规模的扩大,系统也越来越复杂,所有的系统不可能都在单一的、标准的结构上进行设计,这是因为:

(1) 从最根本上来说,不同的结构有不同的处理能力的强项和弱点,一个系统的体系结构应该根据实际需要进行选择,以解决实际问题。

(2) 关于软件包、框架、通信以及其他一些体系结构上的问题,目前存在多种标准。即使在某段时间内某一种标准占统治地位,但变动最终是绝对的。

(3) 实际工作中,我们总会遇到一些遗留下来的代码,它们仍有效用,但是却与新系统有某种程度上的不协调。然而在许多场合,将技术与经济综合进行考虑时,总是决定不再重写它们。

(4) 即使在某一单位中,规定了共享共同的软件包或相互关系的一些标准,仍会存在解释或表示习惯上的不同。在 UNIX 中就可以发现这类问题:即使规定用单一的标准(ASCII)来保证过滤器之间的通信,但因为不同人对关于在 ASCII 流中信息如何表示的不同假设,不同的过滤器之间仍可能不协调。

大多数应用程序只使用 10% 的代码实现系统的公开的功能,剩下 90% 的代码完成系统管理功能：输入和输出、用户界面、文本编辑、基本图表、标准对话框、通信、数据确认和旁听跟踪、特定领域（如数学或统计库）的基本定义等。

如果能从标准的构件构造系统90%的代码是很理想的，但不幸的是，即使能找到一组符合要求的构件，我们很有可能发现它们不会很融合地组织在一起。通常问题出在：各构件作了数据表示、系统组织、通信协议细节或某些明确的决定（如谁将拥有主控制线程）等不同的假设。可以举一个简单的例子，UNIX中的排序操作、过滤器和系统调用都是标准配置中的部分，虽然都是排序，但它们之间不可互换。

3.9.2 异构结构的实例

在本节中，将通过实例讨论C/S与B/S混合软件体系结构。从3.3节、3.4节和3.5节的讨论中，可以看出，传统的C/S体系结构并非一无是处，而新兴的B/S体系结构也并非十全十美。由于C/S体系结构根深蒂固，技术成熟，原来的很多软件系统都是建立在C/S体系结构基础上的，因此，B/S体系结构要想在软件开发中起主导作用，要走的路还很长。C/S体系结构与B/S体系结构还将长期共存，其结合方式主要有两种。下面分别讨论C/S与B/S混合软件体系结构的两个模型。

1. "内外有别"模型

在C/S与B/S混合软件体系结构的"内外有别"模型中，企业内部用户通过局域网直接访问数据库服务器，软件系统采用C/S体系结构；企业外部用户通过Internet访问Web服务器，通过Web服务器再访问数据库服务器，软件系统采用B/S体系结构。"内外有别"模型的结构如图3-26所示。

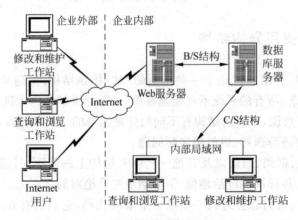

图3-26 "内外有别"模型

"内外有别"模型的优点是外部用户不直接访问数据库服务器，能保证企业数据库的相对安全。企业内部用户的交互性较强，数据查询和修改的响应速度较快。

"内外有别"模型的缺点是企业外部用户修改和维护数据时，速度较慢，较烦琐，数据的动态交互性不强。

2. "查改有别"模型

在 C/S 与 B/S 混合软件体系结构的"查改有别"模型中,不管用户是通过什么方式(局域网或 Internet)连接到系统,凡是需执行维护和修改数据操作的,就使用 C/S 体系结构;如果只是执行一般的查询和浏览操作,则使用 B/S 体系结构。"查改有别"模型的结构如图 3-27 所示。

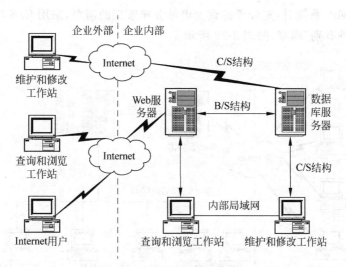

图 3-27 "查改有别"模型

"查改有别"模型体现了 B/S 体系结构和 C/S 体系结构的共同优点。但因为外部用户能直接通过 Internet 连接到数据库服务器,企业数据容易暴露给外部用户,给数据安全造成了一定的威胁。

3. 几点说明

① 因为我们在本节中只讨论软件体系结构问题,所以在模型图中省略了有关网络安全的设备,如防火墙等,这些安全设备和措施是保证数据安全的重要手段。

② 在这两个模型中,我们只注明(外部用户)通过 Internet 连接到服务器,但并没有解释具体的连接方式,这种连接方式取决于系统建设的成本和企业规模等因素。例如:某集团公司的子公司要访问总公司的数据库服务器,既可以使用拨号方式、ADSL,也可以使用 DDN 方式等。

③ 本节中对内部与外部的区分,是指是否直接通过内部局域网连接到数据库服务器进行软件规定的操作,而不是指软件用户所在的物理位置。例如,某个用户在企业内部办公室里,其计算机也通过局域网连接到数据库服务器,但当他使用软件时,是通过拨号的方式连接到 Web 服务器或数据库服务器,则该用户属于外部用户。

4. 应用实例

(1) 系统背景

当前,我国电力系统正在进行精简机构的改革,变电站也在朝无人、少人和一点带面的方向发展(如：一个有人值班 220kV 变电站带若干个无人值班 220kV 和 110kV 变电站)，"减人增效"是必然的趋势，而要很好地达到这个目的，使用一套完善的变电综合信息管理系统(以下简称为"TSMIS")显得很有必要。为此，我们组织有关力量，针对电力系统变电运行管理工作的需要，结合变电站运行工作经验，开发了一套完整的变电综合信息管理系统。

(2) 体系结构设计

在设计 TSMIS 系统时，充分考虑到变电站分布管理的需要，采用 C/S 与 B/S 混合软件体系结构的"内外有别"模型，如图 3-28 所示。

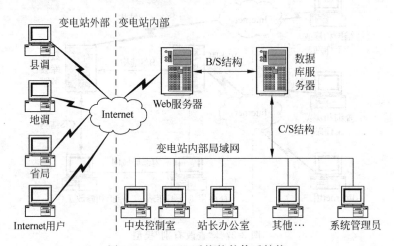

图 3-28　TSMIS 系统软件体系结构

在 TSMIS 系统中，变电站内部用户通过局域网直接访问数据库服务器，外部用户(包括县调、地调和省局的用户及普通 Internet 用户)通过 Internet 访问 Web 服务器，再通过 Web 服务器访问数据库服务器。外部用户只需一台接入 Internet 的计算机，就可以通过 Internet 查询运行生产管理情况，无须作太大的投入和复杂的设置。这样也方便所属电业局及时了解各变电站所的运行生产情况，对各变电站的运行生产进行宏观调控。此设计能很好地满足用户的需求，符合可持续发展的原则，使系统有较好的开放性和易扩展性。

(3) 系统实现

TSMIS 系统包括变电运行所需的运行记录、图形开票、安全生产管理、生产技术管理、行政管理、总体信息管理、技术台账管理、班组建设、学习培训、系统维护等各个业务层次模块。实际使用时，用户可以根据实际情况的需要选择模块进行自由组合，以达到充分利用变电站资源和充分发挥系统作用的目的。

系统的实现采用 Visual C++、Visual Basic、Visual InterDev 和 Java 等语言和开发平台进行混合编程。服务器操作系统使用 Windows 2000 Advanced Server，后台数据库采用 SQL Server 2000。系统的实现充分考虑到我国变电站所电压等级的分布，可以适用于大、中、小电压等级的变电站所。

3.9.3 异构组合匹配问题

软件工程师有许多技术来处理结构上的不匹配。最简单描述这些技术的例子是只有两个构件的情况。这两个构件可以是对等构件、一对相互独立的应用程序、一个库和一个调用者、客户机和服务器等,基本形式如图 3-29 所示。

图 3-29 构件协调问题

A 和 B 不能协调工作的原因可能是它们事先作了对数据表示、通信、包装、同步、语法和控制等方面的假设,这些方面统称为形式(form)。下面给出若干种解决 A 与 B 之间不匹配问题的方法。这里,假设 A 和 B 是对称的,它们可以互换。

(1) 形式 A 改变成 B 的形式。为了与另一构件协调,彻底重写其中之一的代码是可能的,但又是很昂贵的。

(2) 公布 A 的形式的抽象化信息。例如,应用程序编程接口公布了控制一个构件的过程调用,开放接口时通常提供某种附加的抽象信息,可以使用凸出部(projections)或视图(views)来提供数据库,特别是联合数据库的抽象。

(3) 在数据传输过程中从 A 的形式转变到 B 的形式。例如,某些分布式系统在数据传输中进行从 big-endian 到 little-endian 的转变。

(4) 通过协商,达成一个统一的形式。例如,调制解调器通常协商以发现最快的通信协议。

(5) 使 B 成为支持多种形式。例如,Macintosh 的"fat binaries"可以在 680X0 或 PowerPC 处理器上执行。可移动的 Unix 代码可以在多种处理器上运转。

(6) 为 B 提供进口/出口转换器。它们有两种重要形式。其一,独立的应用程序提供表示转换服务。如通常使用的图像格式转换程序(可以在至少 50 种格式之间、10 种平台上进行转换)。其二,某些系统协调扩充或外部 add-ons,它们可以完成内外部数据格式之间的相互转换。

(7) 引入中间形式。

第一,外部相互交换表示,有时通过界面描述语言(interface description languages,IDLs)支持,能够提供一个中介层。这在存在多个形式互不相同的构件结合在一起的时候特别有用。

第二,标准的发布形式,如 RTF、MIF、PostScript;或 Adobe Acrobat 提供了另一种可供选择的方式,一种广泛流通的安全的表示法。

第三,活跃的调解者(active media)可以被插入系统,作为中介。

(8) 在 A 上添加一个适配器(adapter)或包装器。最终的包装器可能是一种处理器模拟另一种处理器的代码。软件包装器可以在形式上掩盖不同,如 Mosaic 和其他 Web 浏览器隐藏了所显示的文件的表示一样。

(9) 保持对 A 和 B 的版本并行一致。虽然较微妙,但保持 A 和 B 自己的形式,并完成两种形式的所有改变是有可能的。

以上这些技术有它们的优点和缺点,它们在初始化、时间和空间效率、灵活性和绝对的处理能力上差别很大。

3.10 互联系统构成的系统及其体系结构

3.10.1 互联系统构成的系统

开发大规模系统时,其复杂程度将大大增加。它不但要求开发人员能够理解一套更为复杂的流程,并且由于需要管理更多的资源,为此要负担额外的开销。互联系统构成的系统(system of interconnected systems,SIS)是由 Herbert H. Simon 在 1981 年提出的一个概念。1995 年,Jacobson 等人对这种系统进行了专门的讨论。SIS 是指系统可以分成若干个不同的部分,每个部分作为单独的系统独立开发。整个系统通过一组互联系统实现,而互联系统之间相互通信,履行系统的职责。其中一个系统体现整体性能,称为上级系统(superordinate system);其余系统代表整体的一个部分,称为从属系统(subordinate system)。从上级系统的角度来看,从属系统是子系统,上级系统独立于其从属系统,每个从属系统仅仅是上级系统模型中所指定内容的一个实现,并不属于上级系统功能约束的一部分。互联系统构成的系统的软件体系结构(software architecture for SIS,SASIS)如图 3-30 所示。

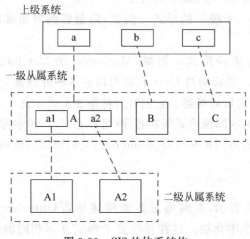

图 3-30 SIS 的体系结构

图 3-30 是一个三级结构的 SIS 体系结构示意图,上级系统的功能约束由一个互联系统构成的系统来实现,其中一级从属系统 A、B 和 C 分别是上级系统的子系统 a、b 和 c 的具体实现。二级从属系统中的 A1 和 A2 分别是一级从属系统 A 的子系统 a1 和 a2 的具体实现。

在 SASIS 中,上级系统与从属系统是相对而言的。例如,在图 3-30 中,一级从属系统既是上级系统的从属系统,同时又是二级从属系统的上级系统。

需要说明的是,并不是每一个 SIS 系统都只能分解为三级结构。需要根据系统的规模来进行分解,可以只分解为两级结构。如果要开发的系统规模很大,可能需要进一步划分从属系统,形成多级结构的 SIS 系统。

从属系统可以自成一个软件系统,脱离上级系统而运行,有其自己的软件生命周期,在生命周期内的所有活动中都可以单独管理,可以使用不同的开发流程来开发各个从属系统。

常用的系统开发过程也可应用于 SIS 系统,可以将上级系统与从属系统的实现分离。通过把从属系统插入到由互联系统构成的其他系统,就很容易使用从属系统来实现其上级系统。

在 SIS 系统中,要注意各从属系统之间的独立性,在上级系统的设计模型中,每个从属系统实现一个子系统。子系统依赖于彼此的接口,但相互之间是相对独立的。因此,当某从属系统的需求发生变化时,不必开发新版本的上级系统,只需对该从属系统内部构件进行变更,不会影响到其他从属系统。只有在主要功能变更时才要求开发上级系统的新版本。

3.10.2 基于 SASIS 的软件过程

在 SIS 系统中,首先开始的是上级系统的软件过程(software process,有关软件过程的详细介绍见第五章)。一旦上级系统经历过至少一次迭代而且从属系统的接口相对稳定,从属系统的软件过程即可开始。上级系统和从属系统可以使用相同的软件过程来进行开发。其软件过程如图 3-31 所示。

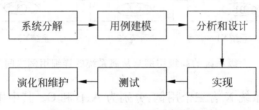

图 3-31 基于 SASIS 的软件过程

1. 系统分解

在开发基于 SASIS 的系统时,需要做的工作是确定如何能够将一个上级系统的功能分布在几个从属系统之间,每个从属系统负责一个明确定义的功能子集。也就是说,主要目标是定义这些从属系统间的接口。实现上述主要目标之后,其余工作就可以根据"分而治之"的原则,由每个从属系统独立完成。

那么,在什么情况下,可以将系统分解为由互联系统构成的系统呢?一般根据系统的规模和复杂性来作决定,如果系统具有相当(并没有一个固定的标准)的规模和复杂性,则可以把问题分成许多小问题,这样更容易理解。另外,如果所要处理的系统可由若干个物理上独立的系统组成(例如,处理遗留系统),则也可分解为由互联系统构成的系统。

当对一个系统进行分解时,既可分成两级结构,也可分成多级结构。那么,分解到何种程度才能停止呢?要做到适度分解,体系结构设计师需要有丰富的实践经验。过度的分解会导致资源管理困难,项目难以协调。而且,不适度地使用物理上分离的系统或者物理上分离的团队,会在很大程度上扼杀任何形式的软件重用。

为了降低风险,做到适度分解,需要成立一个体系结构设计师小组,负责监督整个开发工作。体系结构设计师小组应该重点关注以下问题:

(1) 适当关注从属系统之间的重用和经验共享。

(2) 对开发什么工件(构件或文档)、从属系统工件与上级系统工件之间有什么关系有清晰的理解。

(3) 定义一个有效的变更管理策略,并得到所有团队的遵守。

2. 用例建模

开发人员应该为每个系统(包括上级系统和从属系统)在 SIS 系统中建立一个用例(use case,关于用例的细节问题将在第四章介绍)模型,上级系统的高级用例通常可以分解到(所有或部分)子系统上,每个"分块"将成为从属系统模型中的一个用例,如图 3-32 所示。

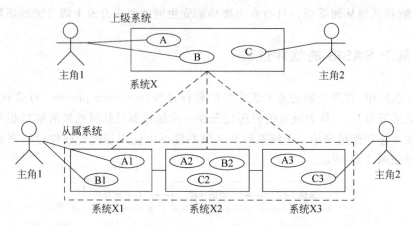

图 3-32 上级系统的高级用例与从属系统的详细用例之间的关系

在图 3-32 中,上级系统 X 有三个用例,分别为 A、B 和 C。其中用例 A 分解到从属系统 X1 的分块为 A1,分解到从属系统 X2 的分块为 A2,分解到从属系统 X3 的分块为 A3;用例 B 只分解到从属系统 X1 和 X2(分别为 B1 和 B2);用例 C 只分解到从属系统 X2 和 X3(分别为 C2 和 C3)。

从任何一个从属系统的角度来看,其他从属系统都是该从属系统用例模型的主角(actor),如图 3-33 所示。在从属系统 X2 的用例模型中,从属系统 X1 和 X3 都被视为主角。一个从属系统把另一个从属系统的接口看作是由相关主角提供的,这意味着可以更换某个从属系统,只要新的从属系统对其他从属系统扮演的角色相同就可以了。例如,新的从属系统可以用相同的接口集来表示。

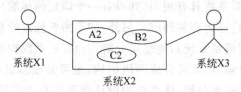

图 3-33 一个从属系统是另一个从属系统的主角

3. 分析和设计

分析和设计的目的是为了获得一个健壮的系统体系结构,这对 SIS 系统来说是极其重要的。SIS 中的每个系统,包括上级系统和从属系统,都应该定义自己的体系结构,选择相应的体系结构风格。分析设计的过程又可分为标识构件、选择体系结构风格、映射构件、分析构件相互作用和产生体系结构等五个子过程。我们将在第 5 章详细讨论这些过程。

对于上级系统,选择体系结构风格时应考虑上级系统的关键用例或场景(scenario)、SIS 的分级结构以及如何处理从属系统之间的重用和重用内容等问题。对于从属系统,选择体系结构风格时应考虑从属系统在 SIS 系统内的角色、从属系统的关键用例或场景、从属系统如何履行在 SIS 系统的分级结构中为它定义的职责、如何重用等问题。

在决定 SIS 系统的体系结构时,还要综合考虑两个问题:

(1) 软件重用。要明确哪些构件是两个以上从属系统公有的,需要建立哪些机制来允许从属系统互相进行通信。

(2) 所有从属系统都能使用的构件及其实现。所有从属系统都应该使用通用的通信、错误报告、容错管理机制,提供统一的人机界面。

4. 实现

在从属系统的软件过程中,实现过程主要完成构件的开发和测试工作。在上级系统的软件过程中,不必经过实现过程,而只执行一些原型设计工作,研究系统特定方面的技术。

5. 测试

这里的测试指的是组装不同从属系统时的集成测试,并测试每个上级用例是否根据其规约通过互联系统协作获得执行。

6. 演化和维护

在 SIS 系统中,各从属系统之间是相对独立的。在上级系统的设计模型中,每个从属系统实现一个子系统。子系统依赖于彼此的接口,因此,当某从属系统的需求发生变化时,不必开发新版本的上级系统,只需对该从属系统内部构件进行变更,不会影响到其他从属系统。只有在主要功能变更时才要求开发上级系统的新版本。

3.10.3 应用范围

互联系统构成的系统的体系结构及其建模技术可以用于多种系统,如:
① 分布式系统。
② 很大或者很复杂的系统。
③ 综合几个业务领域的系统。
④ 重用其他系统的系统。
⑤ 系统的分布式开发。

情况也可以反过来:从一组现有的系统,通过组装系统来定义由互联系统构成的系统。实际上,在某些情况下,大型系统在演化的早期阶段就是以这种方式发展的。如果开发人员意识到有几个可以互联的系统,那么让系统互联可以创建一个"大型"系统,它比两个独立的系统能创造更多的价值。

事实上,如果一个系统的不同部分本身可以看作系统,建议把它定义为由互联系统构成的系统。即使现在它还是单个的系统,由于分布式开发、重用或者客户只需购买它的几个部分等原因,把系统分割成几个独立的产品是有必要的。

1. 大规模系统

电话网络可能是世界上最大的由互联系统构成的系统。这是一个很好的示例,在电话网络中需要管理两个以上系统级别的复杂性。它还作为这类案例的示例:顶层上级系统由一个标准化实体掌握,不同的竞争公司开发一个或几个必须符合该标准的从属系统。这里,我们将讨论移动电话网络 GSM(全球移动电话系统),说明将大规模系统作为互联系统构成的系统来实施的优势。

大规模系统的功能通常包含几个业务领域。例如,GSM 标准包括了从呼叫用户到被呼叫用户的整个系统。换句话说,它既包括移动电话的行为,也包括网络结点的行为。由于系统的不同部分是单独购买的产品本身,甚至是由不同客户购买的,因而它们本身可当作系统。例如,开发完整 GSM 系统的公司向用户销售移动电话,向话务员销售网络结点。这是把 GSM 系统的不同部分当作不同从属系统的一个原因。另一个原因是,把 GSM 这样大型复杂的系统作为单个系统进行开发的时间太长;不同的部分必须由几个开发团队并行开发。

另一方面,由于 GSM 标准包括整个系统,因此有理由将系统作为一个整体即上级系统来考虑。这有助于开发人员理解问题领域,以及不同部分是怎样彼此相关的。

2. 分布式系统

在分布在几个计算机系统的系统中,使用由互联系统构成的系统体系结构是非常合适的。顾名思义,分布式系统(distributed system)至少由两个部分组成。由于分布式系统中必须有明确定义的接口,因此这些系统也非常适合进行分布式开发,也就是说,几个独立的开发团队并行开发。分布式系统的从属系统本身甚至可以当作产品来销售。因而,将分布式系统视为独立系统的集合是很自然的。

分布式系统的需求通常包括整个系统的功能,有时不预先定义不同部分之间的接口。而且,如果对开发者而言问题领域是陌生的,他们首先需要考虑整个系统的功能,而不管它将如何分布。这是把它当作单个系统看待的两个重要原因。

3. 遗留系统的重用

许多企业因为业务发展的需要和市场竞争的压力,需要建设新的企业信息系统。在这种升级改造的过程中,怎么处理和利用那些历史遗留下来的老系统,成为影响新系统建设成败和开发效率的关键因素之一。我们称这些老系统为遗留系统(legacy system)。

目前,学术和工业界对遗留系统的定义没有统一的意见。Bennett 在 1995 年对遗留系统作了如下的定义:遗留系统是我们不知道如何处理但对我们的组织又是至关重要的系统。Brodie 和 Stonebraker 对遗留系统的定义如下:遗留系统是指任何基本上不能进行修改和演化以满足新的变化了的业务需求的信息系统。

我们认为,遗留系统应该具有以下特点:

① 系统虽然完成企业中许多重要的业务管理工作,但已经不能完全满足要求。一般实

现业务处理电子化及部分企业管理功能，很少涉及经营决策。

② 系统在性能上已经落后，采用的技术已经过时。如多采用主机/终端形式或小型机系统，软件使用汇编语言或第三代程序设计语言的早期版本开发，使用文件系统而不是数据库。

③ 通常是大型的软件系统，已经融入企业的业务运行和决策管理机制之中，维护工作十分困难。

④ 系统没有使用现代软件工程方法进行管理和开发，现在基本上已经没有文档，很难理解。

在企业信息系统升级改造过程中，如何处理和利用遗留系统，成为新系统建设的重要组成部分。处理恰当与否，直接关系到新系统的成败和开发效率。

大型系统常常重用遗留系统，遗留系统可作为从属系统来描述。为了理解遗留系统如何在上级系统的大环境中工作，需要为它"重建"一个用例模型，有时还有一个分析模型。这些重建的模型不必完整，但至少要包含对互联系统构成的系统的其余部分有直接影响的遗留功能，否则需要进行修改。

总之，在大规模系统的软件开发中，采用 SASIS 可以处理相当复杂的问题，且具有以下优点：

① 使用"分而治之"的原则来理解系统，能有效地降低系统的复杂性。

② 因为各从属系统相对独立，自成系统，提高了系统开发的并行性。

③ 当某从属系统的需求发生变化时，不必开发新版本的上级系统，只需对该从属系统内部构件进行变更，提高了系统的可维护性。

然而，SASIS 也有固有的缺点，如资源管理开销增大，各从属系统的开发进度无法同步等。

3.11 特定领域软件体系结构

早在 20 世纪 70 年代就有人提出程序族、应用族的概念，并开拓了对特定领域软件体系结构早期研究，这与软件体系结构研究的主要目的"在一组相关的应用中共享软件体系结构"也是一致的。为了解脱因为缺乏可用的软件构件以及现有软件构件难以集成而导致软件开发过程中难以进行重用的困境，1990 年 Mettala 提出了特定领域软件体系结构（domain specific software architecture，DSSA），尝试解决这类问题。

3.11.1 DSSA 的定义

简单地说，DSSA 就是在一个特定应用领域中为一组应用提供组织结构参考的标准软件体系结构。对 DSSA 研究的角度、关心的问题不同导致了对 DSSA 的不同定义。

Hayes-Roth 对 DSSA 的定义如下："DSSA 就是专用于一类特定类型的任务（领域）的、在整个领域中能有效地使用的、为成功构造应用系统限定了标准的组合结构的软件构件的集合。"

Tracz 的定义为："DSSA 就是一个特定的问题领域中支持一组应用的领域模型、参考需求、参考体系结构等组成的开发基础,其目标就是支持在一个特定领域中多个应用的生成"。

通过对众多的 DSSA 的定义和描述的分析,可知 DSSA 的必备特征为:

① 一个严格定义的问题域和/或解决域。
② 具有普遍性,使其可以用于领域中某个特定应用的开发。
③ 对整个领域的合适程度的抽象。
④ 具备该领域固定的、典型的在开发过程中可重用元素。

一般的 DSSA 的定义并没有对领域的确定和划分给出明确说明。从功能覆盖的范围角度有两种理解 DSSA 中领域的含义的方式。

① 垂直域:定义了一个特定的系统族,包含整个系统族内的多个系统,结果是在该领域中可作为系统的可行解决方案的一个通用软件体系结构。
② 水平域:定义了在多个系统和多个系统族中功能区域的共有部分,在子系统级上涵盖多个系统族的特定部分功能,无法为系统提供完整的通用体系结构。

在垂直域上定义的 DSSA 只能应用于一个成熟的、稳定的领域,但这个条件比较难以满足;若将领域分割成较小的范围,则更相对容易,也容易得到一个一致的解决方案。

3.11.2 DSSA 的基本活动

实施 DSSA 的过程中包含了一些基本的活动。虽然具体的 DSSA 方法可能定义不同的概念、步骤和产品等,但这些基本活动大体上是一致的。以下将分三个阶段介绍这些活动。

1. 领域分析

这个阶段的主要目标是获得领域模型(domain model)。领域模型描述领域中系统之间的共同的需求。我们称领域模型所描述的需求为领域需求(domain requirement)。在这个阶段中首先要进行一些准备性的活动,包括定义领域的边界,从而明确分析的对象;识别信息源,即领域分析和整个领域工程过程中信息的来源,可能的信息源包括现存系统、技术文献、问题域和系统开发的专家、用户调查和市场分析、领域演化的历史记录等。在此基础上,就可以分析领域中系统的需求,确定哪些需求是被领域中的系统广泛共享的,从而建立领域模型。当领域中存在大量系统时,需要选择它们的一个子集作为样本系统。对样本系统需求的考察将显示领域需求的一个变化范围。一些需求对所有被考察的系统是共同的,一些需求是单个系统所独有的。很多需求位于这两个极端之间,即被部分系统共享。领域分析的机制如图 3-34 所示。

2. 领域设计

这个阶段的目标是获得 DSSA。DSSA 描述在领域模型中表示的需求的解决方案,它不是单个系统的表示,而是能够适应领域中多个系统的需求的一个高层次的设计。建立了领域模型之后,就可以派生出满足这些被建模的领域需求的 DSSA。由于领域模型中的领域需求具有一定的变化性,DSSA 也要相应地具有变化性。它可以通过表示多选一的(alternative)、可选的(optional)解决方案等来做到这一点。由于重用基础设施是依据领域

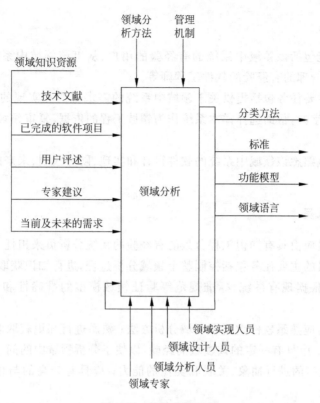

图 3-34 领域分析机制

模型和 DSSA 来组织的，因此在这个阶段通过获得 DSSA，也就同时形成了重用基础设施的规约。

3. 领域实现

这个阶段的主要目标是依据领域模型和 DSSA 开发和组织可重用信息。这些可重用信息可能是从现有系统中提取得到，也可能需要通过新的开发得到。它们依据领域模型和 DSSA 进行组织，也就是领域模型和 DSSA 定义了这些可重用信息的重用时机，从而支持了系统化的软件重用。这个阶段也可以看作重用基础设施的实现阶段。

值得注意的是，以上过程是一个反复的、逐渐求精的过程。在实施领域工程的每个阶段中，都可能返回到以前的步骤，对以前的步骤得到的结果进行修改和完善，再回到当前步骤，在新的基础上进行本阶段的活动。

3.11.3 参与 DSSA 的人员

如图 3-34 所示，参与 DSSA 的人员可以划分为四种角色：领域专家、领域分析师、领域设计人员和领域实现人员。下面，我们将对这四种角色分别通过回答三个问题进行介绍：这种角色由什么人员来担任？这种角色在 DSSA 中承担什么任务？这种角色需要哪些技能？

1. 领域专家

领域专家可能包括该领域中系统的有经验的用户、从事该领域中系统的需求分析、设计、实现以及项目管理的有经验的软件工程师等。

领域专家的主要任务包括提供关于领域中系统的需求规约和实现的知识，帮助组织规范的、一致的领域字典，帮助选择样本系统作为领域工程的依据，复审领域模型、DSSA 等领域工程产品等。

领域专家应该熟悉该领域中系统的软件设计和实现、硬件限制、未来的用户需求及技术走向等。

2. 领域分析人员

领域分析人员应由具有知识工程背景的有经验的系统分析员来担任。

领域分析人员的主要任务包括控制整个领域分析过程，进行知识获取，将获取的知识组织到领域模型中，根据现有系统、标准规范等验证领域模型的准确性和一致性，维护领域模型。

领域分析人员应熟悉软件重用和领域分析方法；熟悉进行知识获取和知识表示所需的技术、语言和工具；应具有一定的该领域的经验，以便于分析领域中的问题及与领域专家进行交互；应具有较高的进行抽象、关联和类比的能力；应具有较高的与他人交互和合作的能力。

3. 领域设计人员

领域设计人员应由有经验的软件设计人员来担任。

领域设计人员的主要任务包括控制整个软件设计过程，根据领域模型和现有的系统开发出 DSSA，对 DSSA 的准确性和一致性进行验证，建立领域模型和 DSSA 之间的联系。

领域设计人员应熟悉软件重用和领域设计方法；熟悉软件设计方法；应有一定的该领域的经验，以便于分析领域中的问题及与领域专家进行交互。

4. 领域实现人员

领域实现人员应由有经验的程序设计人员来担任。

领域实现人员的主要任务包括根据领域模型和 DSSA，或者从头开发可重用构件，或者利用再工程的技术从现有系统中提取可重用构件，对可重用构件进行验证，建立 DSSA 与可重用构件间的联系。

领域实现人员应熟悉软件重用、领域实现及软件再工程技术；熟悉程序设计；具有一定的该领域的经验。

3.11.4 DSSA 的建立过程

因所在的领域不同，DSSA 的创建和使用过程也各有差异，Tracz 曾提出了一个通用的 DSSA 应用过程，这些过程也需要根据所应用到的领域来进行调整。一般情况下，需要用所应用领域的应用开发者习惯使用的工具和方法来建立 DSSA 模型。同时，Tracz 强调了 DSSA 参考体系结构文档工作的重要性，因为新应用的开发和对现有应用的维护都要以此为基础。

DSSA 的建立过程分为五个阶段，每个阶段可以进一步划分为一些步骤或子阶段。每个阶段包括一组需要回答的问题，一组需要的输入，一组将产生的输出和验证标准。本过程是并发的（concurrent）、递归的（recursive）、反复的（iterative）。或者可以说，它是螺旋型（spiral）。完成本过程可能需要对每个阶段经历几遍，每次增加更多的细节。

（1）定义领域范围：本阶段的重点是确定什么在感兴趣的领域中以及本过程到何时结束。这个阶段的一个主要输出是领域中的应用需要满足一系列用户的需求。

（2）定义领域特定的元素：本阶段的目标是编译领域字典和领域术语的同义词词典。在领域工程过程的前一个阶段产生的高层块图将被增加更多的细节，特别是识别领域中应用间的共同性和差异性。

（3）定义领域特定的设计和实现需求约束：本阶段的目标是描述解空间中有差别的特性。不仅要识别出约束，并且要记录约束对设计和实现决定造成的后果，还要记录对处理这些问题时产生的所有问题的讨论。

（4）定义领域模型和体系结构：本阶段的目标是产生一般的体系结构，并说明构成它们的模块或构件的语法和语义。

（5）产生、搜集可重用的产品单元：本阶段的目标是为 DSSA 增加构件，使它可以被用来产生问题域中的新应用。

DSSA 的建立过程是并发的、递归的和反复进行的。该过程的目的是将用户的需要映射为基于实现限制集合的软件需求，这些需求定义了 DSSA。在此之前的领域工程和领域分析过程并没有对系统的功能性需求和实现限制进行区分，而是统称为"需求"。图 3-35 是 DSSA 的一个三层次系统模型。

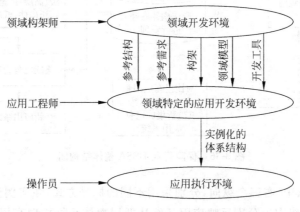

图 3-35　DSSA 的三层次的系统模型

DSSA 的建立需要设计人员对所在特定应用领域（包括问题域和解决域）必须精通，他们要找到合适的抽象方式来实现 DSSA 的通用性和可重用性。通常 DSSA 以一种逐渐演化的方式发展。

3.11.5 DSSA 实例

本节将介绍一个保险行业特定领域软件体系结构。本节所指的保险行业应用系统,特指财产险的险种业务管理系统,它同样可以适用于人寿险的业务管理系统。图 3-36 是一个简化了的保险行业 DSSA 整体结构图。

图 3-36 从左到右反映了研究和开发大型保险业务应用系统的历程,中间的环节引入了 DSSA 的概念。从实践的角度看,通用和共享的概念是自发的。但是当研究了国外有关 DSSA 的最新发展之后,建立了整体的方法论,并以此可以与国外同类技术发展进行沟通,取长补短,形成适合中国国情的 DSSA 体系,避免应用总是在图 3-36 中最左一列反复地重复开发,失去了与国外同行交流和吸取精华的机会。

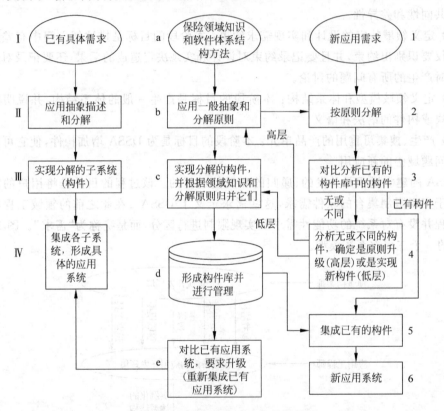

图 3-36 保险行业 DSSA 整体结构图

图 3-36 中分左、中、右三个纵向,分别采用不同的标号方式,在实例说明时,将对照标号进行详细讨论,三个纵向也分别反映应用开发从低层次体系结构向高层次体系结构转化的过程,而这种转化的依据恰好是保险领域的特殊知识。

1. 传统构造保险应用方法

对应于保险行业 DSSA 结构图 3-36 的左列,回顾传统的应用构造方法。标号Ⅰ反映传统应用的具体要求,所谓险种业务管理系统是保险产品在整个销售和服务过程中的计算机管理系统，险种相当于产品的品种。国内的保险从大类上可以分为机动车保险、企业财产保险、家庭财产保险、货物运输保险、船舶保险、建筑工程和安装工程保险、责任保险、信用保险和飞机/卫星保险等；从保险条款上区分又可分成为国内保险和涉外保险，总之具体的险种产品多达上百种。从前台销售和服务过程上看，可分成以下主要环节：展业、承保、交/退费、批改、理赔和汇总统计。这样一个涉及如此多专业内容的应用系统，开发量是巨大的，更由于险种条款的多变性，产品服务设计中更多地注意条款的专业性，而给信息系统建设带来困难，所以多年来系统开发技术水平发展缓慢，存在大量的低水平反复，从整体需求上看，只能保证在某一时刻上的稳定性。

传统上，人们在标号 Ⅱ 的工作主要是划分险种的分类，及分类后的过程管理，分类的依据也是险种产品的条款特征。把一种分类的管理，称险种纵向管理，主要仍是包括展业、承保、交/退费、批改、理赔、汇兑统计等，它们对应一套独立的子系统，子系统的组成可以粗粒度分成以上六个部分，这样对一个财产险业务管理构成近二十个子系统，且按管理过程都分成非常类似的六个部分，如果全面实现应用将面对上百个粗粒度独立部分的设计和开发。

在标号 Ⅲ 中，实际上是组织开发这上百个粗粒度的部分，从条款上看，只是相似但决不相同，由于开发所用的平台是关系数据库，所以库表都十分类似，但是业务含义不同，必须分别开发。从工程组织上看当然可以使用一些低层次的共享手段，突出表现在函数/模块化的管理、编程约定和机构移植等方面。

传统的标号 Ⅳ 的内容主要是集成各子系统，由于各部分组合较紧密，所以对子系统内部集成工作等同于更大范围的开发，但结果是构成了近二十个的子系统，它们分别管理着险种纵向的业务操作，这就是最初级的保险应用系统。

从以上的过程不难看出其中的不足，其关键是大量基本单元相似和共享问题，其隐含的需求还包括基本单元的需求稳定性，这种需求实际上是一种更高层面的软件体系结构上的需求。

2. 采用 DSSA 后的变化

为了解决保险行业 DSSA 整体结构图左列方法引起的不足，引入了 DSSA 方法，它形成了图 3-36 中的中间一列。标号 a 实际上反映了对国外领域工程一般原理的学习，以及保险领域知识的深入理解，它反映领域专家的技术背景，结合标号 b 的内容，对保险行业内共同的特征进行提取，所用方法是一种高层抽象的方法，把相似抽象成相同，就像把算术问题抽象成代数问题一样，形成概念定义上的提升，这是实现保险行业 DSSA 的关键步骤之一，由此形成了相对抽象的构件分解原则和方法。其前提条件是充分理解行业的发展，对细节概念和定义加以屏蔽和提升，同时充分考虑数据库实现方法上的技巧性，保证实现上的可操作性和新技术方法的应用。

在标号 c 中，主要的目标是实现标号 b 中抽象和划分的构件，实际上是针对标号 Ⅲ 中的展业、承保、交/退费、批改、理赔、汇兑统计六大部分，把领域知识加入，重新实现它们，很显然这是从思想到实现的关键一步，结合在标号 Ⅳ 中使用的模块化设计，归纳为如下实现方法：

首先，构件要实体分类，这是因为实现机制是关系数据库。在抽象时，要保证数据结构分类的一致性，但是在用户操作方面又要考虑外层的语义，所以提供相对专用的界面。因此，主要的应用操作逻辑，应适应数据结构的通用性和操作界面的专用性，并按对象模式进行分类实现，如：在承保构件中，可能由于主、从表的不同而有两种方式，一种是主表方式，它没有更细的表达；而另一种是既有主表，又有从表，且更新数据时先从后主，查看数据时，先主后从。无论主、从表设计，在数据结构中，充分利用"权利、义务"对等原则设计属性项，并提供若干概念相对通用的编码属性，以解决分类标识问题和需求扩充问题，以此保证结构的稳定性。同样，对交/退费、批改构件、理赔构件、汇兑统计构件等使用类似的方法分别实现。

其次，构成实体构件的操作部分，还要进一步加强模块化的思想，提供通用的工具，大至菜单、报表、查询打印工具，小至通用的计算函数、约定编程技巧等。这部分的内容，从构件实现上保证了大粒度，因为即使使用第四代语言开发应用系统，在模式一级也需要提供更大粒度的实现体，它对构件内部的更新和升级提供了基础条件。

总之，在整个实现过程中，充分使用应用构件内、外部重用的技术，充分利用领域知识抽象通用特性和提高应用操作的有效性，最终完成各构件的编程实现。

标号 d 只反映构件管理的辅助内容，因为当系统开发越来越庞大之后，管理工作越来越多，它也包括传统软件开发版本管理的全部内容。

标号 e 实际上集成应用子系统，因为构件只有在装配和配置之后，才能成为最后的应用系统。当作为产品实施时，它充分反映客户化的内容，目前国外大型的应用系统有时要客户花一年或更多的时间。

3. 采用 DSSA 后的应用构成和系统升级

当建立了一套构件库之后，新的业务应用系统生成就采用新的方式，参考图 3-36 的右列，作如下讨论。

标号 1 反映新的应用需求，它可能是新险种应用，也可能是对老险种的管理新要求，总之要适应保险行业竞争发展的管理需要。标号 2 表示使用标号 b 的抽象和分解原则明确化需求，使其具有统一的划分构件的方法。标号 3 的内容是与构件库的构件进行对比分析，简单的情况表示已有相应的构件，这样可以通过标号 5 集成和客户化新的应用系统；复杂的情况，没有对应的构件或已有构件只是其中的一部分或构件的粒度太大，都将进入标号 4。标号 4 是决定构件库做什么层次升级的决定机构，高层反映要对过去抽象和分解原则进行变化，低层可能直接完善构件库，以下可以对返 b(高层)和返 c(低层)进行实例说明。

返 b 的实例，如：在承保的构件中，近期要加入独立的客户管理内容，保险公司内部的人员管理、系统的操作权限管理和核保管理等，这实际上要对原来的构件划分原则作新的调整，并由此产生新的构件，同时引起标号 c 中的新的实现，同样的内容也会发生在批改、理赔的构件中，由此引起了构件库的全面升级。

返 c 的实例，如：在承保的构件中，在从表中加入新的一对多子表，从而使原来的主、从结构模式变成了新的三级结构，并从实现机制上增加了更详细信息的表达方式。从发展的眼光看，应用不是一次开发到位的，系统实现之初，构件的粒度可能相对较大，但随着应用的深入和对业务的本质把握，将逐步细化实现粒度，以适应整个系统的灵活性和效率。

总之，标号 b 和标号 c 的变动都将引起构件库标号 d 的变动，标号 e 反映这种变化后，应用系统是否升级。在实际应用中，标号Ⅳ的系统也是定期升级的，当所有的标号Ⅳ的应用系统都不使用标号 d 中的某些构件时，就可以作构件的清理，使构件库更加高效。

由标号 5 集成的新应用系统，构成了标号 6。从应用角度看，它们也是标号Ⅳ的同类，所不同的是当构件库发生变化时，老应用的整体升级是有选择的，即使它们不升级，作为遗留系统，它们仍然运行良好，而且这种升级考虑到整体客户化费用问题，不一定马上进行。从前面给出的实例看，很多升级意味着整体系统功能的增加，对新的应用实施单位往往要进行一定选择。

当采用了 DSSA 结构之后，获得了如下的好处：

(1) 相对于过去的开发方法，系统开发、维护的工作量大幅度减少，整个应用系统的构件重用程序相当大。

(2) 便于系统开发的组织管理，在大型系统开发过程中，最突出的问题是人员的组织问题。采用了 DSSA 之后，开发中涉及核心技术的人员从 15 人左右下降到 5 人左右，其他人力进入外围产品化的工作，如：产品包装、市场销售、工具的开发和客户化服务等。而过去这方面内容在技术部门是被忽视的，而在应用软件工程中，它们也占重要的位置。

(3) 系统有较好的环境适应性，构件的升级引发应用系统的升级，并在构件库中合理地控制粒度，使系统的总体结构设计与算法和模块化设计同等重要，并灵活地保证新、老应用系统的共存。

3.11.6　DSSA 与体系结构风格的比较

在软件体系结构的发展过程中，因为研究者的出发点不同，出现了两个互相直交的方法和学科分支：以问题域为出发点的 DSSA 和以解决域为出发点的软件体系结构风格。因为两者侧重点不同，他们在软件开发中具有不同的应用特点。

DSSA 只对某一个领域进行设计专家知识的提取、存储和组织，但可以同时使用多种体系结构风格；而在某个体系结构风格中进行体系结构设计专家知识的组织时，可以将提取的公共结构和设计方法扩展到多个应用领域。

DSSA 的特定领域参考体系结构通常选用一个或多个适合所研究领域的体系结构风格，并设计一个该领域专用的体系结构分析设计工具。但该方法提取的专家知识只能用于一个较小的范围——所在领域中。不同参考体系结构之间的基础和概念有较少的共同点，所以为一个领域开发 DSSA 及其工具在另一个领域中是不适应的或不可重用的，而工具的开发成本是相当高的。

体系结构风格的定义和该风格应用的领域是直交的，提取的设计知识比用 DSSA 提取的设计专家知识的应用范围要广。一般的、可调整的系统基础可以避免涉及特定的领域背景，所以建立一个特定风格的体系结构设计环境的成本比建立一个 DSSA 参考体系结构和工具库的成本要低得多。因为对特定领域内的专家知识和经验的忽略，使其在一个具体的应用开发中所起的作用并不比 DSSA 要大。

DSSA 和体系结构风格是互为补充的两种技术。在大型软件开发项目中基于领域的设计专家知识和以风格为中心的体系结构设计专家知识都扮演着重要的角色。

主要参考文献

[1] 张友生.软件体系结构的风格.程序员,2002(8):45~38
[2] 张友生.几种新型软件体系结构.程序员,2002(9):49~51
[3] 张友生,陈松乔.正交软件体系结构的设计与演化.小型微型计算机系统,2003(11)
[4] 张友生,陈松乔.层次式软件体系结构的设计与实现.计算机工程与应用,2002(22):154~156
[5] 张友生,陈松乔.C/S 与 B/S 混合软件体系结构模型.计算机工程与应用,2002(23):138~140
[6] 张友生,钱盛友.异构软件体系结构的设计.计算机工程与应用,2003(22):126~128
[7] 张友生.遗留系统的评价方法和演化策略.计算机工程与应用,2003(13):29~31
[8] 叶俊民,赵恒,曹瀚等.软件体系结构风格的实例研究.小型微型计算机系统,2003(10):1158~1160
[9] 王琰,徐重阳,蔷薇等.基于C/S结构的网络计算模型.计算机应用研究,2000(9):50~53
[10] 浦江.网络计算模式的演变与发展.电子技术,2001(1):15~19
[11] 周之英.现代软件工程[中].北京:科学出版社,2000.1
[12] 齐治昌,谭庆平,宁洪.软件工程.北京:高等教育出版社,1997.7
[13] 张世琨,王立福,杨芙清.基于层次消息总线的软件体系结构风格.中国科学(E 辑),2002(6):393~400
[14] 王广昌.软件产品线关键方法与技术研究.浙江大学博士学位论文,2001.10
[15] 李克勤,陈兆良,梅宏.领域工程概述.计算机科学,1999.5
[16] 邢立,左春,孙玉芳.关于保险行业特定领域软件体系结构的研究.计算机工程,2000(4):47~49
[17] 谭凯,林子禹,彭德纯等.多级正交软件体系结构及其应用.小型微型计算机系统,2000(2):138~141
[18] 陈豪,孙正义,张德富.三层客户/服务器体系结构的一个应用实例.计算机工程与应用,2000(3):173~176
[19] Hayes-Roth. Architecture-based acquisition and development of software: guidelines and recommendations from the ARPA domain-specific software architecture (DSSA) program. Teknowledge Federal Systems. Version 1.01 February 4,1994
[20] Will Tracz and Lou Coglianese. Domain-specific software architecture engineering process guidelines. ADAGE-IBM-92-02B Version 2.1,1992
[21] L. Bass, P. Clements and R. Kazman. Software Architecture in Practice. Addison Wesley Longman,1998
[22] M. Show and D. Garlan. Software Architecture: Perspectives on An Emerging Discipline. Englewood Cliffs, New York: Prentice Hall, 1996
[23] Maria Wricsson. Developing Large-scale Systems with the Rational Unified Process. Rational Software White Paper, 2000
[24] Herbert A. Simon. The Sciences of the Artificial, MIT Press, 1981
[25] I. Jacobson, K. Palmkvist, S. Dyrhage. Systems of interconnected systems, ROAD, 1995(1):81~93
[26] I. Jacobson, M. Griss, P. Jonsson. Software Reuse-Architecture, Process and Organization for Business Success, Addison Wesley Longman, 1997
[27] J. Rumbaugh, G. Booch, I. Jacobson. UML Reference Manual, Addison Wesley Longman, 1999
[28] K. H. Bennett. Legacy systems: coping with success. IEEE Software, 1995(1):19~23
[29] M. L. Brodie, M. Stonebraker. Migrating Legacy Systems. Morgan Kaufmann Publishers, 1995
[30] H. M. Sneed. Planning the reengineering of legacy systems. IEEE Software, 1995(1):24~34
[31] H. M. Sneed. Encapsulating legacy software for use in client/server systems, Proc. IEEE Conference on Software Maintenance, 1996:104~120
[32] Nelson H. Weiderman, John K. Bergey, Dennis B. Smith and etc. Approaches to legacy system evolution. Technical Report CMU/SEI-97-TR-014, 1997.11

第4章

软件体系结构描述

从软件体系结构研究和应用的现状来看,当前对软件体系结构的描述,在很大程度上还停留在非形式化的基础上,依赖于软件设计师个人的经验和技巧。在目前通用的软件开发方法中,其对软件体系结构的描述通常是采用非形式化的图和文本,不能描述系统期望的存在于构件之间的接口,更不能描述不同组成系统的组合关系的意义。这种描述方法难以被开发人员理解,难以适于进行形式化分析和模拟,缺乏相应的支持工具帮助设计师完成设计工作,更不能用来分析其一致性和完整性等特性。

因此,形式化的、规范化的体系结构描述对于体系结构的设计和理解都是非常重要的。然而,要实现体系结构设计、描述等的形式化并不是一蹴而就的,必须先经历一个非形式化的过程,在非形式化的发展过程中逐步提取一些形式化的标记和符号,然后将它们标准化,从而完成体系结构设计、描述等的形式化。

本章首先简单地介绍传统的软件体系结构描述方法和体系结构描述标准,然后再比较详细地讨论软件体系结构描述语言,最后讨论软件体系结构的 UML 描述。

4.1 软件体系结构描述方法

1. 图形表达工具

对于软件体系结构的描述和表达,一种简洁易懂且使用广泛的方法是采用由矩形框和有向线段组合而成的图形表达工具。在这种方法中,矩形框代表抽象构件,框内标注的文字为抽象构件的名称,有向线段代表辅助各构件进行通信、控制或关联的连接件。图 4-1 表示某软件辅助理解和测试工具的部分体系结构描述。

目前,这种图形表达工具在软件设计中占据着主导地位。尽管由于在术语和表达语义上存在着一些不规范和不精确,使得以矩形框与线段为基础的传统图形表达方法在不同系统和不同文档之间有着许多不一致甚至矛盾,但该方法仍然以其简洁易用的特点在实际的设计和开发工作中被广泛使用,并为工作人员传递了大量重要的体系结构思想。

为了克服传统图形表达方法中所缺乏的语义特征,有关研究人员试图通过增加含有语义的图元素的方式来开发图文法理论。

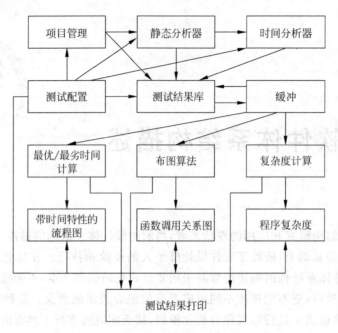

图 4-1　某软件辅助理解和测试工具部分体系结构描述

2. 模块内连接语言

软件体系结构的第二种描述和表达方法是采用将一种或几种传统程序设计语言的模块连接起来的模块内连接语言(module interconnection language,MIL)。由于程序设计语言和模块内连接语言具有严格的语义基础,因此它们能支持对较大的软件单元进行描述,诸如定义/使用和扇入/扇出等操作。例如,Ada 语言采用 use 实现包的重用,Pascal 语言采用过程(函数)模块的交互等。

MIL 方式对模块化的程序设计和分段编译等程序设计与开发技术确实发挥了很大的作用。但是由于这些语言处理和描述的软件设计开发层次过于依赖程序设计语言,因此限制了它们处理和描述比程序设计语言元素更为抽象的高层次软件体系结构元素的能力。

3. 基于软构件的系统描述语言

软件体系结构的第三种描述和表达方法是采用基于软构件的系统描述语言。基于软构件的系统描述语言将软件系统描述成一种是由许多以特定形式相互作用的特殊软件实体构造组成的组织或系统。

例如,一种多变配置语言(proteus configuration language,PCL)就可以用来在一个较高的抽象层次上对系统的体系结构建模,Darwin 最初用做设计和构造复杂分布式系统的配置说明语言,因具有动态特性,也可用来描述动态体系结构。

这种表达和描述方式虽然也是较好的一种以构件为单位的软件系统描述方法,但是他们所面向和针对的系统元素仍然是一些层次较低的以程序设计为基础的通信协作软件实体单元,而且这些语言所描述和表达的系统一般而言都是面向特定应用的特殊系统,这些特性使得基于软构件的系统描述仍然不是十分适合软件体系结构的描述和表达。

4. 软件体系结构描述语言

软件体系结构的第四种描述和表达方法是参照传统程序设计语言的设计和开发经验，重新设计、开发和使用针对软件体系结构特点的专门的软件体系结构描述语言 ADL（architecture description language，ADL），由于 ADL 是在吸收了传统程序设计中的语义严格精确的特点基础上，针对软件体系结构的整体性和抽象性特点，定义和确定适合于软件体系结构表达与描述的有关抽象元素，因此，ADL 是当前软件开发和设计方法学中一种发展很快的软件体系结构描述方法，目前，已经有几十种常见的 ADL。

我们将在 4.3 节详细介绍几种主要的软件体系结构描述语言。

4.2 软件体系结构描述框架标准

鉴于体系结构描述的概念与实践的不统一，IEEE 于 1995 年 8 月成立了体系结构工作组，综合体系结构描述研究成果，并参考业界的体系结构描述的实践，负责起草了体系结构描述框架标准即 IEEE P1471，并于 2000 年 9 月 21 日通过 IEEE-SA 标准委员会评审。

IEEE P1471 适用于软件密集的系统，其目标在于：便于体系结构的表达与交流，并通过体系结构要素及其实践标准化，奠定质量与成本的基础。本标准详细介绍了一套体系结构描述的概念框架，并给出建立框架的思路。同时，该标准还讨论了体系结构描述实践，在应用体系结构描述的推荐标准时，应该遵循如下几个具体的要求：

① 体系结构的存档要求。
② 能识别人员及其关系。
③ 体系结构视点的选择（视点的具体规格说明）。
④ 体系结构视点。
⑤ 体系结构视点之间的一致性。
⑥ 体系结构原理。

IEEE P1471 仅仅提供了体系结构描述的概念框架，其体系结构描述实践应该遵循的规范，但如何描述以及具体的描述技术等方面缺乏更进一步的指导。

在 IEEE P1471 推荐的体系结构描述的概念框架基础上，Rational 起草了可重用的软件资产规格说明，专门讨论了体系结构描述的规格说明，提出了一套易于重用的体系结构描述规范。该建议草案已经提交 OMG，可望成为体系结构描述的行业规范。

可重用的体系结构描述框架建议，基于 RUP(rational united process)、采用 UML 模型描述软件的体系结构，认为体系结构描述的关键是定义视点、视图以及建模元素之间的映射关系。可以从四个视点出发描述体系结构，即需求视点、设计视点、实现视点和测试视点。并在此基础上提出了 7 个体系结构视图，即用例视图、域视图、非功能需求视图、逻辑视图、实现视图、过程视图和部署视图。然后，从系统建模的角度考虑多个视图之间的映射关系，并建议了这些视图的表示和视图之间的映射关系的表示。

Rational 的建议标准采纳了 IEEE P1471 中提出的体系结构描述概念模型，覆盖了"4+1"体系结构模型中的 4 个视图，并在原则上讨论了视图以及视图之间的映射的表示问题。与 IEEE P1471 相比，该建议标准的体系结构描述方案涉及面比较窄，所注重的层次比较低，因而更具体。由于将体系结构的描述限于 UML 和 RUP，具有一定的局限性，但该建议标准结合了业界已经广泛采用的建模语言和开发过程，因而易于推广，可以有效实现在跨组织之间重用体系结构描述结果。

4.3 体系结构描述语言

ADL 是这样一种形式化语言，它在底层语义模型的支持下，为软件系统的概念体系结构建模提供了具体语法和概念框架。基于底层语义的工具为体系结构的表示、分析、演化、细化、设计过程等提供支持。其三个基本元素如下。

(1) 构件：计算或数据存储单元。

(2) 连接件：用于构件之间交互建模的体系结构构造块及其支配这些交互的规则。

(3) 体系结构配置：描述体系结构的构件与连接件的连接图。

主要的体系结构描述语言有 Aesop、MetaH、C2、Rapide、SADL、Unicon 和 Wright 等，尽管它们都描述软件体系结构，却有不同的特点。Aesop 支持体系结构风格的应用，MetaH 为设计者提供了关于实时电子控制软件系统的设计指导，C2 支持基于消息传递风格的用户界面系统的描述，Rapide 支持体系结构设计的模拟并提供了分析模拟结果的工具，SADL 提供了关于体系结构加细的形式化基础，Unicon 支持异构的构件和连接类型并提供了关于体系结构的高层编译器，Wright 支持体系结构构件之间交互的说明和分析。这些 ADL 强调了体系结构不同的侧面，对体系结构的研究和应用起到了重要的作用，但也有负面的影响。每一种 ADL 都以独立的形式存在，描述语法不同且互不兼容，同时又有许多共同的特征，这使设计人员很难选择一种合适的 ADL，若设计特定领域的软件体系结构又需要从头开始描述。

4.3.1 ADL 与其他语言的比较

按照 Mary Shaw 和 David Garlan 的观点，典型的 ADL 在充分继承和吸收传统程序设计语言的精确性和严格性特点的同时，还应该具有构造、抽象、重用、组合、异构、分析和推理等各种能力和特性。

① 构造能力指的是 ADL 能够使用较小的独立体系结构元素来建造大型软件系统。

② 抽象能力指的是 ADL 使得软件体系结构中的构件和连接件描述可以只关注它们的抽象特性，而不管其具体的实现细节。

③ 重用能力指的是 ADL 使得组成软件系统的构件、连接件甚至是软件体系结构都成为软件系统开发和设计的可重用部件。

④ 组合能力指的是 ADL 使得其描述的每一系统元素都有其自己的局部结构，这种描述局部结构的特点使得 ADL 支持软件系统的动态变化组合。

⑤ 异构能力指的是 ADL 允许多个不同的体系结构描述关联存在。

⑥ 分析和推理能力指的是 ADL 允许对其描述的体系结构进行多种不同的性能和功能上的多种推理分析。

根据这些特点，将下面这样的语言排除在 ADL 之外：高层设计符号语言、MIL、编程语言、面向对象的建模符号、形式化说明语言。ADL 与需求语言的区别在于后者描述的是问题空间,而前者则扎根于解空间中。ADL 与建模语言的区别在于后者对整体行为的关注要大于对部分的关注,而 ADL 集中在构件的表示上。ADL 与传统的程序设计语言的构成元素即有许多相同和相似之处,又各自有着很大的不同。

下面,给出程序设计语言和 ADL 的典型元素的属性和含义比较以及软件体系结构中经常出现的一些构件和连接件元素,见表 4-1 和表 4-2。

表 4-1 典型元素含义比较

程序设计语言		软件体系结构	
程序构件	组成程序的基本元素及其取值或值域范围	系统构件	模块化级别的系统组成成分实体,这些实体可以被施以抽象的特性化处理,并以多种方式得到使用
操作符	连接构件的各种功能符号	连接件	对组成系统的有关抽象实体进行各种连接的连接机制
抽象规则	有关构件和操作符的命名表达规则	组合模式	系统中的构件和连接件进行连接组合的特殊方式,也就是软件体系结构的风格
限制规则	一组选择并决定具体使用何种抽象规则来作用于有关的基本构件及其操作符的规则和原理	限制规则	决定有关模式能够作为子系统进行大型软件系统构造和开发的合法子系统的有关条件
规范说明	有关句法的语义关联说明	规范说明	有关系统组织结构方面的语义关联说明

表 4-2 常见的软件体系结构元素

系统构件元素		连接件元素	
纯计算单元	这类构件只有简单的输入/输出处理关联,对它们的处理一般也不保留处理状态,如数学函数、过滤器和转换器等	过程调用	在构件实体之间实现单线程控制的连接机制,如普通过程调用和远程过程调用等
数据存储单元	具有永久存储特性的结构化数据,如数据库、文件系统、符号表和超文本等	数据流	系统中通过数据流进行交互的独立处理流程连接机制,其最显著的特点是根据得到的数据来进行构件实体的交互控制,如 Unix 操作系统中的管道机制等
管理器	对系统中的有关状态和紧密相关操作进行规定与限制的实体,如抽象数据类型和系统服务器等	隐含触发器	由并发出现的事件来实现构件实体之间交互的连接机制,在这种连接机制中,构件实体之间不存在明显确定的交互规定,如时间调度协议和自动垃圾回收处理等

续表

系统构件元素		连接件元素	
控制器	控制和管理系统中有关事件发生的时间序列，如调度程序和同步处理协调程序等	消息传递	独立构件实体之间通过离散和非在线的数据(可以是同步或非同步的)进行交互的连接机制，如TCP/IP等
连接器	充当有关实体间信息转换角色的实体，如通信连接器和用户界面等	数据共享协议	构件之间通过相同的数据空间进行并发协调操作的机制，如黑板系统中的黑板和多用户数据库系统中的共享数据区等

4.3.2 ADL 的构成要素

前面，我们提到了体系结构描述的基本构成要素有构件、连接件和体系结构配置，软件体系结构的核心模型参见图 2-14。

1. 构件

构件是一个计算单元或数据存储。也就是说，构件是计算与状态存在的场所。在体系结构中，一个构件可能小到只有一个过程或大到整个应用程序。它可以要求自己的数据与/或执行空间，也可以与其他构件共享这些空间。作为软件体系结构构造块的构件，其自身也包含了多种属性，如接口、类型、语义、约束、演化和非功能属性等。

接口是构件与外部世界的一组交互点。与面向对象方法中的类说明相同，ADL 中的构件接口说明了构件提供的那些服务(消息、操作、变量)。为了能够充分地推断构件及包含它的体系结构，ADL 提供了能够说明构件需要的工具。这样，接口就定义了构件能够提出的计算委托及其用途上的约束。

构件作为一个封装的实体，只能通过其接口与外部环境交互，构件的接口由一组端口组成，每个端口表示了构件和外部环境的交互点。通过不同的端口类型，一个构件可以提供多重接口。一个端口可以非常简单，如过程调用。也可以表示更为复杂的界面，如必须以某种顺序调用的一组过程调用。

构件类型是实现构件重用的手段。构件类型保证了构件能够在体系结构描述中多次实例化，并且每个实例可以对应于构件的不同实现。抽象构件类型也可以参数化，进一步促进重用。现有的 ADL 都将构件类型与实例区分开来。

由于基于体系结构开发的系统大都是大型、长时间运行的系统，因而系统的演化能力显得格外重要。构件的演化能力是系统演化的基础。ADL 是通过构件的子类型及其特性的细化来支持演化过程的。目前，只有少数几种 ADL 部分地支持演化，对演化的支持程度通常依赖于所选择的程序设计语言。其他 ADL 将构件模型看作是静态的。

2. 连接件

连接件是用来建立构件间的交互以及支配这些交互规则的体系结构构造模块。与构件不同，连接件可以不与实现系统中的编译单元对应。它们可能以兼容消息路由设备实现（如C2），也可以以共享变量、表入口、缓冲区、对连接器的指令、动态数据结构、内嵌在代码中的过程调用序列、初始化参数、客户服务协议、管道、数据库、应用程序之间的 SQL 语句等形式出现。大多数 ADL 将连接件作为第一类实体，也有的 ADL 则不将连接件作为第一类实体。

连接件作为建模软件体系结构的主要实体，同样也有接口。连接件的接口由一组角色组成，连接件的每一个角色定义了该连接件表示的交互参与者，二元连接有两个角色，如消息传递连接件的角色是发送者和接收者。有的连接件有多于两个的角色，如事件广播有一个事件发布者角色和任意多个事件接受者角色。

显然，连接件的接口是一组它与所连接构件之间的交互点。为了保证体系结构中的构件连接以及它们之间的通信正确，连接件应该导出所期待的服务作为它的接口。它能够推导出软件体系结构的形成情况。体系结构配置中要求构件端口与连接件角色的显式连接。

体系结构级的通信需要用复杂协议来表达。为了抽象这些协议并使之能够重用，ADL 应该将连接件构造为类型。构造连接件特性可以将作为用通信协议定义的类型系统化并独立于实现，或者作为内嵌的、基于它们的实现机制的枚举类型。

为完成对构件接口的有用分析、保证跨体系结构抽象层的细化一致性、强调互联与通信约束等，体系结构描述提供了连接件协议以及变换语法。为了确保执行计划的交互协议，建立起内部连接件依赖关系，强制用途边界，就必须说明连接件约束。ADL 可以通过强制风格不变性来实现约束，或通过接受属性限制给定角色中的服务。

3. 体系结构配置

体系结构配置或拓扑是描述体系结构的构件与连接件的连接图。体系结构配置提供信息来确定构件是否正确连接、接口是否匹配、连接件构成的通信是否正确，并说明实现要求行为的组合语义。

体系结构适合于描述大规模的、生命周期长的系统。利用配置来支持系统的变化，使不同技术人员都能理解并熟悉系统。为帮助开发人员在一个较高的抽象层上理解系统，就需要对软件体系结构进行说明。为了使开发者与其有关人员之间的交流容易些，ADL 必须以简单的、可理解的语法来配置结构化信息。理想的情况是从配置说明中澄清系统结构，即不需研究构件与连接件就能使构建系统的各种参与者理解系统。体系结构配置说明除文本形式外，有些 ADL 还提供了图形说明形式。文本描述与图形描述可以互换。多视图、多场景的体系结构说明方法在最新的研究中得到了明显的加强。

为了在不同细节层次上描述软件系统，ADL 将整个体系结构作为另一个较大系统的单个构件。也就是说，体系结构具有复合或等级复合的特性。另一方面，体系结构配置支持采用异构构件与连接件。这是因为软件体系结构的目的之一是促进大规模系统的开发，即倾向于使已有的构件与不同粒度的连接件，这些构件与连接件的设计者、形式模型、开发者、编程语言、操作系统、通信协议可能都不相同。另外一个事实是，大型的、长期运行的系统是在不断增长的。因而，ADL 必须支持可能增长的系统的说明与开发。大多数 ADL 提供了复合特性，所以，任意尺度的配置都可以相对简洁地在抽象表示出来。

我们知道，体系结构设计是整个软件生命周期中关键的一环，一般在需求分析之后，软件设计之前进行。而形式化的、规范化的体系结构描述对于体系结构的设计和理解都是非常重要的。因此，ADL如何能够承上启下将是十分重要的问题，一方面是体系结构描述如何向其他文档转移，另一方面是如何利用需求分析成果来直接生成系统的体系结构说明。

现有的ADL大多是与领域相关的，这不利于对不同领域体系结构的说明。这些针对不同领域的ADL在某些方面又大同小异，造成了资源的冗余。有些ADL可以实现构件与连接件的演化，但这样的演化能力是有限的，这样的演化大多是通过子类型实现的。而且，系统级的演化能力才是最终目的。尽管现有的ADL都提供了支持工具集，但将这些ADL与工具应用于实际系统开发中的成功范例还有限。支持工具的可用性与有效性较差，严重地阻碍了这些ADL的广泛应用。

4.4 典型的软件体系结构描述语言

4.1节介绍了常见的软件体系结构描述方法，这些方法包括图形表达工具、模块内连接语言、基于软构件的系统描述语言和软件体系结构描述语言等。其中ADL由于是在吸收了传统程序设计中的语义严格精确的特点基础上，针对软件体系结构的整体性和抽象性特点，定义和确定适合于软件体系结构表达与描述的有关抽象元素，因此，ADL是当前软件开发和设计方法学中一种发展很快的软件体系结构描述方法。

4.4.1 UniCon

作为一种体系结构描述语言，UniCon主要目的在于支持对体系结构的描述，对构件交互模式进行定位和编码，并且对需要不同交互模式的构件的打包加以区分。具体地说，UniCon及其支持工具的主要目的有：

① 提供对大量构件和连接件的统一的访问。
② 区分不同类型的构件和连接件以便对体系结构配置进行检查。
③ 支持不同的表示方式和不同开发人员的分析工具。
④ 支持对现有构件的使用。

在UniCon中，通过定义类型、特性列表与用于和连接件相连的交互点来描述构件。连接件也是通过类型、特性列表和交互点来描述。其中构件的交互点称为端口，连接件的交互点称为角色。系统组合构造通过定义构件的端口和连接件的角色之间的连接来完成。

为了达到目标①，UniCon提供了一组预先定义的构件和连接件类型，体系结构的开发者可以从中选择合适的构件或连接件。对于②，UniCon区分所有类型的构件和连接件的交互点，并对它们的组合方式进行限制。根据这些限制，UniCon工具可以提供对组合失配进行检查，但是这种检查带有局部性，即无法对系统的全局约束进行检查。目标③的重要性已经获得公认，特性列表的方法已经被ACME和USC开发的Architecture Capture Tool所采纳。对于已有的构件，通过利用UniCon的术语对其接口重新定义的方式，使得它们可以被UniCon使用。

表4-3是一个连接件约束的例子，使连接件角色接受指定的构件的端口。

表 4-3 UniCon 描述连接约束

```
ROLE output IS Source
    MAXCONNS(1)
    ACCEPT(Filter.StreamIn)
END onput
```

表 4-4 是 UniCon 描述管道的一个例子,在这个例子中,两个连接由构件和连接件实例分开。

表 4-4 UniCon 描述管道

```
USES p1 PROTOCOL Unix-pipe
USES sorter INTERFACE Sort-filter
CONNECT sorter.output TO p1.source
USES p2 PROTOCOL Unix-pipe
USES printer INTERFACE Print-filter
CONNECT sorter.input TO p2.sink
```

我们再来看一个完整的体系结构描述的例子。假设一个实时系统采用客户/服务器体系结构,在该系统中,有两个任务共享同一个计算机资源,这种共享通过远程过程调用(remote procedure call,RPC)实现。UniCon 对该系统结构的描述如表 4-5 所示。

表 4-5 UniCon 描述体系结构

```
component Real_Time_System
    interface is
        type General
    implementation is
        uses client interface rtclient
            PRIORITY(10)
            ...
        end client
        uses server interface rtserver
            PRIORITY(10)
            ...
        end server
        establish RTM-realtime-sched with
            client.application1 as load
            server.application2 as load
            server.services as load
            ALGORITHM(rate_monotonic)
            ...
        end RTM-realtime-sched
```

```
                establish RTM-remote-proc-call with
                    client.timeget as caller
                    server.timeger as definer
                    IDLTYPE(Mach)
                end RTM-remote-proc-call
                ...
            end implementation
        end Real-Time-System
        connector RTM-realtime-sched
            protocol is
                type RTScheduler
                role load is load
            end protocol
            implementation is builtin
            end implementation
        end RTM-realtime-sched
```

4.4.2 Wright

Wright 支持对构件之间交互的形式化和分析。连接件通过协议来定义,而协议刻画了与连接件相连的构件的行为。对连接件角色的描述表明了对参与交互的构件的"期望"以及实际的交互进行过程。构件通过其端口和行为来定义,表明了端口之间是如何通过构件的行为而具有相关性的。一旦构件和连接件的实例被声明,系统组合便可以通过构件的端口和连接件的角色之间的连接来完成。

Wright 的主要特点为：对体系结构和抽象行为的精确描述、定义体系结构风格的能力和一组对体系结构描述进行一致性和完整性的检查。体系结构通过构件、连接件以及它们之间的组合来描述,抽象行为通过构件的行为和连接件的胶水来描述。

在 Wright 中,对体系结构风格的定义通过描述能在该风格中使用的构件和连接件以及刻画如何将它们组合成一个系统的一组约束来完成的,因此,Wright 能够支持针对某一特定体系结构风格所进行的检查。但是,它不支持针对异构风格组成的系统的检查。Wright 提供一致性和完整性检查有：端口-行为一致性、连接件死锁、角色死锁、端口-角色相容性、风格约束满足以及胶水完整性等。

表 4-6 是用 Wright 对管道连接件进行描述的例子。在这个例子中,定义了 Pipe 连接件,该连接件具有两个角色,分别为 Writer 和 Reader。其中→表示事件变迁,√表示过程成功地终止,□表示确定性的选择。

表 4-6　Wright 对管道连接的描述

```
connector Pipe =
    role Writer = write → Writer □ close → √
    role Reader =
        let ExitOnly = close → √
        in let DoRead = (read → Reader □ read-eof → ExitOnly)
        in DoRead □ ExitOnly
    glue = let ReadOnly = Reader.read → ReadOnly
                          □ Reader.read-eof → Reader.close → √
                          □ Reader.close → √
           in let WriteOnly = Writer.write → WriteOnly □ Writer.close → √
           in Writer.write → glue
               □ Reader.read → glue
               □ Writer.close → ReadOnly
               □ Reader.close → WriteOnly
```

4.4.3　C2

C2 和其提供的设计环境（argo）支持采用基于时间的风格来描述用户界面系统，并支持使用可替换、可重用的构件开发 GUI 的体系结构。其工作的重点在于对构件的重用，以及对运行时体系结构的动态改变以使系统满足某些 GUI 体系结构方面的特性。

在 C2 中，连接件负责构件之间消息的传递，而构件维持状态、执行操作并通过两个名字分别为"top"和"bottom"的端口和其他的构件交换信息。每个接口包含一种可发送的消息和一组可接收的消息。构件之间的消息要么是请求其他构件执行某个操作的请求消息，要么是通知其他构件自身执行了某个操作或状态发生改变的通知消息。构件之间的消息交换不能直接进行，而只能通过连接件来完成。每个构件接口最多只能和一个连接件相连，而连接件可以和任意数目的构件或连接件相连。请求消息只能向上层传送，而通知消息只能向下层传送。

C2 要求通知消息的传递只对应于构件内部的操作，而和接收消息的构件的需求无关。这种对通知消息的约束保证了底层独立性，即可以在包含不同的底层构件（比如，不同的窗口系统）的体系结构中重用 C2 构件。C2 对构件和连接件的实现语言、实现构件的线程控制、构件的部署以及连接件使用的通信协议等都不加限制。

表 4-7 是 C2 对构件的描述例子。

表 4-7　C2 对构件接口的描述

```
Component ::=
    component component_name is
        interface component_message_interface
        parameters component_parameters
        methods component_methods
        [behavior component_behavior]
        [context component_context]
    end component_name;
```

表 4-8 是 C2 对构件接口的描述例子。

表 4-8　C2 对构件的描述

```
component_message_interface ::=
    top_domain_interface
    bottom_domain_interface

top_domain_interface ::=
    top_domain is
        out interface_requests
        in interface_notifications

bottom_domain_interface ::=
    bottom_domain is
        out interface_notifications
        in interface_requests

interface_requests ::=
    {request; } | null;

interface_notifications ::=
    {notification; } | null;

request ::=
    message_name(request_parameters)

request_parameters ::=
    [to component_name][parameter_list]

notification ::=
    message_name[parameter_list]
```

下面以会议安排系统为例，详细讨论 C2 风格的描述语言。会议安排系统的 C2 风格体系结构如图 4-2 所示。

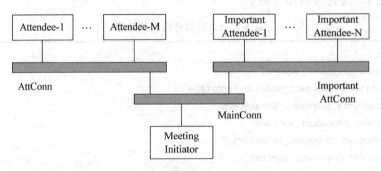

图 4-2　会议安排系统的 C2 风格体系结构

系统包含了三种功能构件,分别是一个 MeetgingInitiator、若干个 Attendee 和 ImportantAttendee,三个连接件(MainConn、AttConn 和 Important AttConn)用来在构件之间传递消息,某些消息可由 MeetgingInitiator 同时发送给 Attendee 和 ImportantAttendee,但还有某些消息只能传递给 ImportantAttendee。因为一个 C2 构件在 top、bottom 端分别只有一个通信端口,且所有消息路由功能都与连接件相关,所以 MainConn 必须保证其 top 端的 AttConn 和 ImportantAttConn 分别只接收那些与它们相连的构件有关的消息。

MeetgingInitiator 构件通过发送会议请求信息给 Attendee 和 ImportantAttendee 来进行系统初始化。Attendee 和 ImportantAttendee 构件可以发送消息给 MeetgingInitiator,告诉 MeetgingInitiator 自己喜欢的会议日期、地点等信息。但不能向 MeetgingInitiator 递交请求,因为在 C2 体系结构中,它们处在 MeetgingInitiator 的 top 端。

MeetgingInitiator 构件的描述如表 4-9 所示。

表 4-9 C2 对 MeetgingInitiator 构件的描述

```
component MeetingInitiator is
    interface
      top_domain is
        out
            GetPrefSet();
            GetExclSet();
            GetEquipReqts();
            GetLocPrefs();
            RemoveExclSet();
            RequestWithdrawal(to Attendee);
            RequestWithdrawal(to ImportantAttendee);
            AddPrefDates();
            MarkMtg(d:date; l:lov_type);
        in
            PrefSet(p:date_mg);
            ExclSet(e:data_mg);
            EquipReqts(eq:equip_type);
            LocPref(l:loc_type);
    behavior
        startup always_generate GetPrefSet,GetExclSet,GetEquipReqts,
            GetLocPrefs;
        received_messages PrefSet may_generate RemoveExclSet xor
            RequestWithdrawal xor MarkMtg;
        received_messages ExclSet may_generate AddPrefDates xor RemoveExclSet
            xor RequestWithdrawal xor MarkMtg;
        received_messages EquipReqts may_generate AddPrefDates xor
            RemoveExclSet xor RequestWithdrawal xor MarkMtg;
        received_messages LocPref always_generate null;
end MeetingInitiator;
```

Attendee 和 ImportantAttendee 构件接收来自 MeetgingInitiator 构件的会议安排请求,把自己的有关信息发送给 MeetgingInitiator。这两种构件只能通过其 bottom 端与体系结构中的其他元素进行通信。Attendee 构件的描述如表 4-10 所示。

表 4-10　C2 对 Attendee 构件的描述

```
component Attendee is
    interface
        bottom_domain is
            out
                PrefSet(p;date_mg);
                ExclSet(e;date_mg);
                EquipReqts(eq;equip_type);
            in
                GetPrefSet();
                GetExclSet();
                GetEquipReqts();
                RemoveExclSet();
                RequestWithdrawal();
                AddPrefDates();
                MarkMtg(d;date; l;loc_type);
        behavior
            received_messages GetPrefSet always_generate PrefSet;
            received_messages AddPrefDates always_generate PrefSet;
            received_messages GetExclSet always_generate ExclSet;
            received_messages GetEqipReqts always_generate EqipReqts;
            received_messages RemoveExclSet always_generate ExclSet;
            received_messages ReuestWithdrawal always_generate null;
            received_messages MarkMtg always_generate null;
end Attendee;
```

ImportantAttendee 构件是 Attendee 构件的一个特例,它具有 Attendee 构件的一切功能,并且还增加了自己特定的功能(可以指定会议地点),因此 ImportantAttendee 可以作为 Attendee 的一个子类型,保留了 Attendee 的接口和行为。ImportantAttendee 构件的描述如表 4-11 所示。

表 4-11　C2 对 ImportantAttendee 构件的描述

```
component ImportantAttendee is subtype Attendee(int and beh)
    interface
        bottom_domain is
            out
                LocPrefs(l;loc_type);
                ExclSet(e;date_mg);
                EquipReqts(eq;equip_type);
            in
                GetLocPrefs();
        behavior
            received_messages GetLocPrefs always_generate LocPrefs;
end ImportantAttendee;
```

有了上述三个构件的描述之后,得到体系结构的描述,如表 4-12 所示。

表 4-12　C2 对体系结构的描述

```
architecture MeetingScheduler is
   conceptual_components
      Attendee; ImportantAttendee; MeetingInitiator;
   connectors
      connector MainConn is message_filter no_filtering;
      connector AttConn is message_filter no_filtering;
      connector ImportantAttConn is message_filter no_filtering
   architectural_topology
     connector AttConn connections
        top_ports Attendee;
        bottom_ports MainConn;
     connector ImportantAttConn connections
        top_ports ImportantAttendee;
        bottom_ports MainConn;
     connector MainConn connections
        top_ports AttConn; ImportantAttConn;
        bottom_ports MeetingInitiator;
end MeetingScheduler;
```

当实例化构件时,可以指定体系结构的一个实例。例如:当有三个普通与会人员、两个重要与会人员时,会议安排应用对应的一个实例的描述如表 4-13 所示。

表 4-13　C2 对会议安排系统的描述

```
system MeetingScheduler_1 is
   architecture MeetingScheduler with
      Attendee instance Att_1,Att_2,Att_3;
      ImportantAttendee instance ImpAtt_1,ImpAtt_2;
      MeetingInitiator instance MtgInit_1;
end MeetingScheduler_1;
```

4.4.4　Rapide

Rapide 是一种可执行的 ADL,其目的在于通过定义并模拟基于事件的行为对分布式并发系统建模。它通过事件的偏序(partial order)集合来刻画系统的行为。构件计算由构件接收到的事件触发,并进一步产生事件传送到其他构件,由此触发其他的计算。Rapide 模型的执行结果为一个事件的集合,其中的事件满足一定的因果或时序关系。Rapide 由五种子语言构成。

① 类型语言：定义接口类型和函数类型，支持通过继承已有的接口来构造新的接口类型。
② 模式语言：定义具有因果、独立、时序等关系的事件所构成的事件模式。
③ 可执行语言：包含描述构件行为的控制结构。
④ 体系结构语言：通过定义同步和通信连接来描述构件之间的事件流。
⑤ 约束语言：定义构件行为和体系结构所满足的形式化约束，其中约束为需要的或禁止的偏序集模式。

Rapide 的优点在于能够提供多种分析工具。它所支持的分析都基于检测在某个模拟过程中的事件是否违反了某种次序关系。Rapide 允许仅仅基于接口而定义体系结构，把利用具有特定行为的构件对接口的替换留到开发的下一个阶段。因此，开发者可以在某个体系结构中使用尚未存在的构件，只要该构件符合特定的接口就可以了。

表 4-14 是 Rapide 描述构件的一个例子。

表 4-14 Rapide 对构件的描述

```
type Application is interface
    in action Request(p:params);
    out action Results(p:params);
behavior
    (? M in String)Receive(? M) = > Results(? M);
end Application;
```

4.4.5 SADL

SADL 的工作基于如下的假设：大型软件系统的体系结构是通过一组相关的具有层次化的体系结构来描述的，其中高层是低层的抽象，它们有不同数量和种类的构件和连接件。如果这种层次化和结构缺少正规的描述方法，则求精过程就容易出错。

在 SADL 中，提出了能够保证正确性和具有可组合性的体系结构求精模式的概念，使用求精模式的实例能够保证每一步求精过程的正确性。采用该方法能够有效地减少体系结构设计的错误，并且能够广泛地、系统地实现对设计领域的知识和正确性证明的重用。

为了证明两个体系结构在求精意义上的正确性，必须建立它们之间的解释映射。解释映射包含一个名字映射和一个风格映射，名字映射建立抽象体系结构中的对象的名字和具体体系结构中的对象的名字之间的关系。风格映射描述抽象层次中风格的构造是如何使用具体层次风格的构造中的术语来实现的。风格映射将会比较复杂，但是它只需要定义并证明一次，便能够在任何需要的时候被安全地重用。

表 4-15 是 SADL 描述连接件接口的例子。其中前半部分定义和约束一个连接件，后半部分对数据流风格的连接件类型进行指定，所有 Dataflow_Channel 类型的连接件都支持两个构件之间的接口。

表 4-15 SADL 对连接件的描述

```
CONNECTORS
    channel:Dataflow_Channel〈SEQ(token)〉
CONFIGURATION
    Token_flow:CONNECTION = Connects(channel,oport,iport)

Dataflow_Channel:TYPE < = CONNECTOR
Connects:Predicate(3)
Connects_argtype_1:CONSTRAINT =
    (/ \ x)(/ \ y)(/ \ z)[Connects(x,y,x) = > Dataflow_Channel(x)]
Connects_argtype_2:CONSTRAINT =
    (/ \ x)(/ \ y)(/ \ z)[Connects(x,y,x) = > Outport(y)]
Connects_argtype_1:CONSTRAINT =
    (/ \ x)(/ \ y)(/ \ z)[Connects(x,y,x) = > Inport(z)]
```

4.4.6 Aesop

Aesop 是由美国卡耐基梅隆大学的 Garlan 等人创建的一门体系结构描述语言,其目的是建立一个工具包,为领域特定的体系结构快速构建软件体系结构设计环境。每个这样的环境都支持以下五个方面:

① 与风格词汇表相对应的一系列设计元素类型,即特定风格的构件和连接件。
② 检查设计元素的成分,满足风格的配置约束。
③ 优化设计元素的语义描述。
④ 一个允许外部工具进行分析和操作体系结构描述的接口。
⑤ 多个风格特定的体系结构的可视化,以及操作它们的图形编辑工具。

Aesop 采用了产生式方法,该方法构建在已有的软件开发环境技术上。Aesop 把一个组风格描述与一个普遍使用的共享的工具包联系在一起,该工具包称作 Fable。

表 4-16 是 Aesop 描述一个管道/过滤器体系结构的例子。

表 4-16 Aesop 对管道/过滤器体系结构的描述

```
//Generates code for a pipe-filter system
int main(int argc,char ** argv)
{
    fable_init_event_system(&argc,argv,BUILD_PF);   //init local event system
    fam_initialize(argc,argv);                      //init the database

    arch_db = fam_arch_db::fetch();                 //get the top-level DB pointer
    t = arch_db.open(READ_TRANSACTION);             //start read transaction on it

    fam_object o = get_object_parameter(argc,argv); //get root object
```

```
    if(! o.valid()|| ! o.type().is_type(pf_filter_type))
    { //not valid filter
      cerr << argv[0] << ":invalid parameter\n"; //stop now
      t.close();
      fam_terminate();
      exit(1);
    }

    pf_filter root = pf_filter::typed(o);
    pf_aggregate ag = find_pf_aggregate(root); //find root's aggregate

    start_main(); //write standard start of generated main()
    outer_io(root); //bind outer ports to stdin/out

    if (ag.valid())
    {
      pipe_name(ag);              //write code to connect up pipes
      bindings(root);             //and to alias the bindings
      spawn_filters(ag);          //and to fork off the filters
    }

    finish_main();                //write standard end of generated main()

    make_filter_header(num_pipes);  // write header file for pipe names

    t.close();                    //close transaction
    fam_terminate();              //terminate fam
    fable_main_event_loop();      //wait for termination event
    fable_finish();               //and finish
    return 0;
}
```

4.4.7 ACME

ACME 也是由美国卡耐基梅隆大学的 Garlan 等人创建的一门体系结构描述语言,其最初目的是为了创建一门简单的、具有一般性的 ADL,该 ADL 能用来为体系结构设计工具转换形式,和/或为开发新的设计和分析工具提供基础。

因此,严格说来,ACME 并不是一种真正意义上的 ADL,而是一种体系结构变换语言,它提供了一种在不同 ADL 的体系结构规范描述之间实现变换的机制。因此,虽然 ACME

没有支持工具,但却能够使用各种 ADL 提供的支持工具。

ACME 提供了描述体系结构的结构特性的方法,此外还提供了一种开放式的语义框架,使得可以在结构特性上标注一些 ADL 相关的属性。这种方法使得 ACME 既能表示大多数 ADL 都能描述的公共的结构信息,又能使用注解来表示与特定的 ADL 相关的信息。有了这种公共而又灵活的表示方法,再加上 ADL 之间关于属性的语义转换工具,就能顺利地实现 ADL 之间的变换,从而使 ADL 之间能够实现分析方法和工具的共享。

ACME 支持从四个不同的方面对软件体系结构进行描述,分别是结构、属性、约束、类型和风格。

1. 结构

在 ACME 中定义了七种体系结构实体,分别是构件、连接件、系统、端口、角色、表述(representations)和表述映射(map)。其中前五种如图 4-3 所示。

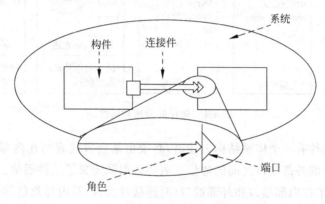

图 4-3　ACME 描述的元素

表 4-17 是一个以 ACME 描述的一个简单的 C/S 体系结构的例子。其中 client 构件只有一个 sendRequest 端口,server 也只有一个 receive_Request 端口,连接件 rpc 有两个角色,分别为 caller 和 callee。该系统的布局(topology)由与构件端口和连接件角色绑定的 attachments 定义,其中 client 的请求端口绑定到 rpc 的 caller 角色,server 的请求处理端口绑定到 rpc 的 callee 端口。

表 4-17　ACME 对 C/S 体系结构的描述

```
System simple_CS = {
    Component client = { Port sendRequest }
    Component Server = { Port receiveRequest }
    Connector rpc = { Roles {caller,callee} }
    Attachments:{
        client.sendRequest to rpc.caller;
        server.receiveRequest to rpc.callee }
}
```

为了支持体系结构的分级描述，ACME 允许任何一个构件或连接件由一个或多个更详细的、低级的描述代表，我们称每个这样的代表为一个表述（representation）。图 4-4 是一个构件表述的例子。

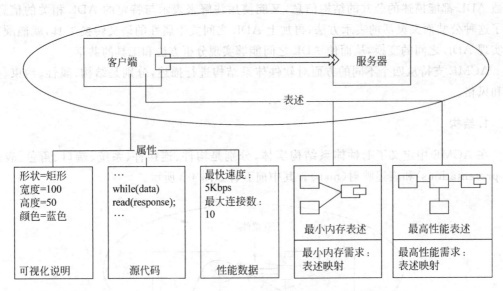

图 4-4　构件的表述和属性

当构件或连接件有一个体系结构表述时，必须由某些方式表明在内部系统表述和所表述的构件或连接件的外部接口之间的通信。表述映射就定义了这种通信。在最简单的情况下，表述映射提供了在内部端口和外部端口（对连接件而言，是内部角色和外部角色）之间的关联。

图 4-5 说明了细化后的 C/S 结构的表述的使用。在图 4-5 中，server（服务器）构件由一个更详细的体系结构表述所细化。其 ACME 描述如表 4-18 所示。

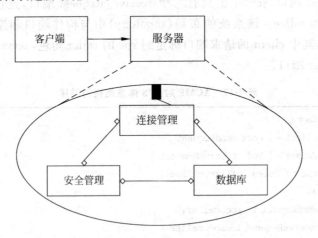

图 4-5　带有表述的 C/S 结构

表 4-18 ACME 对带有表述的 C/S 结构的描述

```
System simple_CS = {
  Component client = { ··· }
  Component Server = {
    Port receiveRequest;
    Representation serverDetails = {
      System serverDetailsSys = {

        Component connectionManager = {
          Ports { externalSocket; securityCheckIntf; dbQueryIntf; }}

        Component securityManager = {
          Ports { securityAuthorization; credentialQuery; }}

        Component database = {
          Ports { securityManagementIntf; credentialQuery; }}

        Connector SQLQuery = { Roles { caller; callee }}
        Connector clearanceRequest = { Role { requestor; grantor }}
        Connector securityQuery = { Roles { securityManager; requestor }}
        Attachments {
          ConnectoinManager.securityCheckIntf to clearanceRequest.requestor;
          SecutityManager.securityAuthorization to clearanceRequest.grantor;
        ConnectionManager.dbQueryIntf to SQLQuery.caller;
        database.queryIntf to SQLQuery.callee;
        securityManager.credentialQuery to securityQuery.securityManager;
        database.securityManagerIntf to securityQuery.requestor; }

      }
      Bindings { connectionManager.externalSocket to server.receiveRequest }
    }
  }
  Connector rpc = { ··· }
  Attachments {client.sendRequest to rpc.caller;
              server.receiveRequest to rpc.callee}
```

2. 属性

ACME 定义的七类体系结构实体足以定义一个体系结构的组织,对结构的清晰描述有利于系统的文档化。然而,记录一个系统的体系结构的非结构属性取决于系统的特性、所需要的分析种类、可以获得的工具和在描述中所包括的详细程度。为了为说明辅助信息提供开放性需求,ACME 支持使用任意的属性列表对体系结构的结构进行注释。每个属性有名称、可选类型和值。ACME 定义的七类设计元素都可以用属性列表进行注释。属性可用来记录与体系结构相关分析和设计的细节。

在图 4-4 中，对三个属性进行了注释，表 4-19 是一个带注释的 ACME 描述例子。

表 4-19 ACME 对带有属性的 C/S 结构的描述

```
System simple_CS = {
    Component client = {
        Port sendRequest;
        Properties { requestRate:float = 17.0;
                     sourceCode:externalFile = "CODE-LIB/client.c"}}

    Component Server = {
        Port receiveRequest;
        Properties { idempotent:boolean = true;
                     maxConcurrentClients:integer = 1;
                     multithreaded:Boolean = false;
                     sourceCode:externalFile = "ODE-LIB/server.c" }}

    Connector rpc = {
        Roles caller;
        Roles callee;
        Properties { synchronous:boolean = true;
                     maxRoles:integer = 2;
                     protocol:WrightSpec = "…" }}

    Attachments:{
        client.sendRequest to rpc.caller;
        server.receiveRequest to rpc.callee }
}
```

3. 设计约束

设计约束（design constraints）是体系结构描述的关键成分，它们决定体系结构设计是如何演化的。设计约束可以当做一种特殊的属性，但因为在体系结构中，设计约束起着核心作用，所以，ACME 提供了特定的语法来描述设计约束。

ACME 使用基于一阶谓词逻辑（first order predicate logic，FOPL）的约束语言来描述设计约束，在体系结构规格说明中，约束被当作谓词。约束语言包括标准的 FOPL 集合，同时还包含了一些体系结构方面的特殊函数。例如，有决定两个构件是否有连接（包括直接连接和间接连接）的谓词，有决定一个构件是否有特殊的属性的谓词。表 4-20 是设计约束描述的例子。

约束可以与 ACME 描述中的任何设计元素相关联，约束的范围取决于关联。例如，如果一个约束与一个系统相关联，则它可以引用包含在该系统中的任何设计元素（构件、连接件的全部或部分）。另一方面，与一个构件相关联的约束则只能引用该构件及其部分（端口、属性和表述）。例如，下面语句的约束与一个系统相关联：

```
connected(client,server)
```

表 4-20 ACME 对带有属性的 C/S 结构的描述

Connected(comp1,comp2)	如果构件 comp1 与 comp2 之间至少有一个连接件,则取 True,否则取 False
Reachable(comp1,comp2)	如果构件 comp2 处在 Connected(comp1,*) 的路径上,则取 True,否则取 False
HasProperty(elt,propName)	如果元素 elt 有一个属性,取名为 proName
HasType(elt,typeName)	如果元素 elt 有一个类型,取名为 tyepName
SystemName.Connectors	连接件的集合在系统 SystemName 中
ConnectorName.Roles	角色的集合在连接件 ConnectorName 中

如果名字为 client 的构件与名字为 server 的构件直接由一个连接件连接,则该约束取 True。又如,约束

```
forall conn: connector in systemInstance.Connectors @ size(conn.roles) = 2
```

当系统中的所有连接件都是二元连接件时取 True。
约束可以定义合法属性值的范围,例如:

```
self.throughputRate >= 3095
```

约束也可以表明两个属性之间的关系,例如:

```
comp.totalLatency = (comp.readLatency + comp.processingLatency + comp.writeLatency)
```

约束可以通过两种方式附加到设计元素,分别是 invariant 和 heuristic,其中 invariant 约束当作是不可违反的规则看待,heuristic 约束当作应该遵守的规则看待。对 invariant 约束的违反会使体系结构规格说明无效,而对 heuristic 约束的违反会当作一个警告处理。表 4-21 说明了如何在 ACME 中使用约束。其中 invariant 约束描述合法缓冲的大小范围,heuristic 约束描述了期望的速度最大值。

表 4-21 带有约束连接件的描述

```
System messagePathSystem = {
    ...
    Connector MessagePath = {
        Roles {source; sink; }
        Property expectedThroughput:float = 512;
        Invariant(queueBufferSize >= 512)and(queueBufferSize <= 4096);
        Heuristic expectedThroughput <= (queueBufferSize / 2);
    }
}
```

4. 类型和风格

体系结构描述的一个重要能力就是能够定义系统的风格或族,风格允许我们定义领域特定的或应用特定(application-specific)的设计词汇(vocabulary),以及如何使用这些词汇的约束。支持对领域特定的设计经验的打包(package),特定目的的分析和代码生成工具的

使用,设计过程的简化,与体系结构标准一致性的检查等。

在 ACME 中,定义风格的基本构造块是一个类型系统,类型系统可用来封装循环结构和关系。设计师可定义三种类型,分别是属性类型,结构类型和风格。

(1) 属性类型

在第 3 点,已经讨论过属性类型。

(2) 结构类型

结构类型使定义构件、连接件、端口和角色的类型变得可能,每一个这样的类型提供了一个类型名称和一个所需要的子结构、属性和约束的列表,表 4-22 是一个 client 构件类型的描述例子。类型定义指明了任何构件如果是类型 client 的任何一个实例,则必须至少有一个端口称做 Request 和一个浮点型的属性称做 request-rate。而且与类型关联的 invariant 约束要求 client 构件的所有端口都有一个取值为 rpc-client 的协议属性,每个 client 都不得超过五个端口,构件的请求个数必须大于 0。最后,还有一个 heuristic 约束,要求请求的个数应该要少于 100。

表 4-22　构件类型的描述

```
Component Type Client = {
    Port Request = { Property protocol:CSPprotocolT };
    Property request-rate:Float;
    Invariant size(self.Ports) < = 5;
    Invariant request-rate > = 0;
    Heuristic request-rate < 100;
```

(3) 风格

由于历史原因,在 ACME 中,风格被称为族(family),就好像结构类型代表一组结构元素一样,族代表一组系统。在 ACME 中,可通过指定三件事情来定义一个族,分别是一组属性和结构元素、一组约束、默认结构。属性类型和结构类型为族提供了设计词汇,约束决定了如何使用这些类型的实例。默认结构描述了必须出现在族中任何系统中的实例的最小集合。表 4-23 是一个定义管道-过滤器族和使用该族的一个系统的实例。在这个族中,定义了两个构件类型,一个连接件类型和一个属性类型。该族惟一的 invariant 约束指定了所有连接件必须使用管道,没有默认的结构。系统 simplePF 作为族的一个实例来定义,这种定义允许系统使用族的任何类型,且必须满足族的所有 invariant 约束。

表 4-23　管道-过滤器族的描述

```
Family PipeFilterFam = {

    Component Tyrp FilterT = {
        Ports {stdin; stdout; };
        Property throughput:int;
    };
    component Type UnixFilterT extends FilterT with {
        Port stderr;
```

续表

```
        Property implementationFile:String;
    };
    connector Type PipeT = {
        Roles { source; sink; };
        Property bufferSize:int;
    };
    Property Type StringMsgFormatT = Record [ size:int; msg:String; ];
    Invariant Forall c in self.Connectors @ HasType(c,PipeT);
}

System simplePF:PipeFilterFam = {
    Component smooth:FilterT = new FilterT;
    Component detectErrors:FilterT;
    Component showTracks:UnixFilterT = new UnixFilterT extended with {
        Property implementationFile:String = "IMPL_HOME/showTracks.c"
    };

    //Declare the system's connectors
    connector firstPipe:PipeT;
    Connector secondPipe:PipeT;

    //Define the system's topology
    attachments { smooth.stdout to firstPipe.source;
                  detectErrors.stdin to firstPipe.sink;
                  detectErrors.stdout to secondPipe.source;
                  showTracks.stdin to secondPipe.sink; }
}
```

从以上介绍中可以看出，这些 ADL 的共同目的都是以构件和连接件的方式描述软件体系结构，不同的只是底层的语法和语义。目前的 ADL 基本上都满足必需的语言标准，尤其是重用的重要性。为了更好地使用 ADL，通常需要一个配套的开发环境。这类环境通常提供以下工具：创建和浏览设计的图形化编辑器、体系结构一致性检查、代码生成器、模式仓储等。

4.5 软件体系结构与 UML

4.5.1 UML 简介

统一建模语言(unified modeling language, UML)是一个通用的可视化建模语言，用于对软件进行描述、可视化处理、构造和建立软件系统的文档。它记录了对必须构造的系统的决定和理解，可用于对系统的理解、设计、浏览、配置、维护和信息控制。UML 适用于各种软件开发方法、软件生命周期的各个阶段、各种应用领域以及各种开发工具，UML 是一种总结了以往建模技术的经验并吸收当今优秀成果的标准建模方法。UML 包括概念的语义、表示法和说明，提供了静态、动态、系统环境及组织结构的模型。它可被交互的可视化建模工具所支持，这些工具提供了代码生成器和报表生成器。UML 标准并没有定义一种标准的开发过程，但它适用于迭代式的开发过程。它是为支持大部分现存的面向对象开发过程而设计的。

公认的面向对象建模语言出现于 20 世纪 70 年代中期。从 1989 年到 1994 年，其数量从不到 10 种增加到 50 多种。在众多的建模语言中，语言的创造者努力推崇自己的产品，并在实践中不断完善。但是，面向对象方法的用户并不了解不同建模语言的优缺点及相互之间的差异，因而很难根据应用特点选择合适的建模语言，于是爆发了一场"方法大战"。20 世纪 90 年代出现了一批新方法，其中最引人注目的是 Booch-93、OOSE 和 OMT-2 等。

Booch 是面向对象方法最早的倡导者之一，他提出了面向对象软件工程的概念。1991 年，他将以前面向 Ada 的工作扩展到整个面向对象设计领域。Booch-93 比较适合于系统的设计和构造。

Rumbaugh 等人提出了面向对象的建模技术方法，采用了面向对象的概念，并引入各种独立于语言的表示符。这种方法用对象模型、动态模型、功能模型和用例模型共同完成对整个系统的建模，所定义的概念和符号可用于软件的分析、设计和实现的全过程，软件开发人员不必在开发过程的不同阶段进行概念和符号的转换。OMT-2 特别适用于分析和描述以数据为中心的信息系统。

Jacobson 于 1994 年提出了 OOSE 方法，其最大特点是面向用例，并在用例的描述中引入了外部角色的概念。用例的概念是精确描述需求的重要武器，但用例贯穿于整个开发过程，包括对系统的测试和验证。OOSE 比较适合支持商业工程和需求分析。

此外，还有 Coad/Yourdon 方法，即著名的 OOA/OOD，它是最早的面向对象的分析和设计方法之一。该方法简单、易学，适合于面向对象技术的初学者使用，但由于该方法在处理能力方面的局限，目前已很少使用。概括起来，首先，面对众多的建模语言，用户由于没有能力区别不同语言之间的差别，因此很难找到一种比较适合其应用特点的语言；其次，众多的建模语言实际上各有千秋；第三，虽然不同的建模语言大多雷同，但仍存在某些细微的差别，极大地妨碍了用户之间的交流。因此在客观上，极有必要在认真比较不同的建模语言优缺点及总结面向对象技术应用实践的基础上，组织联合设计小组，根据应用需求，取其精华，去其糟粕，求同存异，统一建模语言。1994 年 10 月，Booch 和 Rumbaugh 开始致力于这一工作。他们首先将 Booch-93 和 OMT-2 统一起来，并于 1995 年 10 月发布了第一个公开版本，称之为统一方法 UM 0.8(united method)。1995 年秋，OOSE 的创始人 Jacobson 加盟到这一工作。经过 Booch、Rumbaugh 和 Jacobson 三人的共同努力，于 1996 年 6 月和 10 月分别发布了两个新的版本，即 UML 0.9 和 UML 0.91，并将 UM 重新命名为 UML。

1996 年，一些机构将 UML 作为其商业策略已日趋明显。UML 的开发者得到了来自公众的正面反应，并倡议成立了 UML 成员协会，以完善、加强和促进 UML 的定义工作。当时的成员有 DEC、HP、I-Logix、Itellicorp、IBM、ICON Computing、MCI Systemhouse、Microsoft、Oracle、Rational Software、TI 以及 Unisys。这一机构对 UML 1.0(1997 年 1 月)及 UML 1.1(1997 年 11 月 17 日)的定义和发布起了重要的促进作用。

面向对象技术和 UML 的发展过程可用图 4-6 来表示,标准建模语言的出现是其重要成果。在美国,截止 1996 年 10 月,UML 获得了工业界、科技界和应用界的广泛支持,已有 700 多个公司表示支持采用 UML 作为建模语言。1996 年底,UML 已稳占面向对象技术市场的 85%,成为可视化建模语言事实上的工业标准。1997 年 11 月 17 日,OMG 采纳 UML 1.1 作为基于面向对象技术的标准建模语言。现在 UML 已经经历了 1.1、1.2、1.4 三个版本的演变,发布了最新的 2.0 版标准。

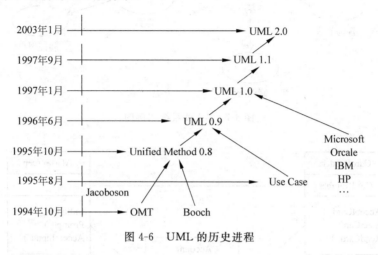

图 4-6 UML 的历史进程

4.5.2 UML 的主要内容

为了后面内容的需要,本节以 ATM 机软件为例简单介绍 UML 的九种图形,关于图的语法、含义以及它们之间怎样交互等所有细节问题,请读者参考有关 UML 方面的专门书籍。ATM 机软件的功能有:客户可以存款、取款、查询节余、修改密码和使用信用卡付账。

1. 用例图

用例图(use-case diagram)用于显示若干角色(actor)以及这些角色与系统提供的用例之间的连接关系,如图 4-7 所示。用例是系统提供的功能的描述,通常一个实际的用例采用普通的文字描述,作为用例符号的文档性质。用例图仅仅从角色使用系统的角度描述系统中的信息,也就是站在系统外部查看系统功能,它并不能描述系统内部对该功能的具体操作方式。

2. 类图

类图(class diagram)用来表示系统中的类和类与类之间的关系,它是对系统静态结构的描述。类图不仅定义系统中的类,表示类之间的联系如关联、依赖、聚合等,也包括类的内部结构(类的属性和操作),如图 4-8 所示。在图 4-8 中,每个类由三部分组成,分别是类名、类的属性和操作。类图描述的是一种静态关系,在系统的整个生命周期都是有效的。一个典型的系统中通常有若干个类图,一个类图不一定包含系统中所有的类,一个类还可以加到几个类图中。

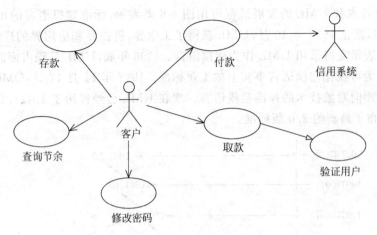

图 4-7 ATM 系统用例图

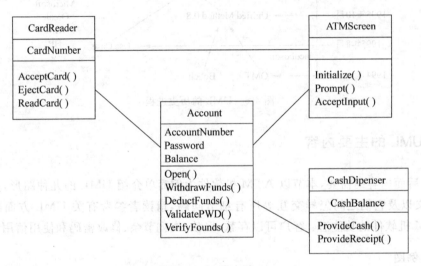

图 4-8 ATM 系统类图

3. 对象图

对象图(object diagram)是类图的实例,几乎使用与类图完全相同的标识。他们的不同点在于对象图显示类的多个对象实例,而不是实际的类。一个对象图是类图的一个实例。由于对象存在生命周期,因此对象图只能在系统某一时间段存在。

4. 顺序图

顺序图(sequence diagram)用来反映若干个对象之间的动态协作关系,也就是随着时间的推移,对象之间是如何交互的,如图 4-9 所示(客户李明取款 20 元的顺序图)。顺序图强调对象之间消息发送的顺序,说明对象之间的交互过程,以及系统执行过程中,在某一具体位置将会有什么事件发生。

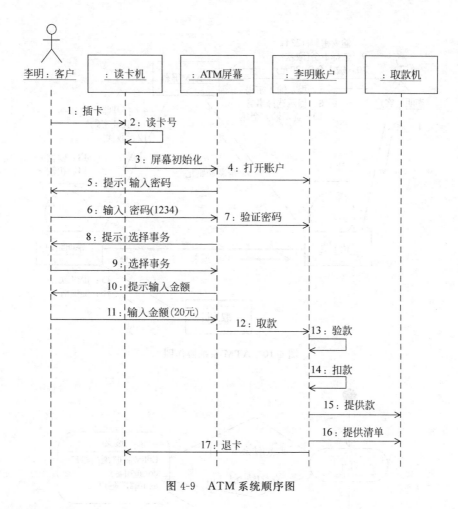

图 4-9 ATM 系统顺序图

5. 协作图

协作图(collaboration diagram)描述对象间的协作关系,协作图跟顺序图相似,显示对象间的动态合作关系。除显示信息交换外,协作图还显示对象以及它们之间的关系,如图 4-10 所示(客户李明取款 20 元的协作图)。

如果强调时间和顺序,则使用顺序图;如果强调上下级关系,则选择协作图。这两种图合称为交互图。

6. 状态图

状态图(state diagram)描述类的对象所有可能的状态以及事件发生时状态的转移条件。通常,状态图是对类图的补充,如图 4-11 所示(Account 对象状态图)。事件可以是给它发送消息的另一个对象或者某个任务执行完毕。状态变化称作转移(transition),一个转移可以有一个与之相连的动作(action),这个动作指明了状态转移时应该做些什么。在实用上并不需要为所有的类画状态图,仅为那些有多个状态,其行为受外界环境的影响,并且发生改变的类画状态图。

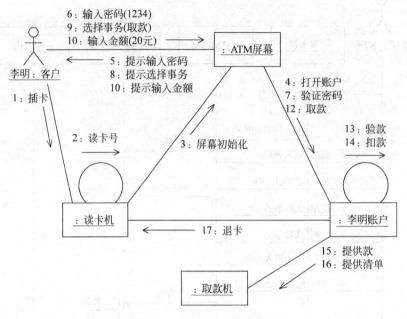

图 4-10　ATM 系统协作图

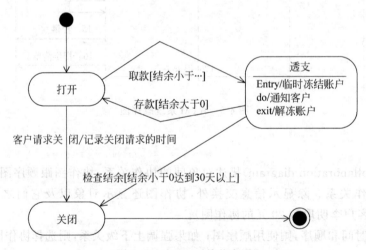

图 4-11　ATM 系统状态图

7. 活动图

活动图(activity diagram)描述满足用例要求所要进行的活动以及活动间的约束关系，有利于识别并行活动，如图 4-12 所示。活动图由各种动作状态构成，每个动作状态包含可执行动作的规范说明。当某个动作执行完毕，该动作的状态就会随着改变。这样，动作状态的控制就从一个状态流向另一个与之相连的状态。活动图中还可以显示决策、条件、动作的并行执行、消息的规范说明等内容。

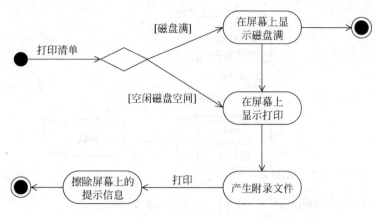

图 4-12　ATM 系统活动图

8. 构件图

构件图(component diagram)描述代码构件的物理结构及各构件之间的依赖关系,如图 4-13 所示。一个构件可能是一个资源代码构件、一个二进制构件或一个可执行构件。它包含了逻辑类或实现类的有关信息。构件图有助于分析和理解构件之间的相互影响程度。

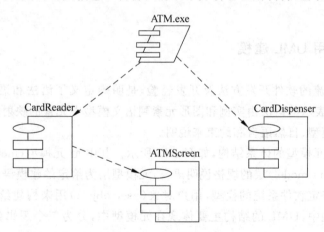

图 4-13　ATM 系统构件图

9. 部署图

部署图(deployment diagram)定义系统中软硬件的物理体系结构,如图 4-14 所示。部署图可以显示实际的计算机和设备(用结点表示)以及它们之间的连接关系,也可显示连接的类型及构件之间的依赖性。在结点内部,放置可执行构件和对象以显示结点跟可执行软件单元的对应关系。

从应用的角度上讲,当采用面向对象技术设计系统时,首先是描述需求;其次根据需求建立系统的静态模型,以构造系统的结构;第三步是描述系统的行为。其中在第一步与第二步中所建立的模型都是静态的,包括用例图、类图(包含包)、对象图、构件图和配置图等五个图形,是 UML 的静态建模机制。其中第三步中所建立的模型或者可以执行,或者表示执行时的时序状态或交互关系。它包括状态图、活动图、顺序图和协作图等四个图形,是

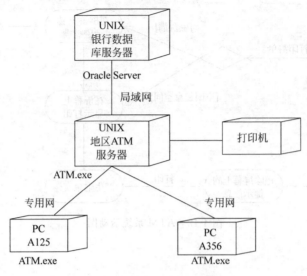

图 4-14 ATM 系统部署图

UML 的动态建模机制。因此,UML 的主要内容也可以归纳为静态建模机制和动态建模机制两大类。

4.5.3 直接使用 UML 建模

UML 基于主流的软件开发方法及开发经验,是明确定义了语法和语义的可视化建模语言。其中,图形表示的语法由实例和图形元素到语义模型中元素的映射表示,语义模型的语法和语义由元模型、自然语言和约束来说明。

UML 是 4 层元模型的体系结构,如图 4-15 所示。其中元-元模型(meta-meta model)层定义了元模型(meta model)层的规格说明语言,元模型层为给定的建模语言定义规格说明,模型层用来定义特定软件系统的模型,用户对象(user object)用来构建给定模型的特定实例。在 4 层元模型中,UML 的结构主要体现在元模型中,分为三个逻辑包,分别是基础包(foundation)、行为元素包(behavioral elements)和一般机制包(general mechanisms),这些包依次又分为若干个子包,例如,基础包分为核心元素、辅助元素、扩充机制、数据类型几个子包。

语义约束由对象约束语言 OCL 表示,OCL 基于一阶谓词逻辑,每一个 OCL 表达式都处于一些 UML 模型元素的背景下(由"self"引用),可使用该元素的属性和关系作为其项(term),同时 OCL 定义了在集合(sets)、袋(bags)等上的公共操作集和遍历建模元素间关系的构造,因此,其他建模元素的属性也可以作为它的项。

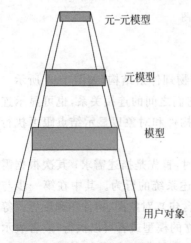

图 4-15 UML 的四层元模型体系结构

UML 模型从以下几个方面说明软件系统:类及

其属性、操作和类之间的静态关系,类的包(package)和它的依赖关系;类的状态及其行为;对象之间的交互行为,使用事例;源码的结构以及执行的实施结构。UML 中的通用表示如下。

(1) 字符串:表示有关模型的信息。
(2) 名字:表示模型元素。
(3) 标号:不同于编程语言中的标号,是用于表示或说明图形符号的字符串。
(4) 特殊字符串:表示某一模型元素的特性。
(5) 类型表达式:声明属性、变量及参数,含义同编程语言中的类型表达式。
(6) 实体类型(stereotype):它是 UML 的扩充机制,运用实体类型可定义新类型的模型元素。
(7) UML 语义部分是对 UML 的准确表示,主要由三部分组成。

- 通用元素(common element):主要描述 UML 中各元素的语义。通用元素是 UML 中的基本构造单位,包括模型元素和视图元素,模型元素用来构造系统,视图元素用来构成系统的表示成分;
- 通用机制(common mechanism):主要描述使 UML 保持简单和概念上一致的机制的语义。包括定制、标记值、注记、约束、依赖关系、类型-实例、类型-类的对应关系等机制;
- 通用类型(common type):主要描述 UML 中各种类型的语义。这些类型包括布尔类型、表达式类型、列表类型、多重性类型(multiplicity)、名字类型、坐标类型、字符串类型、时间类型和用户自定义类型等。

UML 中语义的三部分不是相互独立的,而是相互交叉重叠、紧密相连,共同构成了 UML 的完整语义。

下面,我们以 4.3.3 节中会议安排系统为例。来说明如何使用 UML 描述软件体系结构及其元素。

图 4-16 是用 UML 的类图表示会议安排系统,该图描述了会议安排系统的领域模型,包括领域中的类及其继承和关联的关系。

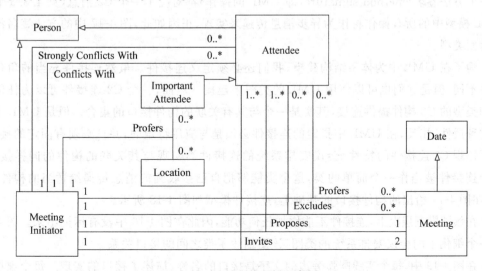

图 4-16 会议安排系统的类图

在图 4-16 中,除了限制 MeetingInitiator 为单一实例外,省略了许多体系结构细节,例如:把领域中的类映射到可实现的构件,不同类之间的交互顺序等。而且图中还省略了类交互的语义,例如:Invites 关联把两个 Meeting 与一个或多个 Attendee 或一个 MeetingInitiator 关联起来,然而这种关联只标明了两个会议,并没有指明这两个 Meeting 打算提交会议可能举行的日期范围。

在 C2 风格的体系结构中,消息结构是一个重要的元素,因此,在 UML 设计中,要对类的接口进行建模,如图 4-17 所示。

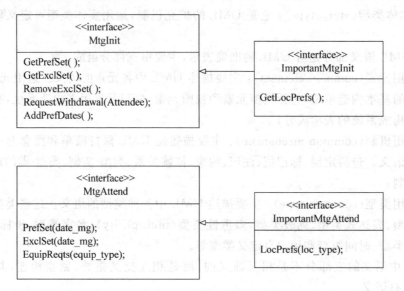

图 4-17 会议安排系统类接口

在图 4-17 中,接口 ImportantMtgInit 和 ImportantMtgAttend 分别继承了接口 MtgInit 和 MtgAttend,惟一的区别是增加了喜欢的会议地点的请求和通知。要注意的是,图 4-5 中每一个方法签名(method signature,即 UML 的操作)都对应了一个 C2 消息(见 4.3.3 节)。UML 模型中的所有操作将作为异步消息传递来实现,正因如此,图 4-17 中的方法签名没有写返回类型。

为了在 UML 中为体系结构建模,我们还必须定义连接件。虽然连接件充当的角色与构件不同,但是它们也可以使用 UML 的类图来建模。然而,一个 C2 连接件可以为任何数量和类型的 C2 构件提供连接,其实是一个与其有关联的构件接口的集合。但是 UML 不支持这种属性,相反,在 UML 中指定的连接件必须是与应用特定的,并且必须有固定的接口。为了体现 C2 连接件的特性,会议安排系统的连接件类实现与其关联的构件的同样接口。每个连接件被当作一个简单的类,这个类能够把自己接收到的消息传递给适当的构件,因此,在图 4-17 给出的构件接口的基础上,连接件模型如图 4-18 所示。

在领域模型层次上,连接件不能增加任何功能,因此在图 4-16 中没有标记出来。图 4-19 是一个细化了的会议安排系统的类图,该图描述了类之间的接口关系。

在图 4-19 中,每个实线圆弧旁边的文字是接口的名称,描述了接口的实现。每个虚线箭头表示类对接口的依赖性。要特别说明的是,在图 4-17 中,类 Attendee 和 ImportantAttendee

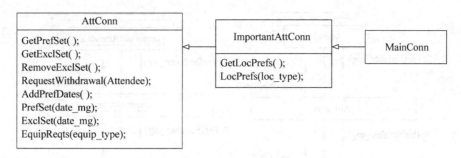

图 4-18　C2 连接件模型

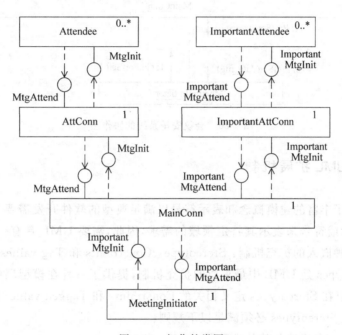

图 4-19　细化的类图

是由接口继承进行关联的，但在图 4-19 中没有明显体现出来。图 4-19 省略了图 4-16 中的 Location，Meeting 和 Date 类，因为这些类只是代表系统中构件之间交换的数据。同时也省略了构件超类 Person 和连接件超类 Conn。

图 4-20 描述了 MeetingInitiator 类实例和 Attendee 类以及 ImportantAttendee 类实例之间的协作。

在图 4-20 中，MeetingInitiator 发出会议安排日期请求，连接件 MainConn 的实例把这个请求转交给其上方的连接件 AttConn 和 ImportantAttConn 的实例，这两个实例再把这个请求转交给其上方的构件，每个与会人员构件选择自己喜欢的日期，并把该选择通知其下方的构件，这个通知信息最终由连接件转交给 MeetingInitiator。但是，如果 MeetingInitiator 发出会议地点安排请求，则 MainConn 只把该请求转交给 ImportantAttConn，任何 Attendee 类的实例都无法接收该请求。

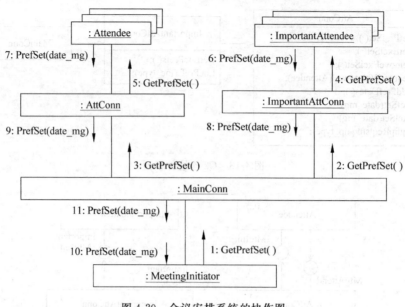

图 4-20 会议安排系统的协作图

4.5.4 使用 UML 扩展机制

UML 提供了丰富的建模概念和表示符号以满足典型的软件开发需要，但是，用户有时需要另外的概念或符号来表示其特定领域的需求，因此，需要 UML 具有一定的扩充能力。UML 提供了三种嵌入的扩充机制：Stereotypes、Constraints 和 Tag values。

（1）Stereotypes 是 UML 中最重要的扩充机制，提供了一种在模型层中加入新的建模元素的方式，可以在 Stereotypes 定义相关的 Constraints 和 Tagged values 以说明特定的语义和特征。定义 Stereotypes 必须满足以下规则：

- Stereotype 名不能与其基类重名；

Stereotype.oclAllInstances→forAll(st|st.baseClass()self.name);

- Stereotype 名不能与它所继承的 Stereotype 名重名；

Self.allSupertypes→forAll(st: Stereotype|st.name()self.name);

- Stereotype 名不能与元类命名空间冲突；
- Stereotype 所定义的 Tag 名不能与其基类元素的元属性命名空间冲突，也不能与它所继承的 Stereotype 的 Tag 名冲突。

（2）对于模型中的建模元素，Tag Values 允许加入新的属性。Tag 表明了建模元素可扩展的特性的名称，value 可以是任意的值，值的范围取决于用户或工具对 Tag 的解释。对每一个 Tag 名，一个建模元素至多有一个给定的 Tag Values。

Self.Taggedvalue→forAll(t1,t2: Tagvalues|t1.tag = t2.tag implies t1 = t2);

（3）Constraints 是对建模元素的语义上的限制。

下面，用 UML 的扩充机制来描述软件体系结构，同样，还是以 C2 风格为例。

1. C2 的消息

UML 的元类"操作"与 C2 风格的消息概念相对应，UML 的操作包括名字、参数列表和返回值。操作可以是公有的（public）、私有的（private）或受保护的（protected）。为了描述 C2 风格的消息，我们在请求中增加一个 tag，并且约束操作使之没有返回值。如表 4-24 所示。

表 4-24　增加了 tag 值的 C2 风格的消息描述

```
Stereotype C2Operation for instances of meta class Operation
--1-- C2Operations are tagged as either notifications or requests.
c2MsgType:enum { notification,requests }
--2-- C2Operations are tagged as either incoming or outgoing.
c2MsgDir:enum { in,out }
--3-- C2messages do not have return values.
Self.parameter -> forAll(p | p.kind <> return)
```

表 4-24 中的实体类型既包含了 tagged values（c2MsgType 和 c2MsgDir），又包含了一个通用的对实体类型化的操作的参数约束。

2. C2 的构件

UML 的元类"类"和 C2 风格的构件概念接近。类可以提供多重带有操作（operation）的接口，可以参与与其他类的交互。但是，也有不太一致的地方，例如，类可以有方法（method）和属性（attribute），在 UML 中，操作是过程抽象的规格说明，而方法是过程体。C2 中的构件只提供操作，而不提供方法，且这些操作必须是构件提供的接口的一部分，而不是构件本身的一部分。

表 4-25 中的实体类型使用了很多 OCL 特征，C2 Component 的第 2 个约束定义了附件的属性（topInt 和 botInt），这些属性用来辅助约束的定义。属性 allInstances 返回所关联的模型元素的所有实例，操作 select 选择关联集合的一个子集，条件是其指定的表达式为真。

表 4-25　包含 OCL 特征的实体

```
Stereotype C2Interface for instances of meta class Interface
--1-- A C2Interface has a tagged value identifying its position.
c2pos:enum { top,bottom }
--2-- All C2Interface operations must have stereotype C2Operation
self.operation -> forAll(o.stereotype = C2Operation)

Stereotype C2Component for instances of meta class Class
--1-- C2Components must implement exactly two interfaces,which must be
  -- C2Interfaces,one top,and the other bottom.
self.interface -> size = 2 and
self.interface -> forAll(i | i.stereotype = C2Interface)and
```

```
self.interface -> exists(i | i.c2pos = top)and
self.interface -> exists(i | i.c2pos = bottom)
--2-- Requests travel "upward" only, i.e., they are sent through top interface
    -- and received through bottom interfaces.
let topInt = self.interface -> select(i | i.c2pos = top)in
let botInt = self.interface -> select(i | i.c2pos = bottom)in
topInt.operation -> forAll(o | o.c2MsgType = request)implies(o.c2MsgDir =
    out))and
botInt.operation -> forAll(o | o.c2MsgType = request)implies(o.c2MsgDir = in))
--3-- Notifications travel "downward" only. Similar to the constraint above.
--4-- Each C2Component has at least one instance in the running system.
    self.allInstances -> size >= 1
```

3. C2 的连接件

C2 的连接件与构件共享了很多约束,下面把构件和连接件当作不同的体系结构组成成分来处理。连接件可以不定义它自己的接口,其接口是由它连接的构件决定的。

与描述 C2 的构件一样,我们也可以使用实体类型来描述 C2 的连接件,下面,我们重用一些约束,再增加两个新约束。为了把构件的约束引入连接件中,首先,我们定义三个构件的附加属性,这些附加属性是决定构件接口所必需的。

表 4-26 中的实体类型使用了关联端的 multiplicity 属性,因为在 Association 和 AssociationEnd 之间的元级关联是有序的(ordered),所以 AssociationEnd 是一个序列而不是一个集合。但对 UML 来说,这种有序没有语义表示。

表 4-26 构件的附加属性

```
Stereotype C2AttachOverComp for instances of meta class Association
--1-- C2attachments are binary associations.
    self.associationEnd -> size = 2
--2-- One end of the attachment must be a single C2Component.
    let ends = self.associationEnd in
    ends[1].multiplicity.min = 1 and ends[1].multiplicity.max = 1 and
    ends[1].class.sterrotype = C2Component
--3-- The other end of the attachment must be a single C2Connector.
    let ends = self.associationEnd in
    ends[2].multiplicity.min = 1 and ends[2].multiplicity.max = 1 and
    ends[2].class.sterrotype = C2Connector

Stereotype C2AttachUnderComp for instance of meta class Association. Same as
C2AttachOverComp, but with the order reversed.

Stereotype C2AttachConnConn for intstance of meta class Association
```

—1— C2 attachments are binaty associations.
self.associationEnd -> size = 2
—2— Each end of the association must be on a C2 connector.
self.associationEnd -> forAll(ae | ae.multiplicity.min = 1 and
   ae.multiplicity.max = 1 and ae.class.stereotype = C2Connector)
—3— The two ends are not the same C2Connector.
self.associationEnd[1].class <> self.associationEnd[2].class

Stereotype C2Connector for instance of meta class Class
—1 through 3— Same as constraints 1-3 on C2Component.
—4— Each C2 connector has exactly one instance in the running system.
self.allInstances -> size = 1
—5— The top interface of a connector is determined by the components and
   connectors attached to its bottom.
let topInt = self.interface -> select(i | i.c2pos = top) in
let downAttach = self.associationEnd.associatin - >select(a |
   a.associationEnd[2] = self) in
let topsIntsBelow = downAttach.associationEnd[1].interface -> select(i | i.c2pos = top) in
topsInsBelow.operation -> asset = topInt.operation -> asset
—6— The bottom interface of a connector is determined by the components and
connectors attached to its top. This is similar to the constraint above.

4. C2 体系结构

C2 体系结构由构件和连接件组成，构件在 top 端可以与一个连接件关联，在 bottom 端与一个连接件关联，而一个连接件的 top 端或 bottom 端可以与任意数量的其他连接件的 top 端或 bottom 端关联。

表 4-27 中的实体类型中 oclIsKingdof 操作是所关联的模型实例中的元模型类的断言，当这个实例属于所指定的类或其子类时，断言为真。

表 4-27 C2 体系结构描述

Stereotype C2Architecture for instances of meta class Model
—1— The classes in a C2Architecture must all be C2 model elements.
Self.modelElement -> select(me | me.oclIsKingdof(Class))-> forAll(c |
   c.stereotype = C2Compnent or c.stereotype = c2Connector)
—2— The associations in a C2Architecture must all be C2 model elements.
Self.modelElement -> select(me | me.oclIskindof(Association))-> forAll(a |
   a.stereotype = C2AttachOverComp or
   a.stereotype = C2AttachUnderComp or
   a.stereotype = C2AttachConnConn)
—3— Each C2Component has at most one C2AttachOverComp.

```
let comps = self.modelElement -> select(me | me.stereotype = C2Component) in
comps -> forAll(c | c.associationEnd.association -> select(a | a.stereotype =
    C2AttachOverComp)-> size <= 1)
```
--4-- Each C2Component has at most one C2AttachUnderComp. Similar to the
constraint above.

--5-C2Connectors do not participater in any non-C2 associations.
```
let cons = self.modelElement -> select(me | me.stereotype = C2Connector) in
cons.associationEnd.association -> forAll(a | a.stereotype = C2AttachOverComp
or
a.stereotype = C2AttachUnderComp or
a.stereotype = C2AttachConnConn)
```
--6--C2Components do not participate in any non-C2 associations. Similar to
the constraint above, but without the third disjunct.

--7-- Each C2Connector must be attached to some connector or component.
```
let cons = self.modelElement -> select(e | e.stereotype = C2Connector) in
cons -> forAll(c | c.associationEnd -> size > 0)
```
--8-- Each C2Component must be attached to some connector. Similar to the
constraint above.

4.6 可扩展标记语言

软件体系结构描述语言 ADL 是一种形式化语言,它在底层语义模型的支持下,为软件的概念体系结构建模提供了具体语法和框架。ADL 强调的是概念体系结构,它通常要包含形式化的语义理论,并以此来刻画体系结构的底层框架。虽然这些特点使得用 ADL 描述软件体系结构时,具有精确、完全的特点,但也导致专业术语过多,语义理论过于复杂等问题,使其不利于向产业界推广。而 XML(extensible markup language,可扩展标记语言)被设计成简单和易于实现,并且由于 XML 在工业界广泛使用,因此,若能够用 XML 来表示软件体系结构,必将能极大推广软件体系结构领域的研究成果在软件产业界的应用。

4.6.1 XML 语言简介

1. XML 的发展

与 HTML(hypertext markup language,超文本标记语言)一样,XML 是从所有标记语言的元语 SGML(standard generalized markup language,标准通用标记语言)那里派生出来的。SGML 是一种元语言,也可以称为一个定义诸如 HTML 等标记语言的系统。XML 也是一种元语言,一个定义 Web 应用的 SGML 子集。和 SGML 一样,也可以用 XML 来定义种种不同的标记语言以满足不同应用的需要。

SGML、HTML 是 XML 的先驱。SGML 是国际上定义电子文件结构和内容描述的标准,是一种非常复杂的文档的结构,主要用于大量高度结构化数据的场合和其他各种工业领域,利于分类和索引。同 XML 相比,SGML 定义的功能很强大,缺点是它不适用于 Web 数据描述,而且 SGML 软件价格非常昂贵。HTML 的优点是比较适合 Web 页面的开发,但它的缺点是标记相对少,只有固定的一些标记集(例如〈p〉、〈strong〉等),缺少 SGML 的柔性和适应性,不能支持特定领域的标记语言,如对数学、化学、音乐等领域的表示支持较少。例如,开发者很难在 Web 页面上表示数学公式、化学分子式和乐谱。

XML 结合了 SGML 和 HTML 的优点并消除了其缺点。XML 比 SGML 要简单,但能实现 SGML 的大部分功能。1996 年的夏天,Sun Microssystem 的 John Bosak 开始开发 W3C SGML 工作组(现在称为 XML 工作组)。他们的目标是创建一种 XML,使其在 Web 中,既能利用 SGML 的长处,又保留 HTML 的简单性,现在目标基本达到。

但是,XML 并非 HTML 的直接替代品。在 XML 推荐标准(W3C 协会的对等标准)中,并没有任何与可视化表现形式有关的内容。与注重数据及其表达方式的 HTML 不同,XML 只关心数据本身。

在专业领域中,出现了 Web 标记语言的许多项目,著名的有 CML(化学标记语言),由 Peter Murray Rust 开发,同时也开发了第一个通用 XML 浏览器 Jumbo。在数学方面,IBM 公司致力于开发 MathML,1997 年 4 月,出版了 XLL 的第一个版本。1997 年 8 月,Microsoft 公司和 Inso 公司引入了 XSL(extensible stylesheet language,可扩展样式语言)。由于 XML 是纯结构和语义的,需要描述单个元素格式方法,可以使用 HTML 的 CSS,另一种方案是使用 XSL。1998 年 1 月,Microsoft 发行了 MSXSL 程序,可以利用 XSL 表和 XML 文档创建能被 IE 4.0 识别的 HTML 页面。1998 年 2 月,XML 1.0 成为了 W3C 的推荐标准。

最近几年,由于网络应用的飞速发展,XML 发展非常迅猛。出现了 DOM(document object model)、XSLT(XSL transformation)等新名词,XML 的应用软件也有了飞速的发展,Microsoft、IBM 和 Breeze 等公司纷纷推出了自己的解析器或开发平台。在 Microsoft、IBM 和 HP 等大公司的推动下,目前有两个著名的 XML 研究组织,分别是 Biztalk.com 和 Oaisis.org,由他们向 W3C 提出标准建议。

2. XML 标准及应用领域

XML 的广泛使用和巨大潜力使其在现在和将来成为不争的标准,随着越来越多的规范对 XML 的支持,使得 XML 的功能日趋强大,不仅在 Web 世界,而且在整个软件系统架构过程中都发挥出巨大的作用。XML 存在多种标准,除基本 XML 标准以外,其他标准定义了模式(schema)、样式表(XSL)、链接(Link)、Web 服务(Web services)、安全性等其他的重要项目。其主要包括 XML 规范、XML 模式(schema)、XSL、XSLT 和 Xpath、文档对象模型(DOM)、链接(Xlink)和引用(Xpointer)、SAX、JDOM、JAXP 和安全性标准。

虽然人们对 XML 的某些技术标准尚有争议,但是人们已经普遍认识到 XML 的作用和巨大潜力,并将 XML 应用到互联网的各个方面。考察现在的 XML 应用,可以大致将它们分为以下几类:

(1) 设计置标语言

设计置标语言也是设计 XML 的初衷。XML 设计的最初目的就是为了打破 HTML 语言的局限性，规范、有效、有层次地表示及显示原 HTML 页面所表示的内容。这里 XML 是作为一种元语言发挥作用的，是 SGML 的一个子集。

（2）数据交换

XML 除了能显示数据之外，还能作为一种数据的存储格式进行数据交换和传输。因为 XML 可以定义自己的标记，并给予这些标记一定的意义，从而使 XML 文档具有一定的格式，具有相同格式的文档即可进行数据交换。在此基础上发展起来的应用还有很多，例如替代 EDI，为电子商务的发展提供了更加广阔、更加廉价的空间。

（3）WEB 服务

目前 XML 最主要的应用就是构建 Web 服务（Web service）。Web 服务从技术上讲是"一个由可编程的应用逻辑装配的，可使用标准 Web 协议访问的组件"。大致上，任何浏览 Web 的人查看并使用 Web 服务。可以将 Web 服务看做一个接受客户请求的黑盒子，它可以执行特定的任务，并返回该任务结果。例如，常用的搜索引擎本质上就是一种 Web 服务，它的工作原理是：用户提交一个搜索表达式，它就编译出一系列匹配的站点，然后将其返回浏览器。此外，Web 服务还应用于集成不同的数据源、本地计算、数据的多种显示和网络出版、支持 Web 应用的互操作和集成等。

4.6.2 XML 相关技术简介

XML 主要是一种数据描述方法，其魅力要在与其相关的技术的结合中才能显示出来。XML 相关的技术有很多，但主要有三个，分别是 Schema、XSL 和 XLL（extensible link language，可扩展连接语言）。

1. DTD 与 Schema

DTD（document type definition，文档类型定义）和 Schema 是用来对文档格式进行定义的语言，就相当于数据库中需要定义数据模式一样，DTD 和 Schema 决定了文档的内容应该是些什么类型的东西。其中 DTD 是从 SGML 继承下来的，而 Schema 是专门为 XML 文档格式而设计的，它们都规定了 XML 文件的逻辑结构，定义了 XML 文件中的元素，元素的属性以及元素和元素之间的关系。现在，DTD 正在被 Schema 所取代。相比 DTD，XML Schema 不仅包含了它的所有功能，而且它本身就是规范的 XML 文档，而且还有以下一些显著的优点：

（1）丰富的数据类型

XML Schema 支持的数据类型包括数字型、布尔型、整型、日期型、URI 和十进制数等，而且还支持由这些简单的类型生成的更复杂的数据类型。而 DTD 将所有数据看作字符型或枚举字符型。

（2）可由用户自定义数据类型

Schema 表示一种无限的数据模型，它允许用户扩展变量并在没有验证文件的情况下设置元素之间的继承关系。而 DTD 使用有限的数据模型，它不允许任何形式的扩展。

2. CSS 和 XSL

由于 XML 是内容和格式分离的语言,所以需要专门的协议来定义 XML 文档的显示格式,CSS(Cascading Style Sheet,层叠样式表)和 XSL 就是用来定义 XML 文档显示格式的。其中 CSS 是随着 HTML 的出现而出现的,它是一种极其简单的样式语言;XSL 则是专门为 XML 设计的样式语言,它被定义为一套元素集的 XML 语法规范,该语法用来将 XML 文件转换为 HTML、XML 或者其他格式的文档。

3. Xpath,Xpointer 与 Xlink

Xpath、Xpointer 和 Xlink 都是用于扩展 Web 上的链接。

Xlink 是 XML 标准的一部分,用于定义对 XML 的链接。Xlink 与 HTML 中的〈a〉标记的功能很类似,Xlink 可以在 XML 文档中插入元素,用于创建不同资源间的链接。

Xpath 是一门语言,用于把 XML 文档作为带有各种结点的树来查看。使用 Xpath 可以定位 XML 文档树的任意结点。

在 XML 中,链接分为两部分,即 Xlink 和 Xpointer。Xlink 是 XML 的链接语言,用于描述一个文档如何链接到另一个文档。Xpointer 是 XML 语言的指针,用于定义如何寻址一个文档的各个组成部分。

Xpointer 是对 Xpath 的扩展,它可以确定结点的位置和范围,通过字符串匹配查找信息。Xlink 必须与 Xpath 或 Xpointer 配合工作。Xpath 或 Xpointer 用于定义文档链接的位置,Xlink 提供文档中链接位置上的实际链接。

4. XML 名字空间

当多个文档创建 DTD 或者 Schema 时,需要某种方式来确定每个定义的起源。名字空间(Namespace)的使用可以有效地防止名字冲突的发生。

5. XML 查询语句

与传统的数据库系统一样,基于 XML 查询语言对于 XML 应用也是十分必要的。XQL 和 XML-QL 是两种比较有影响力的查询语言。

XQL 是对 XSL 的一种自然的扩充,并在 XSL 的基础上提供了筛选操作、布尔操作和对结点集进行索引,并为查询、定位等提供了单一的语法形式。

6. 资源描述框架

元数据是有关数据的数据和有关信息的信息。元数据在 Web 上有很多用途,包括管理、搜索、过滤和个性化 Web 网站。

资源描述框架(resource description framework,RDF)就是用于编译、交换和重新使用结构化元数据的 W3C 指令的 XML 应用程序,它能使软件更容易理解 Web 站点的内容,以便可以发现 Web 站点上的资源。

7. DOM、SAX 和 XML 解析器

DOM 使用树状结构来表示 XML 文档，以便更好地看出层次关系，这是很直观、方便的方法。但用 DOM 处理 XML 文档，在处理前要对整个文档进行分析，把整个 XML 文档转换成树状结构放到内存中，在文档很大时将占用很大的内存空间。

SAX(simple API for XML，简单应用程序接口)的目的是为处理大型文档而进行优化的标准的解析接口。它是事件驱动的，每当它发现一个新的 XML 标记，就用一个 SAX 解析器注册句柄，激活回调函数。

XML Parser 解析器是一个用于处理 XML 文档的软件包，它为用户提供了操作 XML 文档的接口，以便减轻应用程序处理 XML 数据的负担。目前解析器的类型可以分为验证的和非验证的两种。

4.7 基于 XML 的软件体系结构描述语言

在软件体系结构的研究领域中，在体系结构描述上已经取得了很大的成就，出现了多种软件体系结构描述语言。然而，很难从这些语言当中挑选出一个比较通用的"超级"ADL，适用于软件工程的所有项目和各个领域。

人们自然地将 XML 文件与传统的文档联系在一起，XML 的弹性使其有能力去描述非文档信息模型，其中一个重要的应用就是作为 ADL。另外，因为 XML 标准已经迅速且广泛地在全球展开，许多大公司纷纷表示要对 XML 进行支持，所以 XML 更加有能力和潜力消除各种 ADL 无法统一的局面，使现在及将来的应用可以操作、查找、表现、存储这些 XML 模型，并且在软件环境和软件工具经常变换的情况下仍然保持可用性和重用性。

由于 XML 在体系结构描述上的许多优点，研究者们已经开发出了不同的基于 XML 的体系结构描述语言，如 XADL 2.0、XBA、ABC/ADL 等。本节主要介绍 xADL 2.0 和 XBA。

4.7.1 XADL 2.0

XADL 2.0 是一个具有高可扩展性的软件体系结构描述语言，它通常用于描述体系结构的不同方面。XADL 2.0 和其他的 ADLs(例如 Rapid、Wright 等)一样，在 XADL 2.0 中，对体系结构的描述主要由四个方面组成，分别是构件、连接件、接口和配置。

XADL 2.0 在所有的 ADLs 中具有很多独特的性质。首先，XADL 2.0 在结构上具有很好的扩展性；其次，XADL 2.0 作为一个模型化的语言而建立，它并不是为了描述某一模型而建立的单一语言，而是一个对模型描述的集合；XADL 2.0 能够随着模型的增加或者模型的扩展而发展成模型集。

XADL 2.0 的所有模型通过 XML Schema，使得 XADL 2.0 作为一个基于 XML 的语言。所有 XADL 2.0 的文档(例如体系结构描述)是有效的、遵循 XADL 2.0 模式的 XML 文档。另外，XADL 2.0 也能够被最终用户扩展或优化为部分领域的最优化 ADLs。表 4-28 是一个用 XADL 2.0 描述构件的例子。

表 4-28　XADL 2.0 描述构件的例子

```
⟨types:component xsi:type = "types:Component" types:id = "xArchADT"⟩
  ⟨types:description xsi:type = "instance:Description"⟩xArchADT⟨/types:description⟩
  ⟨types:interface xsi:type = "types:Interface" types:id = "xArchADT.IFACE_TOP"⟩
    ⟨types:description xsi:type = "instance:Description"⟩xArchADT Top Interface⟨/types:
      description⟩
    ⟨types:direction xsi:type = "instance:Direction"⟩inout⟨/types:direction⟩
    ⟨types:type xsi:type = "instance:XMLLink" xlink:type = "simple" xlink:href = "#
      C2TopType" /⟩
  ⟨/types:interface⟩
  ⟨types:interface xsi:type = "types:Interface" types:id = "xArchADT.IFACE_BOTTOM"⟩
    ⟨types:description xsi:type = "instance:Description"⟩xArchADT Bottom Interface⟨/types:
      descripton⟩
    ⟨types:direction xsi:type = "instance:Direction"⟩inout⟨/types:direction⟩
    ⟨types:type xsi:type = "instance:XMLLink" xlink:type = "simple" xlink:href = "#
      C2BottomType" /⟩
  ⟨/types:interface⟩
  ⟨types:type xsi:type = "instan0063e:XMLLink" xlink:type = "simple" xlink:href = "#xArchADT
    _type" /⟩
⟨/types:component⟩
```

1. XADL 2.0 的核心

XADL 2.0 模式的核心是实例模式，在 instances.xsd 文件中定义了实例模式，该模式是由 UC Irvine 和卡内基梅隆大学合作创建的。它定义了体系结构的构成的"最小公分母"和语义的中立者，因此，它不用逐步定义这些构成，以及行为的约束和规则。

在实例模式结构中定义了五个方面的内容，分别是构件实例（包括子体系结构）、连接件实例（包括子体系结构）、接口实例、连接实例和通用组。所有这些内容都归类在一个称为 ArchInstance 的顶层元素下。每一个 ArchInstance 元素对应一个概念上的体系结构单元。这些元素的 XML 关系如图 4-21 所示。

在 XADL 2.0 中，实例模式的元素通常被用于定义上述实例模式内容的运行时实例，它为运行时软件系统的部件提供了一个描述方法，相当于一个系统设计。

在 XADL 2.0 中，很多元素都具有 ID 和/或描述。IDs 和描述是首先被定义，并且始终贯穿于整个 XADL 2.0。标识符在详细的文档中是惟一的，它必须具有易读性，必要时可以作为帮助文件。创建描述的好处是当描述元素的标识符变动时容易阅读。

此外，实例模式定义了一个用于结束其他 XML 2.0 模式的 XML Link 的元素类型，它是连接其他的 XML 元素。由于 XLink 标准缺少对应工具的支持，XADL 2.0 从 XML 标准引入连接策略，XADL 2.0 文档的编写者应该遵循 XMLLinks 协议。

在 XADL 2.0 中，任何事物都具有一个用于识别 XMLLink（如事件存在的指向）的 ID。每一个 XMLLink 必须由 type 和 href 两个部分组成，而且都是通过 XLink 标准来定义的。href 域应该是由一个 URL 连接组成，http://server/directory/document.xml#id。这是

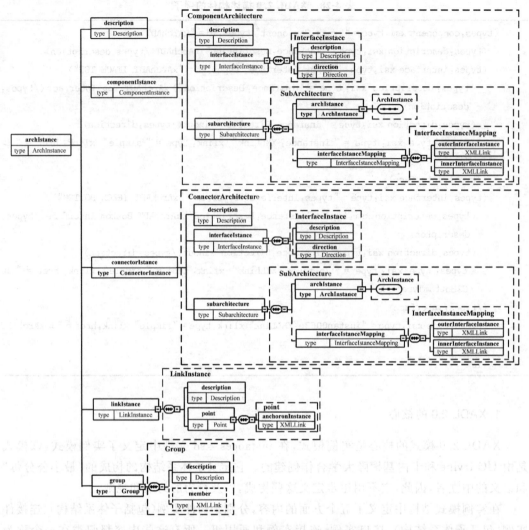

图 4-21 构件、连接件、连接实例及群组图

一个清楚的标记,完全指定了 URL 连接,它连接到一个文档,而且用于 URL 部分的锚(例如上面的"#"符号)指出了具体标记元素的标识符。

2. 实例模式的语义

一个体系结构实例是由一系列的构件实例、连接件实例和连接实例以及它们之间的组合构成。每一个构件和连接件实例都有一个接口实例集。另外,在此对这些元素设置的等级关系做了一个假设,假设如下:

- 每一个构件和连接件实例都有一系列的接口实例。这些接口属于对应的构件和连接件实例并为它们服务。也就是说,从一个构件或连接件实例到其他构件、连接件的数据传输必须通过这些接口。接口实例相当于构件、连接件实例的内部"网关",这和面向对象观点的接口是不一致的。
- 连接实例端点存在于普通的 XML 连接内,是用于连接两个接口实例的。因此,一个连接可能连接一个构件实例的接口实例 A 的"输入"细节,也可能是构件实例的接口实例 B 的"输出"细节。

- 连接实例是不定向的,这和指向顺序是不相关的。定向的数据流通过一个连接是由接口实例的方向(如"输入","输出"等)决定。
- 连接实例不能通过扩展把语义增加到连接上,如果连接已经具有语义,那么这个连接就是一个连接件。

构件、连接件、接口和连接的关系如图 4-22 所示。

图 4-22 显示,连接的端点是接口,接口是构件和连接件与外部联系的"网关"。上述例子用 XADL 2.0 术语表示如表 4-29 所示。

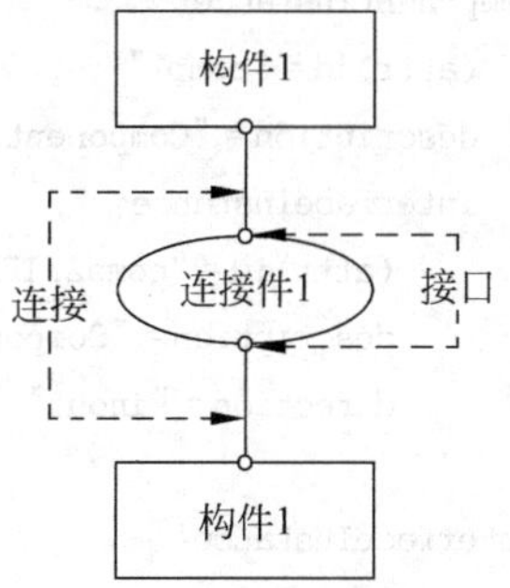

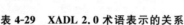

图 4-22 构件、连接件、接口和连接的关系

表 4-29 XADL 2.0 术语表示的关系

```
archInstance{
    componentInstance{
        (attr)id = "comp1"
        description = "Component 1"
        interfaceInstance
        (attr)id = "comp1.IFACE_TOP"
        description = "Component 1 Top Interface"
        direction = "inout"
        }
      interfaceInstance{
        (attr)id = "comp1.IFACE_BOTTOM"
        description = "Component 1 Bottom Interface"
        direction = "inout"
      }
    }
    connectorInstance{
        (attr)id = "conn1"
        description = "Connector 1"
        interfaceInstance{
            (attr)id = "conn1.IFACE_TOP"
            description = "Connector 1 Top Interface"
            direction = "inout"
        }
      interfaceInstance{
        (attr)id = "conn1.IFACE_BOTTOM"
        description = "Connector 1 Bottom Interface"
        direction = "inout"
```

续表

```
    }
}
componentInstance{
    (attr)id = "comp2"
    description = "Component 2"
    interfaceInstance{
        (attr)id = "comp2.IFACE_TOP"
        description = "Component 2 Top Interface"
        direction = "inout"
    }
    interfaceInstance{
        (attr)id = "comp2.IFACE_BOTTOM"
        description = "Component 2 Bottom Interface"
        direction = "inout"
    }
}
linkInstance{
    (attr)id = "link1"
    description = "Comp1 to Conn1 Link"
    point{
        (link)anchorOnInterface = "#comp1.IFACE_BOTTOM"
    }
    point{
        (link)anchorOnInterface = "#conn1.IFACE_TOP"
    }
}
linkInstance{
    (attr)id = "link2"
    description = "Conn1 to Comp2 Link"
    point{
        (link)anchorOnInterface = "#conn1.IFACE_BOTTOM"
    }
    point{
        (link)anchorOnInterface = "#comp2.IFACE_TOP"
    }
}
}
```

3. XADL 2.0 的类系统

在软件体系结构研究范围内，类的精确含义和用法一直是一个激烈讨论的主题。有些方法采用相当传统的程序语言中的类和实例模型；其他的采用类的约束模型，即一个类是一个对整个元素的简单约束，任何元素所有的约束都是属于类的。

XADL 2.0 采用的是基于程序语言的类和实例模型。在这个模型中，构件、连接件和接口都有类（分别是构件类，连接件类，接口类）。由于连接不包含任何的体系结构语义，因此连接是不存在类的。类、结构和实例之间的关系如表 4-30 所示。

表 4-30 类、结构和实例之间的关系表

Instance(Run-time)	Structure(Design-time)	Type(Design-time)
Component Instance	Component	Component Type
Connector Instance	Connector	Connector Type
Interface Instance	Interface	Interface Type
Link Instance	Link	(None)
Group	Group	(None)

由于在实际的软件体系结构中，构件、连接件和接口可以存在非常相似的多重元素，它们可能共享行为或一个执行，所以构件、连接件和接口可以被类化。

所有相关的类结构通过一个叫做 ArchTypes 的顶层 XML 元素来组织。XADL 2.0 结构中可用的模型化体系结构类有构件类和连接件类。

模型化体系结构类语义时应该包括署名和设计时的子体系结构，具体内容读者可以参考 UCI 的 XADL 2.0 的相关文献。

4.7.2 XBA

作为一种体系结构描述语言，XBA 主要是把 XML 应用于软件体系结构的描述，通过对组成体系结构的基本元素进行描述，同时利用 XML 的可扩展性，对现有的各种 ADL 进行描述及定义。

XBA 主要围绕体系结构的三个基本抽象元素（构件、连接件和配置）来展开，它实现了一种切实可行的描述软件体系结构的方法。下面通过一个实例来对 XBA 进行说明。

图 4-23 给出了简单的客户机/服务器结构，在图 4-23 中，Client 和 Server 是两个构件，Rpc 为连接件，构件和连接件的实例构成了这个 C-S 系统的配置。

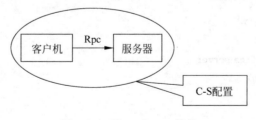

图 4-23 Client-Server 结构

在 XBA 里，一个构件描述了一个局部的、独立的计算，对一个构件的描述有两个重要的部分，即接口（interface）和计算（computation）。一个接口由一组端口（port）组成，每一个端口代表这个构件可能参与的交互。计算部分描述了这个构件实际所做的动作。

针对图 4-23 的体系结构风格，XBA 对构件类型的 XML Schema 形式的定义如表 4-31 所示。

表 4-31　XBA 对构件类型的 XML Schema 形式的定义

```
⟨complexType name = "componentType"⟩
    ⟨sequence⟩
        ⟨element name = "Port" type = "portType" minOccurs = "0" maxOccurs = "unbounded"⟩
        ⟨element name = "Computation" type = "computationType" minOccurs = "0"⟩
        ⟨element name = "Port" type = "portType" minOccurs = "0" maxOccurs = "unbounded"⟩
    ⟨/sequence⟩
    ⟨attribute name = "Name" type = "string"/⟩
⟨/complexType⟩
⟨complexType name = "portType"⟩
    ⟨element name = "Description" type = "string" minOccurs = "0"/⟩
    ⟨attribute name = "Name" type = "string"/⟩
⟨/complexType⟩
⟨complexType name = "computationType"⟩
    ⟨element name = "Description" type = "string"/⟩
    ⟨attribute name = "Name" type = "string"/⟩
⟨/complexType⟩
```

一个连接件代表了一组构件间的交互关系,使用连接件的一个主要好处就是它能通过结构化一个构件与系统的其他部分交互的方式,增加了构件的独立性。一个连接件实际上提供了构件必须满足的一系列要求和一个信息隐藏的边界,这个边界阐明了构件对外部环境的要求。表 4-32 给出了连接件 Rpc 的 XBA 描述。

表 4-32　XBA 对连接件的描述

```
⟨Connector name = "Rpc"⟩
    ⟨Role name = "Source"⟩
        ⟨Description⟩
        Get request from client
        ⟨/Description⟩
    ⟨/Role⟩
    ⟨Role name = "Sink"⟩
        ⟨Description⟩
        Give request from server
        ⟨/Description⟩
    ⟨/Role⟩
    ⟨Glue⟩
    Get request from Client and pass it to server through some protocol
    ⟨/Glue⟩
⟨/Connector⟩
```

为了描述整个软件体系结构,构件和连接件必须合并为一个配置。一个配置就是通过连接件连接起来的一组构件实例。图 4-23 的客户机/服务器体系结构的 XBA 描述如表 4-33 所示。

表 4-33　XBA 对配置的描述

```
〈Configuration name = "Client-Server"〉
  〈Component name = "Client"〉
  〈Component name = "Server"〉
  〈Component name = "Rpc"〉
  〈Instance〉
     〈ComponentInstance〉
       〈ComponentName〉MyClient〈/ComponentName〉
       〈ComponentType〉Client〈/ComponentType〉
     〈/ComponentInstance〉
     〈! -- ect --〉
     〈ConnectorInstance〉
       〈ComponentName〉MyRpc〈/ComponentName〉
       〈ComponentType〉Rpc〈/ComponentType〉
     〈/ConnectorInstance〉
  〈/Instance〉
  〈Attachments〉
     〈Attachment〉
       〈From〉MyClient.request〈/From〉
       〈To〉MyRpc.Source〈/To〉
     〈Attachment〉
     〈! -- ect --〉
  〈/Attachments〉
〈/Configuration〉
```

为了区分一个配置中出现的每一个构件和连接件的不同实例，XBA 要求每一个实例都有明确的命名，并且这个命名应惟一。Attachments 通过描述有哪些构件参与、相关构件交互组成了一个配置的布局或称为拓扑(topology)，这是通过构件的端口和连接件的角色联系在一起来完成的。

通过利用 XML Schema 的扩展性机制，还可以方便地通过 XBA 核心 XML Schema 定义来获得新的可以描述其他 ADL 的 XML Schema。

采用 XBA 描述软件体系结构的主要优点是：

(1) XBA 具有开放的语义结构，继承了 XML 的基于 Schema 的可扩展机制，在使用了适当的扩张机制之后，XBA 可以表示多种体系结构风格，而且可以利用 XML Schema 的 include 和 import 等机制来复用已经定义好的 XML Schema，实现 ADL 的模块化定义。

(2) 利用 XML 的链接机制，可以实现体系结构的协作开发。可以先把体系结构的开发分解，由不同的开发者分别开发，然后利用 XML 的链接机制把它们集成起来。

(3) 易于实现不同 ADL 开发环境之间的模型共享。可能会存在多种基于 XML 的 ADL 开发工具，尽管它们所使用的对 ADL 的 XML 描述会有不同，但通过 XSLT 技术，可以很方便在对同一体系结构的不同 XML 描述之间进行转换。

主要参考文献

[1] 张友生. 软件体系结构的描述方法. 程序员, 2002(11): 44~46

[2] 于卫, 杨万海, 蔡希尧. 软件体系结构的描述方法研究. 计算机研究与发展, 2000(10): 1185~1191

[3] 孙志勇, 刘宗田, 袁兆山. 软件体系结构描述语言 ADL 及其研究发展. 计算机科学, 2000(1): 36~39

[4] 孙昌爱, 金茂忠. 软件体系结构描述研究与进展. 计算机科学, 2003(2): 136~139

[5] 周之英. 现代软件工程[中]. 北京: 科学出版社, 2000.1

[6] 蒋慧, 吴礼发, 陈卫卫. UML 设计核心技术. 北京: 希望电子出版社, 2001.1

[7] N. Medvidovic. A classification and comparison framework for software architecture description languages. Feb. 1996

[8] D. Garlan and et al. ACME: an architectural interconnection language. Technical Report, CMU-CS-95-219

[9] N. Medvidovic and et al. Modeling software architectures in the unified modeling language. Aug. 2000

[10] Luckham, C. David and et al. Specification and analysis of system architecture using rapide. IEEE Transactions on Software Engineering 21, 6(April 1995): 336~355

[11] M. Shaw and et al. Abstractions for software architecture and tools to support them. IEEE Transactions on Software Engineering 21, 6(April 1995): 314~335

[12] D. Garlan, R. Allen and J. Ockerbloom. Exploiting style in architectural design environments. SIGSOFT Software Engineering Notes 19, 5(December 1994): 175~188

[13] D. Garlan and M. Shaw. An introduction to software architecture. Advances in Software Engineering and Knowledge Engineering Volume 2. New York, NY: World Scientific Press, 1993

[14] D. Garlan and R. Allen. Formalizing architectural connection. Proceedings of the 16th International Conference on Software Engineering. Sorrento, Italy, May 16-21, 1994. Los Alamitos, CA: IEEE Computer Society Press, 1994

[15] D. E. Perry and A. L. Wolf. Foundations for the study of software architectures. SIGSOFT Software Engineering Notes 17, 4(October 1992): 40~52

[16] M. Shaw and D. Garlan. Perspective on An Emerging Discipline: Software Architecture. Englewood Cliffs, NJ: Prentice Hall, 1996

[17] IEEE's recommended practice for architecture description. IEEE 1471—2000

[18] 裴剑锋, 高伟, 徐继伟等. XML 高级编程. 第二版. 北京: 机械工业出版社, 2005.1

[19] Eric M Dashofy, Andre van der Hoek, Richard N Taylor. A highly extensible, XML-based architecture description language. In: Proc of the Working IEEE/IFIP Conf on software Architectures. Los Alamitos, CA: IEEE Computer Society Press, 2001. 103~112

[20] 赵文耘, 张志. 基于 XML 构架描述语言 XBA 的研究. 电子学报, 2002(12): 2036~2039

[21] 王晓光, 冯耀东, 梅宏. ABC/ADL: 一种基于 XML 的软件体系结构描述语言. 计算机研究与发展, 2004(9): 1521~1531

[22] J Magee, N Dulay, S Eisenbach, J Kramer. Specifying distributed software architecture [A]. In: Proc. Fifth European Software Eng. Conf [C]. ESEC, 1995

[23] Gregory Abowd, Robert Allen, David Garlan. Using style to understand descriptions of software architecture, In: Proc of SIGSOFT'93. New York: ACM Press, 1993, 9~20

[24] 郭莹. 软件体系结构及其描述初探[硕士学位论文]. 东北财经大学, 2003

[25] 徐永诚, 赵曦滨, 邢桂芳. XML 在 C/S 与 B/S 混合体系结构下的应用. 计算机应用研究, 2002, 148~150

[26] xADL 2.0 Concept and Info. 2003.1
http://www.isr.uci.edu/projects/xarchuci/guide.html

第5章 动态软件体系结构

当前,软件体系结构研究主要集中在静态体系结构上,这种体系结构在运行时不能发生改变。但是一些需要长期运行并且具有特殊使命的系统(例如金融系统、航空航天系统、交通系统、通信系统等),如果系统需求或环境发生变化,此时停止运行进行更新或维护,将会引起高额的费用和巨大的风险,对系统的安全性也会产生很大的影响。静态体系结构缺乏表示动态更新的机制,很难用它来分析描述这样的系统。因此,有关学者开始研究动态软件体系结构(dynamic software architecture),主要研究软件系统由于特殊需要必须在连续运行情况下的体系结构变化与支撑平台。

2000年世界计算机大会提出,软件体系结构中最为重要的三个研究方向是:体系结构风格、体系结构连接件和动态体系结构。将动态体系结构的研究作为三大重要的研究方向之一,再次说明动态软件体系结构的重要性。

5.1 动态软件体系结构概述

历经传统的结构化开发方法和面向对象开发方法,基于软件体系结构、构件的开发方法已经逐渐成为当前软件开发的主流,软件开发的基本单位已从传统的代码行、对象类转变为各种粒度的构件,构件之间的拓扑结构形成了软件体系结构。这种转变给软件开发带来更多的灵活性,可以通过构件重用和替换来实现,即实现构件的"即插即用"。而灵活性的一方面就是动态性。在软件体系结构层次上实现动态性会给大型软件系统的开发提供可扩展性,用户自定义和可演化性。而且,软件体系结构的动态改变和演化对于需要长期运行或具有特殊任务的系统尤其重要。

由于系统需求、技术、环境、分布等因素的变化而最终导致软件体系结构的变动,称之为软件体系结构演化。软件系统在运行时刻的体系结构变动称为体系结构的动态性,而将体系结构的静态修改称为体系结构扩展。体系结构的扩展和体系结构的动态性都是体系结构适应性和演化性的研究范畴。

体系结构的动态性主要分为三类。

① 交互式动态性。例如允许在复合构件的固定连接中改变数据。

② 结构化动态性。例如允许对系统添加或删除构件或连接件。

③ 体系结构动态性。例如允许构件的整个配置改变。

允许在系统运行时发生更新的软件体系结构称为动态软件体系结构,动态体系结构在系统被创建后可以被动态地更新。系统结构的动态改变将会影响正在运行的系统的内部计算,这使得运行系统的动态更新变得很复杂且难以很好地解决。目前,一些主流操作系统和部分构件对象模型中,更新机制已经得到一些应用,例如 UNIX 内核动态链接库、CORBA 和 DCOM 中的构件组装机制等。这些机制允许系统在运行时添加新的库并执行,使得系统在不需要重编译的情况下进行更新。

目前,动态体系结构的研究主要分为两个方面,一个方面是研究模拟和描述体系结构动态更新的语言,另一个方面是研究支持体系结构动态更新的执行工具。

1. 模拟和描述体系结构动态更新

ADL 提供了一种形式化机制来描述软件体系结构,这种形式化机制主要通过提供语法和语义描述来模拟构件、连接件和配置。但是,大多数 ADL 只描述系统的静态结构,不支持对体系结构动态性的描述。

近年来,对这一方面的研究主要集中在对现有的一些 ADL 扩展以支持体系结构的动态性,现已研究出一些支持动态体系结构的 ADL。在动态体系结构建模和描述方面,C2 支持结构动态性,它定义了专门支持体系结构修改的描述语言 AML;Darwin 对软件体系结构的修改采用相应的脚本语言,它具有惰性和动态实例化两种动态机制,但它只涉及计算结构单元,对于事物逻辑和体系结构配置的互动没有考虑;Unicon 只提供了有限的机制定义新的连接件类型,不能描述运行状态下的体系结构变化;Wright 通过事件和控制视图决定重新配置的条件和如何触发重新配置,具有一定的动态体系结构描述能力,但它侧重于动态的体系结构形式,缺乏很强的结构单元动态特征。同时,引入外界不透明的控制事件也影响了它的可复用性。

2. 体系结构动态更新的执行

对于动态体系结构应用方面的研究,还很不成熟。目前,支持动态体系结构机制的主要有 ArchStudio 工具集和软件体系结构助理(software architecture assistant,SAA)。

ArchStudio 工具集是由加州大学 Irwine 分校提出,它支持交互式图形化描述和 C2 风格描述的体系结构的动态修改,概念模型如图 5-1 所示。

运行系统的改变通过一系列工具反映到体系结构模型上,例如脚本语言的改变和交互式的图形设计环境。体系结构的改变包括增加、删除或更新构件、连接件,系统拓扑结构发生改变。体系结构演化管理机制(architecture evolution manager,AEM)通报这些改变,并有权力撤销破坏系统整体性的改变。如果改变没有破坏系统的整体性,AEM 就对系统的执行作相应的改变。

SAA 是由伦敦皇家学院提出的,它也是一种交互式图形工具,可以用来描述、分析和建立动态体系结构。体系结构设计人员可以用 SAA 来图形化地描述 Darwin 系统结构模型、用一些外部工具来分析结构,并生成框架代码。尽管 SAA 提供了智能化图形设计,但它不支持运行系统的监控和操作。

当前主流的体系结构模型 CORBA、COM/DOM、EJB 等,都不支持体系结构的动态更

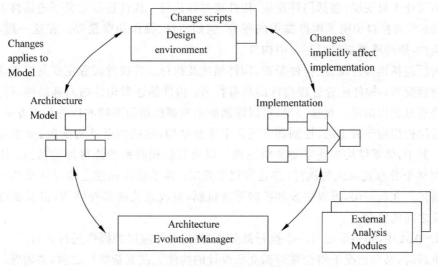

图 5-1 ArchStudio 概念模型

新。同时,动态体系结构由于其本身的复杂性,比静态体系结构需要更多的形式化描述机制和分析工具,形式化描述机制用来描述运行时的更新,分析工具用来帮助验证这些更新的属性。由于缺乏通用的结构模型、有效的形式化描述机制和分析工具,使得目前学术界对于动态体系结构的研究还不成熟,处于摸索阶段。

5.2 软件体系结构动态模型

5.2.1 基于构件的动态系统结构模型

1. 模型简介

基于构件的动态系统结构模型(component based dynamic system architecture model,CBDSAM 模型)支持运行系统的动态更新,该模型分为三层,分别是应用层、中间层和体系结构层,其结构如 5-2 所示。

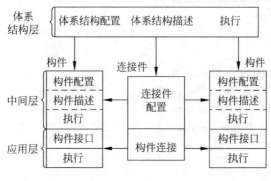

图 5-2 CBDSAM

应用层处于最底层,包括构件连接、构件接口和执行。构件连接定义了连接件如何与构件相连接;构件接口说明了构件提供的服务,例如消息、操作和变量等。在这一层,可以添加新的构件、删除或更新已经存在的构件。

中间层包括连接件配置、构件配置、构件描述及执行。连接件配置主要是管理连接件及接口的通信配置;构件配置管理构件的所有行为;构件描述对构件的内部结构、行为、功能和版本等信息加以描述。在这一层,可以添加版本控制机制和不同的构件装载方法。

体系结构层位于最上层,控制和管理整个体系结构,包括体系结构配置、体系结构描述和执行。其中,体系结构描述主要是描述构件以及它们相联系的连接件的数据;体系结构配置控制整个分布式系统的执行,并且管理配置层;体系结构描述主要对体系结构层的行为进行描述。在这一层,可以更改和扩展更新机制,更改系统的拓扑结构,以及更改构件到处理元素之间的映射。

CBDSAM 中,每一层都有一个执行部分,主要是对相应层的操作进行执行。

在更新时,必要情况下将会临时孤立所设计的构件。在更新执行之前,要确保:
① 所涉及的构件停止发送新的请求。
② 在更新开始之前,连接件的请求队列中的请求全部已被执行。

而且,模型封装了连接件的所有通信,这样可以很好的解决动态更新时产生的不一致性问题。

2. 更新请求描述

更新可以由用户提出,也可以由系统自身发出请求。表 5-1 描述了一个包含多种更新操作的更新请求实例。

表 5-1 更新描述实例

```
⟨updata_descriptor⟩
  ⟨add_obj to = "server01//comp1"⟩
    ⟨object name = "C"⟩
      ⟨implemetation⟩...⟨/implementation⟩
    ⟨/object⟩
  ⟨/add⟩
  ⟨remove_obj from = "server01//comp1"⟩
    ⟨object name = "D"⟩
    ⟨/object⟩
  ⟨/remove⟩
  ⟨updata_obj in = "server01//comp1"⟩
    ⟨object name = "A" method = "replace"⟩
      ⟨old_version⟩1.0⟨/old_version⟩
      ⟨new_version⟩1.1⟨/new_version⟩
      ⟨implemetation⟩...⟨/implementation⟩
    ⟨/object⟩
  ⟨updata⟩
  ⟨updata_obj in = "server01//comp1"⟩
```

续表

```
    〈object name = "B" method = "dynamic"〉
        〈old_version〉1.0〈/old_version〉
        〈new_version〉1.1〈/new_version〉
        〈updata_function〉...〈/updata_function〉
        〈implemetation〉...〈/implementation〉
    〈/object〉
  〈updata〉
〈updata_description〉
```

一般来说更新描述包括以下几个部分。
① 更新类型(updata type)：包括添加、删除和修改一个新的构件。
② 更新对象列表(list of updata objects)：需要更新对象类的 ID 号。
③ 对象的新版本说明(new version of objects)：对象的新版本执行情况。
④ 对象更新方法(updata method)：更替、动态和静态。
⑤ 更新函数(updata function)：用来更新一个执行对象进程的状态转换函数。
⑥ 更新限制(updata constraints)：描述更新(包括子更新)和它们之间的关系的序列，例如只有对象 A 的版本 $\geqslant 2.0$ 时，对象 A 才能被更新。

3. 更新执行步骤

按照 CBDSAM 的结构，对系统进行更新，一般来说，有以下几个步骤。
① 检测更新的范围：在执行更新之前，首先要判断是局部更新还是全局更新，局部更新作用于需更新构件的内部而不影响系统的其他部分。全局更新影响系统的其他部分，全局更新需要发送请求到更高的抽象层。
② 更新准备工作：如果更新发生在应用层，构件配置器等待参与的进程(或线程)发出信号，以表明它们已处于可安全执行更新的状态；如果更新发生在配置层，就需要等待连接件中断通信，其他构件配置器已完成它们的更新。
③ 执行更新：执行更新，并告知更新发起者更新的结果。
④ 存储更新：将构件或体系结构所作的更新存储到构件或者体系结构描述中。

4. 实例分析

下面通过局部更新和全局更新来分析 CBDSAM 是如何支持体系结构动态更新的。
(1) 局部更新

局部更新由于只作用于需要更新的构件内部，不影响系统的其他部分，因此比全局更新要简单，步骤如图 5-3 所示。

图中线条人表示更新发起者，更新发起者可以是系统的某一状态，也可以是系统用户。构件 A 和构件 C 通过连接件 B 连接，构件 A 内部需要更新。局部更新请求可按下列步骤执行：
① 更新发起者发出一个更新请求，这个请求被送到构件 A 的配置器中，构件配置器将分析更新的类型，从而判断它是对象的局部更新；

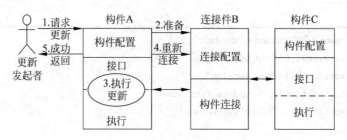

图 5-3 局部更新

② 由于更新为局部更新,构件 A 的配置器发出一个信号给连接件以隔离构件 A 的通信,准备执行更新;

③ 构件 A 的配置器开始执行更新;

④ 更新执行完毕后,构件 A 的构件描述被更新,并且构件 A 发送一个消息给连接件 B,两者间的连接被重新存储起来;

⑤ 将更新结构返回给更新发起者。

由上述分析可知,在整个更新过程中,构件 C 都没有受到影响,这说明按照 CBDSAM 的方法,不会影响系统的其他部分运行。

(2) 全局更新

下面以一个 Client/Server 系统动态更新实例来说明 CBDSAM 在全局更新中的应用。在这个例子中,要求更新某一 Server 构件。按照 CBDSAM,在此采用 UML 的时序图来描述动态更新过程,如图 5-4 所示。

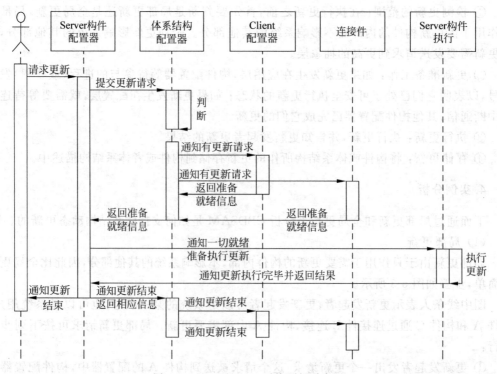

图 5-4 Client/Server 系统更新时序图

根据图 5-4 的描述，更新过程如下：

① Server 构件配置器接收到更新发起者提出的更新请求后，向体系结构配置器提出更新请求。

② 体系结构配置器对更新请求的类型进行分析，判断是否在更新请求限制（属于全局更新还是局部更新）范围内，不在更新范围内的更新不予执行；如果在更新限制范围内，体系结构配置器对更新所涉及的连接件和构件（本例中为 Client 构件和连接件）发出消息，要求它们做好更新准备工作。

③ 准备工作完成后，Client 构件配置器和连接件向体系结构配置器返回就绪信息。

④ 一切准备就绪后，体系结构配置器通知 Server 构件进行更新。

⑤ 更新执行完毕后，向 Server 构件配置器、体系结构配置器和更新发起者通知更新执行完毕并返回更新结果；同时，体系结构配置器通知 Client 构件和连接件更新结束，可继续正常运行。

这样，在没有影响系统的运行情况下，按照更新发起者的要求对系统进行了更新，并维护了系统的一致性。

5.2.2 πADL 动态体系结构

1. πADL 体系结构描述框架定义

πADL 借鉴、遵循 ACME、Wright 等给出的已被广泛认同的体系结构描述框架，提供专门的标记符号，围绕体系结构抽象级别的实体如构件、连接件、系统配置、体系结构风格等进行体系结构建模。

表 5-2 运用扩充的 BNF 范式给出 πADL 描述体系结构的框架。其中，运用"//"标记注释，[1…]表示其中的项出现一次。[01…]表示其中的项出现 0 次或 1 次，[1+…]表示其中的项出现 1 次或多次，[0+…]表示其中的项出现 0 次或多次。

表 5-2 πADL 体系结构描述语言的 BNF 范式定义

```
//单个系统的体系结构描述
πADL Architecture Specification::= System System_Name
[1  Type_Specification]
[1  Configuration_Specification]
[0+ Constraint_specification]
[End System_Name]
//体系结构风格描述
πADL Architecture Style Specification::= Style Style_Name
[1  Idiom_Specification]
[01 Configuration_Specification]
[0+ Constraint_Specification]
End style_Name
//类型定义
Type_specification::= Type
```

```
    [1+  Component_Specification]
    [1+  Connector_Specification]
Configuration_Specification::=[1 Instance_Specification][1 Assemble_Specification]
//构件定义
Component_Specification::=Atomic_Component|COMPOITE_COMPONENT
//构件定义时可以规定它的参数
Atomic_component::=Component Com_Name[01Parameter_Specificatica]
    [1+  Port_Specification]
    [1  Computation_Specification]
//端口的行为用扩充的 π 进程、接口类型或参数定义
[Port_Specification::=Port PName = EXTENDED_π_PROCESS|Interface_Name|Parameter_Name]
[Computation_Specification::=Computation = EXTENDED_π_PROCESS]
//连接件描述
Connector_Specification::=Atomic_Connector|COMPOITE_CONNECTOR
//连接件定义时可以规定它的参数
Connector_Specification::=connector Con_Name[01 Parameter_Specification]
    [1+  Role_Specification]
    [1  Clue_Specification]
//角色的行为用扩充的 π 进程、接口类型或参数定义
[Role_Specification::=Role RName = EXTENDED_π_PROCESS|Interface_Name|Parameter_Name]

[Glue_Specification::=Glue = EXTENDED_π_PROCESS]
//实例规约:
Instance_Specification::=Instances:[1+  Instance_Ddfinition]
Instance_Definition::=[1  Component_Definition|Connector_Definition]
//实例定义时,可能需要设定相关参数
Component_Definition::=[1+Com_Name[01(Actual_parameter)]]:Com_type
Connector_Definition::=[1+Com_Name[01(Actual_parameter)]]:Com_type
//组装规约
Assembly_Specification::=Assembly:
[1 Connection_Assembly|SIMPLE_ASSEMBLY|REPLICATE_ASSEMBLY]
Connection_Assembly::=[1+Com_Name.Pname AttachTo Con_Name.Rname]
//风格规约
Idiom_Specification::=[1+Interface_Specification|Component_Specification
                      |Connector_Specification]
Interface_Specification::=Interface_Name = EXTENDED_π_PROCESS
//参数可以是进程、整数、行为名字或其他,πADL 规定的任意部分可为参数
Parameter_Value::=EXTENDED_π_PROCESS|INT|Action_Name|OTHER
//名字规约
Com_Name::=IDENTIFIER          Com_Type::=IDENTIFIER
Con_Name::=IDENTIFIER          Con_Type::=IDENTIFIER
PName::=IDENTIFIER             RName::=IDENTIFIER
Config_Name::=IDENTIFIER       Style_Name::=IDENTIFIER
Interface_Name::=IDENTIFIER    Parameter_Name::=IDENTIFIER
Parameter_Type::=IDENTIFIER    Action_Name::=IDENTIFIER
```

πADL 既能描述单个系统的体系结构，又能描述代表一类系统的体系结构风格，并且支持体系结构的层次配置，支持动态体系结构和体系结构演化。

2. πADL 动态体系结构建模方法

π 演算是 20 世纪 90 年代计算机并行理论领域最重要的并发计算模型，能够描述结构不断变化的并发系统。πADL 借鉴了 Wright 提供的体系结构建模框架和思想，利用 π 演算的动态建模能力，通过连接件实现动态配置。πADL 动态体系结构建模的基本思路如下：

（1）构件的 Computation（计算）、连接件的 Glue（胶水）进程中，插入用于体系结构动态演化的特定控制名字，表达体系结构动态演化的起因和安全地进行动态演化的时间。

（2）运用 π 演算作为统一的形式语义基础，建立单独的动态配置进程，形式化描述体系结构动态演化方案。它与构件、连接件的 Computation 进程、Glue 进程进行相互交互和作用，总体控制体系结构动态演化。

（3）运用 π 演算固有的动态建模能力，通过连接件动态输入不同构件的交互行为名字，实现与构件的动态连接和交互，并据此给出体系结构动态配置的形式语义。

πADL 进行动态体系结构建模的具体方法如下：

（1）对体系结构动态配置的起因建模。πADL 在构件的 Computation 进程、连接件的 Glue 进程中向配置进程输出特定的控制名字，表达引发动态配置的内部原因，如输出 Error、Exception 表达构件或连接件内部发生错误或异常，要求配置进程进行动态配置。而在配置进程中从外部环境输入特定的控制名字，表达体系结构动态配置的外部原因。如 RequestUpgrade 表示用户要求服务升级。

（2）对体系结构动态配置的时间建模。πADL 在构件的 Computation 进程、连接件的 Glue 进程中向配置进程中插入特定的控制名字 BeginOK，表达它们运行时刻到该处的时候，处于一个安全的状态，能够开始接受动态配置指令，进行系统演化。

（3）对体系结构动态配置的非瞬时性建模。πADL 根据体系结构配置方案，在构件的 Computation、连接件的 Glue 进程中向配置进程引入特定的控制名字 EndOK，与配置进程的相关行为同步，控制构件或连接件，使它们只有在动态配置结束后，才能重新启动执行。

（4）对构件从断点开始继续执行的能力进行建模。根据 πADL 动态体系结构建模语义，构件从连接件上撤换下来时，系统中不再存在能够与之交互的进程，它的交互要求不能得到满足，故不能继续运行。当它再次与连接件连接时，连接件输入它的交互行为名字，从而能够与它交互，构件得以在断点开始继续执行。

（5）对体系结构动态变化的基本操作建模。πADL 运用特定的动作名字表示动态配置的基本操作。$\tau\_New\_Iname\_Tname$ 表示生成类型 Tname 的实例 Iname，τ_Delete_Iname 表示删除构件或连接件实例 Iname。$\tau\_Delete\_Attach\_M\_N\_TO\_I\_J$、$\tau\_Detach\_M\_N\_From\_I\_J$ 分别表示在端口 M.N 和角色 I.J 之间建立连接和撤销连接。它们都是配置进程的内部行为。

（6）对体系结构动态演化的方案建模。πADL 运用 π 演算作为统一的语义基础，建立专门的动态配置进程 Dynamic_Configuror，描述体系结构动态演化的方案。Dynamic_Configuror 模拟一个监控进程，根据系统运行情况和环境变化因素，实施相应动态变化方案。Dynamic_Configuror 通过专门的通道 X_Config、En_Config 与实例 X、En 外部环境进行通信,协调体系结构动态变化的诸多因素,控制体系结构动态变化。运用 BNF 范式,定义 Dynamic_Configuror 的语法和结构如表 5-3 所示。其中,单字母的终结符运用双引号标记,如"+"表示 π 演算的"和"运算符。

表 5-3　定义 Dynamic_Configuror 的语法和结构

```
//动态配置进程包括两个部分:系统初始配置和动态配置
DYNAMIC_CONFIGUROR ::= Dynamic_Configuror
    [1 Initial_Configuration_Instruction]        //系统初始配置指令
    [1 Dynamic_Configuration_Program]            //系统动态配置方案
//执行系列配置动作,创建初始系统,并执行动态监控进程 Dconfiguror
Initial_Configuration_Instruction ::= [1 + Action"."]Dconfiguror
//动态配置方案给出 Dconfiguror 的定义,它监控系统和环境,并执行动态配置
    Dynamic_Configuration_Program ::= Dconfiguror =
      [01   System_Monitor]                      //系统监控部分
      [01  " +"Envirenment_Monitor]              //环境监控部分
//从多个构件或连接件实例接受动态配置的控制信息并执行动态配置规则
System_Monitor ::= [1   X_EnConfig(y).Rule][0 + " +"X_Config(y).Rule]
//环境监控部分接受环境的动态配置信息并执行动态配置规则
Envirenment_Monitor ::= En_Config(y).Rule
//根据收到的各种控制信息,执行具体的动态配置方案
Rule ::= [1   ([y=controlname].Subrule[0 + " +"[y=controlname].Subrule]
//向多个相关实例发布动态配置开始指令
Begin_Config ::= [1 +    X_Config⟨BeginOk⟩"."]
//执行多个动态配置行为
Dynamic_Cofig ::= [1 + Action"."]
//向多个相关实例发布动态配置结束指令,并循环执行动态配置方案 Dconfiguror
End_Config ::= [1 +   X_Config⟨EndOk⟩"."]Dconfiguror
//配置基本命令包括实例的生成和删除,连接关系的建立和撤销
Action ::= τ_New_Iname_Tname | τ_Delete_Iname |
           τ_Attach_M_N_TO_I_J | τ_Detach_M_N_From_I_J
//动态配置控制名字,动态体系结构建模人员能够定义自己的控制名字
Controlname ::= Error | Exception | FixOk | RequestUpdate | ...
X ::= IDENTIFIER          y ::= IDENTIFIER
Iname ::= IDENTIFIER      Tname ::= IDENTIFIER
M ::= IDENTIFIER          N ::= IDENTIFIER
```

具体过程解释如下:

① 首先,Dynamic_Configuror 执行系列配置动作,创建一个运行系统。

② 然后,通过 X_Configuror、En_Configuror 通道监听各个实例 X 和外部环境。

③ 当收到表示动态配置起因的控制名字时,根据不同的控制名字,执行不同的配置规则 SubRule。

④ 在 SubRule 中,首先通过系列 X_Config 通道向实例 X 输出控制名字 BeginOK,发出动态配置开始指令,等待和控制相关构件、连接件处于安全状态。

⑤ 然后,执行系列配置行为,最后输出系列控制名字 EndOK,告诉相关构件、连接件配

置结束,重新开始执行。

⑥ SubRule 执行完动态配置后,执行 Dconfiguror,继续处于监控状态。

3. πADL 动态体系结构建模语义

πADL 动态体系结构建模运用 π 进程作为体系结构动态配置的形式语义,形式化描述动态配置系统的整体行为。其基本思想是:动态配置软件系统的整体行为是所有构件实例的进程、连接件实例的进程和动态配置进程的并发运行。但关键要点是表达构件、连接件的动态创建和删除,以及构件、连接件之间的动态连接关系。πADL 的方法是:

(1) 构件、连接件的动态创建和删除。分析 Configuror 程序,在创建初始系统和每次动态配置结束的地方,插入代表新创建的构件、连接件的实例进程并与余下的 Configuror 进程并发执行,实现构件的动态创建。π 演算并不直接提供进程删除的手段,故只能运用等价的方法对构件、连接件的删除建模。即使它们不能在执行。连接件删除时,通过输入行为,替换连接件的所有通道名字为 Void,从而它也不能找到对偶的通道名字,不能再执行,等价于连接件删除。

(2) 运用 π 演算的动态建模能力,借助连接件实现构件、连接件的动态连接关系。πADL 在连接件的 Glue 进程和配置进程 Configuror 中自动插入连接件交互通道的输入、输出行为。动态配置中,Configuror 根据配置变化情况,向连接件输出当前的连接通道,连接件接受该输出,得到新的连接通道,从而动态改变与构件的连接关系,实现体系结构的动态变化。借助连接件实现体系结构的动态变化,构件的 Computation 进程不受动态变化的影响,便于动态变化的分析和实现。

下面给出动态体系结构行为推导算法。算法的骨架是分析动态配置进程 Dynamic_Configuror 和构造描述动态体系结构行为的 π 进程。

算法 1(动态体系结构行为推导算法)

输入:构件、连接件定义,动态体系结构配置进程 Dynamic_Configuror

输出:描述动态体系结构行为的 π 进程

步骤:

第一步:改造连接件,在连接件中插入交互通道输入行为。在所有连接件 Glue 代码中,在动态配置开始和结束之间,即在 Config(y).[y=BeginOK]和 Config(z).[y=EndOk]之间,插入用于输入连接交互通道的行为 Config($\bar{x}$),其中 $\bar{x}$ 为该连接件所有交互行为名字构成的矢量序列,于是形成 Config(y).[y=BeginOk].Config($\bar{x}$).Config(z).[Z=EndOk]。它的作用是动态配置结束之前,连接件重新得到交互通道,从而动态改变构件、连接件之间的交互关系,实现动态配置。

第二步:分析进程 Dynamic_Configuror 的初始行为,动态创建系统的初始配置。即分析 Initial_Configuration_Instruction::=[1+Action"."]Dconfiguror,根据其中系列构件、连接件创建动作和它们之间的连接配置信息,调用静态配置的组装推导算法,得到表达初始配置的进程 Pinitial。并运行 Pinitial|Dconfiguror 替换 Dconfiguror,得到[1+Action"."](Pinitial|Dconfiguror)。该步骤的作用是动态创建初始系统,该初始系统与动态配置进程并发执行。

第三步:分析 Configuror 的动态配置行为,动态改变体系结构。即分析语法元素

SubRule::=[1 Begin_Config][1 Dynamic_Config][1 End_Config]中的动态配置部分 Dynamic_Config,具体执行步骤如下:

① 动态创建新的构件和连接件。根据动态配置行为中构件、连接件的创建信息,新建连接件的端口角色连接情况,调用静态配置的组装推导算法,得到表达它们行为进程的 PCreated。

② 动态改变端口、角色的连接关系。对已存在、但所连接构件发生变化的连接件 X_1,X_2,…,X_n,根据新的端口、角色连接关系,向它们输出新的交互通道,得到 $X_1\_Config\langle \overline{y}_1 \rangle$…$X_n\_Config\langle \overline{y}_n \rangle$,其中 $\overline{y}_i$ 是交互通道的名字序列,它的元素形如 M_N_A 表示构件 M 的端口 N 连接到该连接件上,连接件接受 M_N_A,从而与构件 M 建立新的连接交互关系。

③ 连接件删除的处理。设在动态配置行为中,删除连接件 C_1,C_2…C_m,向它们输出代表空的 Void 交互通道,得到 $C_1\_Config\langle \overline{v}_1 \rangle$…$C_n\_Config\langle \overline{v}_n \rangle$,其中 v_i 是元素 $C_i\_$Void 构成的元组,它们得到该交互通道后,因为系统中的其他进程皆不具有该交互通道,因此它们不能执行,从而等价于连接件删除。

④ 综合。根据①、②、③的结果,修改 Subrule 如下:在动态行为后插入 $X_1\_Config\langle \overline{y}_1 \rangle$…$X_n\_Config\langle \overline{y}_n \rangle$,$C_1\_Config\langle \overline{v}_1 \rangle$…$C_n\_Config\langle \overline{v}_n \rangle$,并用(Pcreated|DConfiguror)代替 End_Config::=[1+X_Config⟨EndOk⟩"."]Dconfiguror 中的 Dconfiguror。

第一步对连接件处理之后,经过第二步、第三步,对动态配置进程 Dynamic_Configuror 进行分析、处理,结果得到的进程就是描述该动态体系结构行为的 π 进程。

5.3 动态体系结构的描述

5.3.1 动态体系结构描述语言

现在已经存在一些用于帮助设计者对软件体系结构进行可视化、形式化描述的工具,Rational Rose 就是其中的代表。UML 作为体系结构建模工具,它不是一种体系结构的描述语言,而是一种设计语言。因此开发动态软件 ADL 是很有必要的,近年来,已经开发出了很多动态体系结构描述语言,如 Darwin、Dynamic ACMED、Dynamic Wright、Rapide 等。本节对 Dynamic Wright 和 Darwin 的特点进行简单的介绍。

1. Dynamic Wright

Dynamic Wright 是体系结构描述语言 Wright 的一个扩展,Dynamic Wright 的主要目的是试图模拟或标记,以解决软件系统的动态性。采用 Dynamic Wright 具有较多的良好特性,其中之一就是能够很容易的描述软件的动态环境。

下面从一个实例出发,说明采用 Dynamic Wright 来描述客户/服务器体系结构的方法。在客户/服务器的体系结构中,如果设计者想要对 Client(客户)的每一步工作所依赖的 Server(服务器)进行说明,比如 Client 最初是依赖于 Server1 的,当且仅当 Server1 出现问题时,Client 将与 Server2 进行交互。因此,设计者必须用一个符号来表示每一个接触点 L。

图 5-5 是上述问题的一个静态描述,它并不能够清楚的反映出设计者对体系结构的动

态依赖关系,这样有可能导致设计者把一些关键的方面遗漏,它还需要一些额外的文本对体系结构的行为进行说明。因此,Dynamic Wright 在其他方面提出了一些用于描述体系结构动态变化的新符号,即配置"configuror(C)"。通过增加一个 configuror 到 Wright 的标记中,设计者就能够很好地阐述控制行为,使得设计者能更好的描述系统体系结构。

"configuror"主要涉及以下一些问题:

- 什么时候软件体系结构应该重新配置?
- 什么原因使得软件体系结构需要进行重新配置?
- 重新配置应该怎样进行?

图 5-6 是对上述问题的动态描述,通过引入虚线和配置 C 来动态的描述该系统的动态特征。这样设计者就能够很容易的把系统的动态环境表述清楚。因此,Dynamic Wright 是非常适合动态软件体系结构的环境描述,有关 Dynamic Wright 的详细内容,读者可以参考相关文献。

图 5-5　静态描述　　　　　　　　图 5-6　动态描述

2. Darwin

Darwin 是一个用于描述系统配置规划的 ADL,它把一个程序看成是由不同级别的构件进行相应的配置。相对于其他的 ADL,老程序员在使用 Darwin 上显得更容易些。

Darwin 具有很多其他 ADL 的图形表示和文本表示的特点,Darwin 与其他的 ADL 主要不同之处在于:Darwin 具有一个用于对构件所需要的和提供的服务进行指定的规则。图 5-7 是一个采用 Darwin 对 Filter 构件的图形化和文本化的描述。

通常,构件能够提供一些服务也可能需要一些服务。服务的命名是局部命名(如 next 和 output),在 Darwin 中,每一个服务需要被局部地指定,也就是说每一个构件能够从系统中分离出来并且进行独立测试。

Darwin 对于表示体系结构构件的开发和设计是一个相当成熟的工具,但是 Darwin 在其他方面的描述上并不是完美的。

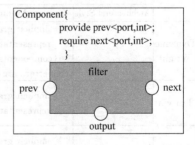

图 5-7　构件 fiter 的 Darwin 描述

5.3.2　动态软件体系结构的形式化描述

动态软件系统的形式化描述包括软件体系结构的描述、体系结构的重新配置和系统行为的描述。对动态软件体系结构的形式化描述,通常可以采用图形化方法、代数进程方法、逻辑方法等。

1. 图形化方法

由于图能够直观的描述系统体系结构及其风格,因此,用图形化方法描述软件体系结构和体系结构风格是很自然的事情。因此,用图的重写规则来描述动态软件体系结构的配置也是一种很自然的方法。采用图形化方法描述动态软件体系结构的主要有 Le Metayer 的描述方法、Hirsh 等的描述方法、Taentzer 等的描述方法和 CHAM 方法。图 5-8 是不同的图形化描述方法对软件体系结构的各个方面的描述。

	Architectural Structure		Architectural Element Behavior		Architectural Reconfiguration
	Architectural Style	System Architecture	components	connectors	
Le Metayer approach	Context-free graph grammar	Graph(formally defined as a multiset)	nodes of a graph and a csp like behavior specification	edges of a graph	graph rewriting rules with side conditions to refer to the status of public variables
Hirsch et al approach	Context-free graph grammar	hypergraph	edges of a graph with CCS labels	nodes of a graph[point-point communication and broadcast communication]	graph rewriting rules
Taentzer et al approach	—	distributed graph (network graph)	local graph of each network graph node and local transformations between local graphs	edges of a graph	graph rewriting rules
CHAM	creation CHAM	—	molecule	links between two component molecules	evolution CHAM reaction rules

图 5-8 图形化描述

2. 进程代数方法

进程代数方法通常用于研究并发系统,在并发系统中进程通常用代数方法描述,用微分方法对描述进行验证。多进程代数应用于 CCS(calculus of communicating systems)、CSP(communicating sequential processes) 和 π 演算。常用的进程代数方法有 Dynamic Wright、Darwin、LEDA 和 PiLar 等。图 5-9 是不同的进程代数描述方法对软件体系结构的各个方面的描述。

	Architectural Structure		Architectural Element Behavior		Architectural Reconfiguration
	Architectural Style	System Architecture	components	connectors	
Dynamic Wright	—	implicit graph representation (components and connectors are nodes)	port(interface)+ compution(behavior)	roles(interface)+ glue(behavior)	CSP
Darwin	—	implicit graph representation	programming language+component specification of objects	support for simple bindings	CSP
LEDA	—	implicit graph representation	interface specification, composition and attachment spcification	attachments at top level components	π-calculus
PiLar	—	implicit graph representation	components with ports, instances of other components and constrains	support for simple bindings	CCS

图 5-9 进程代数描述方法

3. 逻辑化描述方法

逻辑描述方法是动态软件体系结构描述的形式化基础,常用的逻辑描述方法有 Gerel

(generic reconfiguration language)语言、Aguirre-Maibaum 方法和 ZCL 方法等。图 5-10 是不同的逻辑描述方法对软件体系结构的各个方面的描述。

	Architectural Structure		Architectural Element Behavior		Architectural Reconfiguration
	Architectural Style	System Architecture	components	connectors	
Gerel	—	implicit graph representation	interface in Gerel language and behavior in a programming language	defined by bind operation in configuration component	first order logic
Aguirre-Maibaum	—	implicit graph representation	class with attributes, actions and read variables	association consisting of participants and synchronization connections	first order logic, temporal logic
ZCL	—	implicit graph representation (defined by set of state schema in Z)	state schema in Z	connection between ports of component	operation schema in Z(predicate logic and set theory)

图 5-10　逻辑化描述方法

上述的几类动态软件体系结构形式化描述方法,各有其自身的优点和缺点。如图形化描述方法能够很直观的表示出软件系统的动态结构和风格,但在具体的动态行为描述上就受到一定的限制;进程代数方法能够详细描述系统的动态行为,逻辑方法在对体系结构风格的描述上是比较困难的。

5.4　动态体系结构特征

1. 可构造性动态特征

可构造性动态特征通常可以通过结合动态描述语言、动态修改语言和一个动态更新系统来实现。动态描述语言用于描述应用系统软件体系结构的初始配置;当体系结构发生改变的时候,这种改变可以通过动态修改语言进行描述,该语言支持增加或删除、激活或取消体系结构元素和系统遗留元素;而动态更新可以通过体系结构框架或者中间件实现。可构造性动态特征如图 5-11 所示。

软件体系结构的动态改变是经过一些事件触发开始,通过追踪工具发出一个配置平衡信号追踪触发事件,系统维护人员开发出一个可选配置解决触发事件的追踪问题。在某些情况下要解决触发事件的追踪问题可能是困难的,此时,维护人员不得不经过反复的试验,通过增加优先候选事件来寻找适当的候选事件。这样,维护人员就可以通过发送配置指示给应用程序执行体系结构的改变。在应用程序中,这些指示充当体系结构的第一类请求。有些系统可以采用第一类请求的方法,但是另外一些系统就不能选择第一类请求方法;此时,系统的动态改变是通过维护人员的预先的方法进行动态改变的评估和离线评估验证。

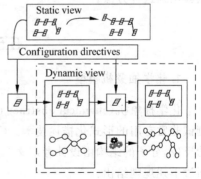

图 5-11　可构造性动态特征

2. 适应性动态特征

某些应用程序必须有立即反映当前事件的能力,此时程序不能进行等待,必须把初始化、选择和执行整合到体系结构框架或中间件里面。

适应性动态特征是基于一系列预定义配置而且所有事件在开发期间已经进行了评估。执行期间,动态改变是通过一些预定义的事件集触发,体系结构选择一个可选的配置来执行系统的重配置。如图5-12描述了由事件触发改变的适应性动态特征。

3. 智能性动态特征

智能性动态特征是用一个有限的预配置集来移除约束。如图5-13所示,它描述的是一个具有智能性动态特征的应用程序体系结构。

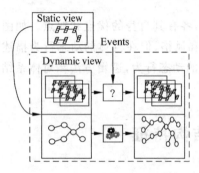

图 5-12 适应性动态特征

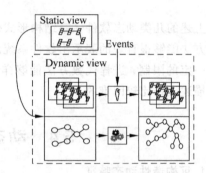

图 5-13 智能性动态特征

对比适应性体系结构特征,智能性体系结构特征改善了选择转变的功能,适应性特征是从一系列固定的配置中选择一个适应体系结构的配置,而智能性特征是包括了动态构造候选配置的功能。但是由于智能特征的复杂性,在实际的软件体系结构中并不是太多的系统能够用到这种方法。

5.5 化学抽象机

1. 化学抽象机模型

化学抽象机(chemical abstract machine,CHAM)是一种对动态软件体系结构的分析、测试非常有用的形式化描述技术。CHAM模型把计算看成叫做分子的两个数据元素之间的反应,分子的结构由设计者定义。系统的状态通过多个分子集来描述,因此,可能的反应通过下述规则给出:

$$m_1, m_2, \cdots, m_i \rightarrow m'_1, m'_2, \cdots, m'_i$$

这里, $m_{1,\cdots,i}$ 和 $m_{1,\cdots,j}$ 是分子。在应用此规则时,式子左边的分子可能用右边的分子取代。通常一个CHAM通过采用规则模式表示,而实际的规则存在于规则模式的实例中。在CHAM模型中并没有一个在每一时刻用于专门控制规则的机制,在同一时刻可能有多个规则被应用,此时,CHAM从这些非确定性的规则当中选取一个规则。

在CHAM模型中,任何一个方法通过膜操作后都可以看作是一个单一的分子。在膜

范围内的一个方法可能是其他方法或一个分子操作依据的子规则。例如,如果有分子构造器的值恒为 0 和一元函数 S,此时

$$s(\{|\ 0, s(0)\ |\}),\quad 0$$

就是一个包含了两个分子的方法。由于膜把分子封装起来了,这就迫使分子之间的反应只能是局部发生的。换而言之,在一个规则的内部,一个膜的演化与该方法的其他的膜演化是相互独立的。例如一个 CHAM 包含以下规则:$0 \rightarrow$,则该方法通过两个步骤的重写就可以转换为 $s(\{|s(0)|\})$。

空锁操作 $\triangleleft$ 能够从规则 $S = m \uplus S'$ 构造出分子 $m \triangleleft \{|S'|\}$,也就是说,空锁操作能够从一个规则中选出一个分子,并把剩余的分子用一个膜封装起来;该操作是可逆的,也就是说 S 可以通过 $m \triangleleft \{|S'|\}$ 获得。例如,采用两次空锁操作可以把初始方案转换为:

$$o \triangleleft \{|\ s(\{|\ s(0) \triangleleft \{|\ 0\ |\}\ |\})\ |\}$$

2. 描述软件体系结构

在 CHAM 模型中可以把体系结构中的每一个构件(阶段)作为一个分子来表示其状态。根据它们的状态,特定的分子可以进行相互交互,交换数据(特征、符号等)。下面通过客户/服务器的例子来描述怎样把体系结构转换为 CHAM 模型。

分子结构通过下述文法给出,并给出了构件标识的精确语法。

$$\begin{aligned}
Molecule &:= Component\ |\ Link\ |\ Command \\
Component &:= Id : Type \\
Type &:= C\ |\ M\ |\ S \\
Link &:= Id - Id \\
Command &:= cc(Component)\ |\ rc(Id)
\end{aligned}$$

CHAM 形式化描述客户/服务器体系结构风格为

$$cc(m:M) \rightarrow c:C, c-m, cc(m:M)$$
$$cc(m:M) \rightarrow s:S, m-s, cc(m:M)$$
$$s:S, cc(m:M) \rightarrow s:S, m:M$$

假设初始方法是由用户给出,方案包含了用于创建用户名的命令 $cc()$,如果至少有一台服务器已经运行,则上式的第一条规则是增加一个管理员及其链接,第二条规则是增加一个服务器及其连接,最后一条规则实际上是创建管理员。

现在来看客户/服务器体系结构的演化,除了增加和删除用户之外,同时也考虑管理员的创建和删除以及服务器的处理。每一个改变都必须有一个特定的命令来明确地调用,其过程是通过 CHAM 重配置的反应规则处理。

$$cc(c:C), m:M \rightarrow c:C, c-m, m:M$$
$$cc(s:S), m:M \rightarrow s:S, m-s, m:M$$
$$rc(c), c:C, c-m \rightarrow$$
$$s':S, rc(s), s:S, m-s \rightarrow s':S$$
$$m:M, rc(m), cc(m':M) \rightarrow m':M$$
$$m-s, m':M \rightarrow m'-s, m':M$$
$$c-m, m':M \rightarrow c-m', m':M$$

该方法分为四部分，第一部分的规则是对客户端和服务器的创建和移除的处理，第二部分的规则通过创建和删除命令指出处理管理员的取代，最后两条规则是把客户端存在的链接和给管理员。注意不同的变量通过不同标示符来标记的，而且右手边的方法可以通过左边方法实例化，也就是说这两个方法可以相互取代，但是是不可逆的。

这个 CHAM 例子演示了重配置，重配置命令仅出现在规则的左边，即命令仅通过 CHAM 识别，因此它必须被用户置入方法当中。作为一个重配置的例子，假设已经有一个具有单一服务器（具有管理员）的体系结构，想要增加一个客户端和替换管理员，用于 CHAM 演化的初始方法是

$$m1:M, m1-s1, s1:S cc(c1:C), rc(m1), cc(m2:M)$$

使得该方法的状态变为稳定步骤是

$$m1:M, m1-s1, s1:S, c1,:C, c1-m1, rc(m1), cc(m2:M)$$
$$m2:M, m1-s1, s1:S, c1:C, c1-m1$$
$$m2:M, m2-s1, s1:S, c1:C, c1-m1$$
$$m2:M, m2-s1, s1:S, c1:C, c1-m2$$

通常，为了确定形式化描述的正确性，提高一个 CHAM 模版是必要的，使得一个稳定的方法能够实现。通常，CHAM 模版对初始方法进行了一定的假设，正如前面的例子，假设了初始方法包含了一个分子 $cc(m:M)$。此时，CHAM 风格的选取的终止就变得很容易了（假设在规则选取成功）：第三条规则通过命令 $cc()$ 实现，也就是说任何一个规则都有一个触发命令是必要的，这样才能使得计算结束。

上述例子是对客户/服务器体系结构的描述，下面是 CHAM 对管道-过滤器体系结构风格的描述。

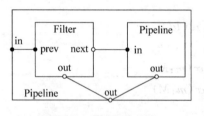

图 5-14 管道结构描述

管道是一个具有"in"和"out"两个通信端口的复合构件，在一个管道内部，一个管道又可以由一个管道和一个过滤器组成；过滤器有三个端口：一个输入 prev 端口和两个输出端口。图 5-14 是对管道的描述。

下面是采用 CHAM 对管道进行的描述。首先是定义分子语法，采用正整数作为构件的惟一标识符。

$Molecule := Component \mid Connection \mid Comman$
$Component := Port \mid Number:Melecule$
$Port := PortName/Molecule \mid PortName = \mid PortName = Message$
$PortName := Number.Id \mid Id$
$Connection := PortName - PortName$
$Command := cp(Number)$
$Number := 1 \mid 1Number$

接下来是用于描述两个构件之间的通信规则，第一条规则描述了一条消息通过端口 p 传输到端口 q 的过程和 q 准备接受此消息。

$$p=msg, p-q, q= \longrightarrow p=, p-q, q=msg$$

下面两条规则描述了信息允许通过膜在两个复合构件之间进行通信。第一条规则是使得端口在运行环境中是可视的，另一条规则是一旦接受端口收到消息后就把端口封闭。然

后，如果构件把消息处理完毕，则此规则就可以被再次使用。

$$n:\{|\ p = \triangleleft S\ |\} \rightarrow n.p =, n:S$$
$$n.p = msg, n:S \rightarrow n:\{|\ p = msg \triangleleft S\ |\}$$

在这个例子中，最后一条通信规则是很重要的，一旦第一条消息被分送或接受，它就可以增加一个特定的方法到端口或系统。这个方法可能包含了特定的重配置命令、新构件和连接。因此，它也可以推广到 Darwin 的动态构造中。

$p = msg, p/\{|S|\} \rightarrow p = msg, S$ 是一个创建管道的重配置命令，它也是一个必要的命令。

假设初始化方法包括分子 $cp(1)$，则创建最外层管道的规则如下。

$$cp(n) \rightarrow n:\{|\ in =, out =,$$
$$1n:\{|\ prev =, next =, out = |\},$$
$$in - 1n.prev, 1n.out - out,$$
$$1n.next/\{|\ cp(11n),$$
$$1n.next - 11n.in, 11n.out - out\ |\}\ |\}$$

当过滤器通过端口 next 发送第一条消息，此时一个新的管道和连接就会被创建。假如有一个重配置计划，由于有 $cp()$ 出现在两边，因此体系结构的递归结构就可以立即从规则中体现出来。

CHAM 是一个简单的和易操作的设计模型，它有一个单一的数据结构和设计结构，而且都是使用大家所熟悉和直观的概念，也非常适合依赖内部状态的动态软件系统的演化描述。CHAM 是一种非常适应于动态软件体系结构描述、分析和测试的形式化方法。

主要参考文献

[1] 孙昌爱，金茂忠，刘超. 软件体系结构研究综述. 软件学报，2002(7)：1228～1237
[2] P. Oreizy. Issues in Modeling and Analyzing Dynamic Software Architecture, Proc of the ROSATEM Workshop. June 30th-July 3, 1998, Marsala, Sicily
[3] 王海燕. 基于构件的动态软件体系结构模型的研究[硕士学位论文]. 华中师范大学，2004.5
[4] N. Medvidovic, R. N. Taylor. A Framework for Classifying and Comparing Architecture Description Language, Proc of the 6th European Software Engineering Conference together with the 5th ACM SIGSOFT Symposium on the Foundations of Software Engineering, September 22～25, 1997, Zurich, Switzerland, 60～76
[5] 任洪敏. 基于 π 演算的软件体系结构形式化研究[博士学位论文]. 复旦大学，2003
[6] 贾晓琳，贾征，何坚等. 软件体系结构动态特征建模与验证. 西安交通大学，2005(4)：347～350
[7] R. Allen, R. Douence & D. Garlan. Specifying and Analyzing Dynamic Software Architecture, Proceedings on Fundamental Approaches to Software Engineering, Lisbon, Portugal, 1998.3
[8] D. L M'etayer. Describing software architecture styles using graph grammars, IEEE Trans. Software Engineering, 1998(7)：521～533
[9] D. Hirsch, Inverardi, and U. Montanari. Graph grammars and Constraint solving for software architecture styles, In Proc. of the 3nd Int. Software Architecture Workshop(ISAW-3), ACM Press, 1998, 69～72
[10] M. Wermelinger. Towards a chemical model for software architecture reconfiguration, IEEE Proceeding Software, 1998(5)：130～136

第 6 章

Web服务体系结构

随着计算机网络技术和通信技术的发展,如今可以说网络无处不在。自从 Internet(因特网)诞生以来,部署在 Web 上的应用随着 Internet 的深入人心而不断发展。然而,当 Web 应用已经走入人们的日常工作和生活的时候,人们却发现在 Web 应用和传统桌面应用(例如企业内部的管理信息系统、办公自动化系统等)之间存在着连接的鸿沟,于是不得不重复地将数据从 Web 应用迁移到传统桌面应用,或从传统桌面应用将数据迁移到 Web 应用。而且这些迁移基本上都要通过手工操作来完成,这成为了阻碍 Web 应用进入主流工作的一个巨大的障碍。

近年来,电子商务和电子政务迅速崛起,大多数电子商务的应用在处理客户、供应商、市场和服务提供商之间的连接方式上各不相同。如何将这些应用方便而廉价地连接在一起,从而实现大范围的跨组织的商务应用系统的互联,是摆在开发人员面前的一道难题。不同的应用(特别是不同组织的应用)的开发语言不同,部署平台不同,通信协议也可能不同,对外交换的数据格式更可能有很大的差异。如何去面对这些差异所带来的复杂的系统集成的挑战,是解决这道难题的关键。

Web 服务(Web services)作为一种新兴的 Web 应用模式,是一种崭新的分布式计算模型,是 Web 上数据和信息集成的有效机制。从电子商务应用领域来看,复杂的应用链接和程序代码使电子商务应用的维护和更新代价很高,而 Web 服务恰好能够解决这一问题,成为应用环境中最为合理的解决方案。目前,无论是在工业界还是在学术界,Web 服务都被认为将导致下一代电子商务的革命。美国 Microsoft(微软)公司通过"一切都是服务"来概括 Web 服务将给 IT 业带来的冲击。

6.1 Web 服务概述

6.1.1 什么是 Web 服务

Web 服务是使用标准技术在 Internet 上运行的商务流程,它可以使用标准的 Internet 协议(例如超文本传输协议 HTTP 和 XML),将功能纲领性地体现在 Internet 和 Intranet (企业内部网)上。通过 Web 服务集成的应用程序可以用标准的方法把功能和数据"暴露"出来,供其他应用程序使用,使组织之间的商务处理更加自动化。Web 服务就像 Web 上的构件编程，开发人员通过调用 Web 应用编程接口，将 Web 服务集成进他们的应用程序，就像调用本地服务一样。同时，Web 服务使开发人员能够在任何平台上使用任何编程语言，创建可实现全球任何客户、供应商和业务伙伴互联的电子商务应用程序。另外，Web 服务还支持异构操作系统之间的连接。企业通过 Web 服务可以与世界各地的客户、合作伙伴和雇员实现无缝、高效的连接。

Web 服务还可以实现 Internet 上不同服务器接口之间应用程序的相互调用，省去了开发人员为编写每个应用程序的烦琐工作，从而可以集中精力挖掘软件独特的商业价值。

Web 服务的关键是 Web 服务体系结构，它是由平台搭建商提供的基于 Internet 的应用解决方案，这些方案可以用标准的格式通过 Internet 进行调用，从而完成对业务的集成。而那些在外部通过 Internet 调用这些解决方案的特定进程的企业则构成了 Web 服务的客户群。

Web 服务技术核心基于可扩展标记语言（extensible markup language，XML）的标准，包括简单对象访问协议（simple object access protocol，SOAP）、Web 服务描述语言（web services description language，WSDL）和统一描述、发现和集成协议（universal description，discovery and integration，UDDI）。Web 服务主要是对一些已经存在的技术（例如 HTTP、SMTP 和 XML）进行包装，因此它是基于现有技术的一种整合技术。

通常，一个 Web 服务可以分为五个逻辑层，分别为数据层（data layer）、数据访问层（data access layer）、业务层（business layer）、业务面（business facade）和监听者（listener）。离客户端最近的是监听者，离客户端最远的是数据层。其中业务层又可分为两个子层，分别是业务逻辑（business logic）和业务面（business facade）。Web 服务需要的任何物理数据都保存在数据层中。在数据层上的是数据访问层，数据访问层为业务层提供数据服务。数据访问层把业务逻辑从底层数据存储的改变中分离出来，这样就能保护数据的完整性。业务面提供一个简单接口，直接映射到 Web 服务提供的过程。

业务面模块用来提供一个到底层业务对象的可靠的接口，把客户端从底层业务逻辑的变化中分离出来。业务逻辑层提供业务面使用的服务。所有的业务逻辑都可以通过业务面在一个直接与数据访问层交互的简单 Web 服务中实现。Web 服务客户应用程序与 Web 服务监听者交互，监听者负责接收带有请求服务的输入消息，解析这些消息，并把这些请求发送给业务面的相应方法。

这种体系结构与.NET 定义的 N 层应用程序体系结构非常相似。Web 服务监听者相当于.NET 应用程序的表现层。如果服务返回一个响应，那么监听者负责把来自业务面的响应封装到一条消息中，然后把它发回客户端。监听者还处理对 Web 服务协约和其他 Web 服务文档的请求。开发者可以添加一个 Web 服务监听者到表现层中，并且提供到现有业务面的访问权限，这样就能够很容易地把一个.NET 应用程序移植到 Web 服务中。虽然 Web 浏览器可以继续使用表现层，但是 Web 服务客户应用程序将与监听者交互。

6.1.2　Web 服务的不同描述

Web 服务具有广泛的适应性和应用背景，而且 Web 服务的很多相关问题仍处在研究过程中，学术界从不同的侧面对 Web 服务有不同的描述，限于篇幅，我们概括了如下几种有代表性的 Web 服务描述。

从功能的角度描述 Web 服务，认为 Web 服务基于 TCP/IP、HTTP、XML 等规范而定义，具备如下功能：Web 上链接文档的浏览、事务的自动调用、服务的动态发现和发布。

从组成框架及实现目标的角度描述 Web 服务，认为 Web 服务作为一种网络操作，能够利用标准的 Web 协议及接口进行应用间的交互。

从语义的角度描述 Web 服务，认为 Web 服务是语义 Web 的一种应用，由于考虑了语义信息的描述及表示，Web 服务能够更准确地被执行，服务组合（service composition）能够按所期望的目标进行。

从网格计算（grid computing）的角度来看，认为 Web 服务能用于 Web 上的资源发现、数据管理及网格计算平台上异构系统的协同设计，从而提出网格服务的新概念。

从信息检索的角度来看，认为 Web 服务是包含了分布策略和路由信息的电子文档之上进行分布式文档检索的服务。

从另一方面来看，针对不同的应用背景，Web 服务的应用对象也不同，目前广泛应用的 Web 服务可分为如下四类：面向企业应用（business-oriented）的服务、面向消费者（consumer-oriented）的服务、面向设备（device-oriented）的服务和面向系统（system-oriented）的服务。

尽管对 Web 服务进行描述的出发点或应用类型不同，但是它们均具有如下共同特征：

（1）应用的分布式。为适应网络应用中分布式的数据源和服务提供者，分布式的服务响应、松散耦合是 Web 服务必须具备的特征。在应用中，服务请求者不必关心服务提供者的数据源格式是什么，某一服务请求需调用哪些服务，服务请求在 Web 上怎样被执行等，即 Web 服务对用户具有分布透明性。

（2）应用到应用的交互。在分布式的环境中，若采用集中控制方式，服务器有较大的负荷，并且系统不具有健壮性。因此应用到应用的交互，使得 Web 服务更具可伸缩性。

（3）平台无关性。Web 服务的界面、跨 Web 服务的事务、工作流、消息认证、安全机制均采用规范的协议和约定；由于 Web 服务采用简单、易理解的标准 Web 协议作为构件接口和协同描述的规范，完全屏蔽了不同软件平台的差异，因此具有可集成能力。

工业界和学术界分别沿着两个不同的方向研究 Web 服务。工业界注重于服务层的模块化，使之能够很快应用到商务系统中；而学术界则注重服务描述的表示。

在本书中，我们认为 Web 服务是一个可以用 URI（universal resource identifier）来标志的软件系统，它采用 XML 格式的信息来定义和描述对外的公共接口和绑定。Web 服务可被其他软件系统发现，并通过使用基于 XML 的消息，借助 Internet 协议，依照 Web 服务中定义描述的方式实现交互。Web 服务履行一项特定的任务或一组任务。Web 服务可以单独或同其他 Web 服务一起用于实现复杂的聚集或商业交易。

6.1.3 Web 服务的特点

就外部使用者的角度而言，Web 服务是一种部署在 Web 上的对象/构件，它具备以下一些特征：

(1) 使用标准协议规范

所有的 Web 服务公共协约完全需要使用开放的标准协议进行描述、传输和交换,这些标准协议具有完全免费的规范,以便由任意组织实现。一般而言,绝大多数规范将最终由 W3C 或 OASIS 作为最终版本的发布方和维护方。

(2) 使用协约的规范性

这一特征来源于对象的概念,但相比一般对象而言,Web 服务的界面更加规范化和易于机器理解。首先,作为 Web 服务,对象界面所提供的功能应当使用标准的描述语言(比如 WSDL)来描述;其次,由标准描述语言描述的服务界面应当是能够被发现的,因此这一描述文档需要存储在私有的或公共的注册库里面。同时,使用标准描述语言描述的协约不仅仅是服务界面,它将延伸到 Web 服务的聚合、跨 Web 服务的事务、工作流等,而这些又都需要服务质量(QoS)的保障。再者,需要对诸如授权认证、数据完整性(比如签名机制)、消息源认证以及事务的不可否认性等运用规范的方法来描述、传输和交换。最后,所有层次的处理都应当是可管理的,因此需要对管理协约运用同样的机制。

(3) 高度集成能力

由于 Web 服务采用简单的、易理解的标准 Web 协议作为构件界面描述和协同描述规范,完全屏蔽了不同软件平台的差异,无论是 COBRA、DCOM 还是 EJB,都可以通过这一标准的协议进行互操作,实现在当前环境下的最高的集成性。

(4) 完好的封装性

Web 服务既然是一种部署在 Web 上的对象,自然具备对象的良好封装性,对于使用者而言,他能且仅能看到该对象提供的功能列表。

(5) 松散耦合

这一特征也是源于对象/构件技术,当一个 Web 服务的实现发生变更的时候,调用者是不会感到这一点的,对于调用者来说,只要 Web 服务的调用界面不变,Web 服务的实现的任何变更对他们来说都是透明的,甚至是当 Web 服务的实现平台从 J2EE 迁移到了.NET 或者是相反的迁移流程,用户都可以对此一无所知。对于松散耦合而言,尤其是在 Internet 环境下的 Web 服务而言,需要有一种适合 Internet 环境的消息交换协议,XML/SOAP 正是目前最为适合的消息交换协议。

6.2 Web 服务体系结构模型

1. Web 服务模型

一个完整的 Web 服务包括三种逻辑构件:服务提供者、服务代理和服务请求,如图 6-1 所示。各个构件分别对应不同的角色,服务提供者提供服务,并进行注册以使服务可用;服务代理起中介作用,它是服务的注册场所,充当服务提供者和服务请求者之间的媒介;服务请求者可在应用程序中通过向服务代理请求服务,调用所需服务。

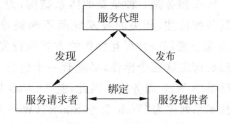

图 6-1 Web 服务体系结构

与Web服务相关的操作有发布、发现和绑定。

(1) 发布。服务提供者向服务代理发布所提供的服务。发布操作对服务进行一定的描述并发布到代理服务器上,进行注册。在发布操作中,服务提供者可以决定发布(注册)或者不发布(移去)服务。

(2) 发现。服务请求者向服务代理发出服务查询请求。服务代理提供规范的接口来接受服务请求者的查询请求。通常的方法是,服务请求者根据通用的行业分类标准浏览分类或通过关键字搜索,并逐步缩小查找范围,直到找到满足需要的服务为止。

(3) 绑定。服务的具体实现。分析从注册服务器中得到的调用该服务所需要的详细绑定信息(服务的访问路径、调用参数、返回结果、传输协议、安全要求等),根据这些信息,服务请求者就可以编程实现对服务的远程调用。

在这里,Web服务是一个由服务描述来描述的接口,服务描述的实现是该服务本身。服务是一个软件模块,它部署在由服务提供者提供的可以通过网络访问的平台上。服务存在就是要被服务请求者调用或者与服务请求者交互。当服务的实现中需要用到其他Web服务时,它也可以作为一个请求者。服务描述包括服务的接口和实现细节,其中包括服务的数据类型、操作、绑定信息和网络位置,还可能包括可以方便服务请求者发现和利用的分类及其他元数据。服务描述可以发布给服务请求者和服务代理中心。

2. Web服务开发生命周期

Web服务开发生命周期包括设计和部署以及在运行时对服务代理、服务提供者和服务请求者每一个角色的要求。每个角色对生命周期的每一元素都有特定要求。Web服务开发生命周期可分为构建、部署、运行和管理四个阶段,下面分别介绍。

(1) 构建。构建阶段包括开发和测试Web服务的实现,定义服务接口描述和定义服务实现描述。可以通过创建新的Web服务,把现有的应用程序变成Web服务以及由其他Web服务和应用程序组成新的Web服务等方式来提供Web服务的实现。

(2) 部署。部署阶段包括向服务请求者或服务注册中心发布服务接口和服务实现的定义,以及把Web服务的可执行文件部署到执行环境(典型情况下,是Web应用程序服务器)中。

(3) 运行。在运行阶段,可以调用Web服务。这时,Web服务已完全部署,可操作,并且服务提供者可以通过网络访问服务。由此,服务请求者就可以进行查找和绑定操作。

(4) 管理。管理阶段包括持续的管理和经营Web服务应用程序。在此阶段必须解决安全性、可用性、性能、服务质量和业务流程问题。

3. Web服务栈

Web服务是一种全新的体系结构,为了支持其各种特性,相关的技术规范不断被推出。Web服务要以一种可互操作的方式执行发布、发现和绑定这三个操作,必须有一个包含每一层标准的Web服务栈。因此,整个Web服务的技术系列称为"Web服务 Stack"(Web服务栈),如图6-2所示。

发现服务	UDDI、DISCO
描述服务	WSDL、XML Schema
消息格式层	SOAP
编码格式层	XML
传输协议层	HTTP、TCP/IP、SMTP等

图6-2　Web服务栈

(1) 发现服务层

发现服务层主要用来帮助客户端应用程序解析远程服务的位置，通过 UDDI 来实现。UDDI 规范由 Microsoft、IBM 和 Ariba 三家公司在 2000 年 7 月提出，它是 Web 服务的信息注册规范，以便被需要该服务的用户发现和使用它。UDDI 规范描述了 Web 服务的概念，同时也定义了一种编程接口。通过 UDDI 提供的标准接口，企业可以发布自己的 Web 服务供其他企业查询和调用，也可以查询特定服务的描述信息，并动态绑定到该服务上。通过 UDDI、Web 服务可以真正实现信息的"一次注册到处访问"。

(2) 描述服务层

描述服务层为客户端应用程序提供正确地与远程服务交互的描述信息，主要通过 WSDL 来实现。与 UDDI 一样，WSDL 也是由 Microsoft、IBM 和 Ariba 三家公司在 2000 年 7 月提出的。WSDL 为服务提供者提供以 XML 格式描述 Web 服务请求的标准格式，将网络服务描述为能够进行消息交换的通信端点集合，以表达一个 Web 服务能做什么，它的位置在哪里，如何调用它等信息。

(3) 消息格式层

消息格式层主要用来保证客户端应用程序和服务器端在格式设置上保持一致，一般通过 SOAP 协议来实现。SOAP 定义了服务请求者和服务提供者之间的消息传输规范。SOAP 用 XML 来格式化消息，用 HTTP 来承载消息。SOAP 包括三个部分：定义了描述消息和如何处理消息的框架的封装(SOAP 封装)、表达应用程序定义的数据类型实例的编码规则(SOAP 编码规则)以及描述远程过程调用和应答的协议(SOAPRPC 表示)。

(4) 编码格式层

编码格式层主要为客户端和服务器之间提供一个标准的、独立于平台的数据交换编码格式，一般通过 XML 来实现。XML 是一种元语言，可以用来定义和描述结构化数据。XML 使用基于文本的、利用标准字符集的编码方案，从而避开了二进制编码的平台不兼容问题。XML 有很多优点，包括跨平台支持，公用类型系统和对行业标准字符集的支持，它是 Web 服务得以实现的语言基础。Web 服务的其他协议规范都是以 XML 形式来描述和表达的。

(5) 传输协议层

传输协议层主要为客户端和服务器之间提供交互的网络通信协议，一般通过超文本协议(hypertext transfer protocol，HTTP)和简单邮件传输协议(simple mail transport protocol，SMTP)来实现。HTTP 是一个在 Internet 上广泛使用的协议，为 Web 服务部件通过 Internet 交互奠定了协议基础，并具有穿透防火墙的良好特性。SMTP 则适合于异步通信，如果服务中断，SMTP 可以自动进行重试。

4. Web 服务体系结构的优势

Web 服务是近年来提出的一种新的面向服务的体系结构，同传统分布式体系结构相比，Web 服务体系结构的主要优势体现在以下四个方面。

(1) 高度的通用性和易用性：Web 服务利用标准的 Internet 协议(如 HTTP、SMTP 等)，解决了面向 Web 的分布式计算模型，提高了系统的开放性、通用性和可扩展性；而 CORBA、DCOM 和 RMI 等使用私有协议，只能解决企业内部的对等实体间的分布式计算。

此外，HTTP能够很容易地跨越系统的防火墙，具有高度的易用性。

(2) 完全的平台、语言独立性：Web服务进行了更高程度的抽象，只要遵循Web服务的接口即可进行服务的请求和调用。Web服务将XML作为信息交换格式，使信息的处理更加简单，厂商之间的信息很容易实现沟通，这种信息格式最适合跨平台应用。此外，Web服务基于SOAP协议进行远程对象访问，可以通过各种开发工具来具体实现，而不需要绑定到特定的工具上，这很容易适应不同客户、不同系统平台以及不同的开发平台。而CORBA、DCOM和RMI等模型要求在对等体系结构间才能进行通信。

(3) 高度的集成性：Web服务实质上就是通过服务的组合来完成业务逻辑的，因此，表现出高度的组装性和集成性。可以说集成性是Web服务的一个重要特征。Web服务体系结构是建立在服务提供者和使用者之间的松耦合之上的，这样使得企业应用易于更改。相对于传统的集成方式，Web服务集成体现了高度的灵活性。Web服务还可以提供动态的服务接口来实现动态的集成，这也是传统的企业应用集成（enterprise application integrity, EAI)解决方案所不能提供的。

(4) 容易部署和发布：Web服务体系结构方案通过UDDI、WSDL和SOAP等技术协议，很容易实现系统的部署。

6.3 Web服务的核心技术

6.3.1 作为Web服务基础的XML

XML是W3C制定的作为Internet上数据交换和表示的标准语言，是一种允许用户定义自己的标记的元语言。Web服务所提供的接口、对Web服务的请求、Web服务的应答数据都是通过XML来描述的。Web服务的所有协议都建立在XML基础上，因此XML可称为Web服务的基石。

XML描述了一类称为XML文件的数据对象，同时也部分地描述了处理这些数据对象的计算机程序的动作。XML能解决HTML不能解决的两个问题：Internet发展速度快而接入速度慢，以及可利用的信息多，但难以找到所需要的信息的问题；XML能增加结构和语义信息，使得索引能在结构层次和语义层次上进行。

客户端和服务器能即时处理多种形式的信息，当客户端向服务器发出不同的请求时，服务器只需将数据封装进XML文件中，由用户根据自己的需求，选择和制作不同的应用程序来处理数据。这不仅减轻了Web服务器的许多负担，也大大减少了网络流量。同时，XML可以简化数据交换，支持智能代码和智能搜索，软件开发人员可以使用XML创建具有自我描述性数据的文档。

XML使用XML Schema作为建模语言。XML Schema具有丰富的数据类型，使用与XML完全一致的文法，并引入了命名空间的概念。XML Schema规范实现了W3C推荐标准，提供了一种可替代文档类型定义（document type definition, DTD）的方法，使开发人员能够更精确地结构化XML数据。XML Schema已成为Web服务中协议制定的标准语言。

6.3.2 简单对象访问协议

SOAP 是一个基于 XML 的,在松散分布式环境中交换结构化信息的轻量级协议,它为在一个松散的、分布式环境中使用 XML 交换结构化的和类型化的信息提供了一种简单的机制。SOAP 本身并不定义任何应用语言(如编程模型或特定语义实现),而只是定义了一种简单的机制,通过提供一个有标准构件的包模型和通过在模块中对数据编码的机制,来定义一个简单的表示应用语义的机制。这使 SOAP 能够应用于从消息传递到远程过程调用(remote procedure call,RPC)的各种系统中。

SOAP 规范包括四个部分,分别是 SOAP 信封(envelope)、SOAP 编码规则(encoding rules)、SOAP RPC 表示(RPC representation)和 SOAP 绑定(binding)。

1. SOAP 信封

SOAP 信封是 SOAP 消息在句法上的最外层,它构造和定义了一个整体的表示框架,可用来表示消息中包含什么内容,谁应当来处理这些内容,以及是可选的还是强制的。SOAP 消息的结构如图 6-3 所示。

从图 6-3 可以看到,SOAP 信封包括一个 SOAP Header(SOAP 头)和一个 SOAP Body(SOAP 体),其中 SOAP Header 是可选的,它的作用是在松散环境下且通信方之间(可能是 SOAP 发送者、SOAP 接收者或者是一个或多个 SOAP 传输中介)尚未达成一致的情况下,为 SOAP 消息增加特性的通用机制,扩展 SOAP 消息的描述能力。SOAP Body 是必需的,它包含需要传输给接收者的具体信息内容,为该消息的最终接收者所想要得到的那些强制信息提供一个容器。SOAP Header 由 SOAP 中介者处理,SOAP Body 由 SOAP 最终接收者处理。

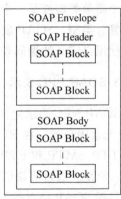

图 6-3 SOAP 消息结构

表 6-1 是一个 SOAP Request(SOAP 请求)消息的描述例子,表 6-2 是一个 SOAP Response(SOAP 响应)消息的描述例子。

表 6-1 一个 SOAP Request 消息描述

```
〈SOAP-ENV:Envelope
    xmlns:SOAP-ENV = "http://{soaporg}/envelope/"
    SOAP-ENV:encodingStyle = "http://{soaporg}/encoding/"〉
  〈SOAP-ENV:Body〉
    〈m:QuoteStockPrice xmlns:m = "some-URI"〉
      〈Symbol〉IBM〈/Symbol〉
    〈/m:QuoteStockPrice〉
  〈/SOAP-ENV:Body〉
〈/SOAP-ENV:Envelope〉
```

表 6-2 一个 SOAP Response 消息描述

```
〈SOAP-ENV:Envelope
    xmlns:SOAP-ENV = "http://{soaporg}/envelope/"
    SOAP-ENV:encodingStyle = "http://{soaporg}/encoding/"〉
  〈SOAP-ENV:Body〉
    〈m:QuoteStockPriceResponse xmlns:m = "some-URI"〉
      〈Price〉123〈/Price〉
    〈/m:QuoteStockPriceResponse〉
  〈/SOAP-ENV:Body〉
〈/SOAP-ENV:Envelope〉
```

2. SOAP 编码规则

SOAP 编码规则是一个定义传输数据类型的通用数据类型系统,这个简单类型系统包括了程序语言、数据库和半结构数据中不同类型系统的公共特性。在这个系统中,类型可以是一个简单类型或是一个复合类型。复合类型由多个部分组成,每个部分也是一个简单类型或复合类型。SOAP 规范只定义了有限的编码规则,当用户需要使用自己的数据类型时,可以使用自定义的编码规则,按需求扩展该基本定义。

3. SOAP RPC 表示

SOAP RPC 表示定义了远程过程调用和应答的协定。RPC 的调用和响应都在 SOAP Body 元素中传送。在 RPC 中使用 SOAP 时,需要绑定一种协议,可以使用各种网络协议,如 HTTP、SMTP 和 FTP 等来实现基于 SOAP 的 RPC,一般使用 HTTP 作为 SOAP 协议绑定。SOAP 通过协议绑定来传送目标对象的 URI,在 HTTP 中的请求 URI 就是需要调用的目标 SOAP 结点的 URI。

4. SOAP 绑定

SOAP 绑定定义了一个使用底层传输协议来完成在结点间交换 SOAP 信封的约定。目前,SOAP 协议中定义了与 HTTP 的绑定。利用 HTTP 来传送 SOAP 消息,主要是利用 HTTP 的请求/响应消息模型,将 SOAP 请求的参数放在 HTTP 请求里,将 SOAP 响应的参数放在 HTTP 响应里。当需要将 SOAP 消息体包含在 HTTP 消息中时,HTTP 应用程序必须指明使用 text/xml 作为媒体类型。

虽然这四个部分是作为 SOAP 的一个整体来定义的,但它们在功能上相交,彼此独立。特别是信封和编码规则定义在不同的 XML 命名空间中,这样有利于通过模块化使得定义和实现更加简单。

SOAP 基于 XML,本身并没有定义任何编程模型和应用语义,只是定义了一个消息结构的框架,因此具有良好的可扩展性。SOAP 消息结构框架扩展的一个特别类型是消息交换模式(message exchange pattern,MEP)。SOAP MEP 是一个在 SOAP 结点间信息交换模式的样板,以提高对上层应用的有力支持。

SOAP 的设计目标是简单性和可扩展性,所以 SOAP 是一个轻型协议,一些传统消息系统或分布式对象系统中的某些性质将不是 SOAP 规范的一部分。比如 SOAP 没有定义有关分布式垃圾收集、成批传送消息、对象引用和对象激活等方面的内容。

6.3.3　Web 服务描述语言

当服务提供者提供了一项服务后,就需要一种方法来让使用者了解调用规则以便调用。为此,IBM、Microsoft 和 Ariba 等公司提出,并由 W3C 通过制定了 WSDL 标准。

WSDL 是一种 XML 格式,用于将网络服务描述为一组端点,这些端点对包含面向文档或面向过程信息的消息进行操作。这种格式首先对操作和消息进行抽象描述,然后将其绑定到具体的网络协议和消息格式上以定义端点。相关的具体端点即组合成为抽象端点(服务)。WSDL 是可扩展的,使得在通信时无论使用何种消息格式或网络协议,都可以对端点及其消息进行描述。

WSDL 文档将服务定义为网络端点或端口的集合。在 WSDL 中,端点和消息的抽象定义从具体的网络部署或数据格式绑定中分离出来,这样就可以再次使用抽象定义。用于特定端口类型的具体协议和数据格式规范构成了可以再次使用的绑定。将网络地址与可再次使用的绑定相关联,可以定义一个端口,端口的集合则定义为服务。图 6-4 给出了 WSDL 的模型。

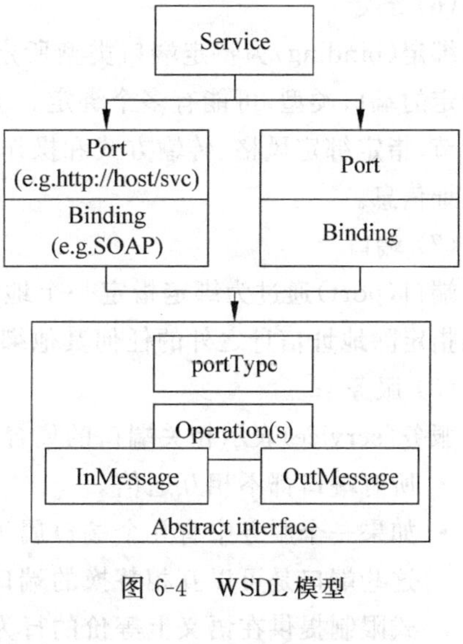

WSDL 文档在网络服务的定义中使用以下元素:

(1) 定义

定义(definition)是整个 WSDL 文档的根元素,包括所有其他 WSDL 元素。WSDL 允许根据定义的抽象级别,将同一定义中的不同元素分别放入不同文档中,需要时用导入(import)元素将其导入即可。这样,既有助于编写更为清晰的服务定义,又能最大限度地对各种元素的定义再利用。

(2) 类型

类型(types)元素包含与交换的消息相关的数据类型定义。为了获得最大程度的互操作

图 6-4　WSDL 模型

性和平台中立性,WSDL 选用 XSD 作为标准类型系统,并将其当作固有类型系统。WSDL 允许通过扩展性元素来添加类型系统。扩展性元素可能出现在类型元素之下,标识正在使用的类型定义系统并为类型定义提供 XML 容器元素。类型元素的作用与 XML Schema 语言的 Schema 元素的作用相似。

(3) 消息

消息(message)代表所传输数据的抽象定义。消息由一个或多个逻辑片段构成。片段是一种用于描述消息的逻辑抽象内容的灵活机制,每个片段使用一个消息类型属性与某个类型系统的类型相关联。消息类型属性的集合是可扩展的。如果使用的名称空间与 WSDL 所用的名称空间不同,还可以定义其他消息类型属性。绑定扩展性元素也可以使用

消息类型属性。

（4）操作

操作（operation）对服务所支持的操作的抽象描述。

（5）端口类型

端口类型（port type）是一组指定的抽象操作和有关的抽象消息。WSDL 提供四个可得到端点支持的传输原语。

- 单向（one-way）：表示端点接收消息，该操作中包含一个输入（input）元素指定接收的抽象消息格式；
- 请求响应（request-response）：表示端点接收请求消息，然后发送响应消息，该操作包含一个输入和一个输出（output）元素指定请求和响应的抽象消息格式，并可选失效（fault）元素为可能产生错误消息指定抽象消息格式；
- 要求响应（solicit-response）：表示端点发送请求消息，然后接收响应消息，所包含元素个数虽然与请求响应操作相同，但输入和输出元素分别指定所要求的请求和接收响应的抽象消息格式；
- 通知（notification）：表示端点发送消息，该操作包含一个输出元素，指定通知的消息抽象格式。

（6）绑定

绑定（binding）为特定端口类型所定义的操作以及消息指定格式和协议细节。对于某个给定的端口类型，可能有多个绑定。绑定时必须明确指定一个协议，然后按照该协议的绑定细节，指定绑定风格、传输方式和操作地址，以及消息内各片段的编码方式等内容，不能指定地址信息。

（7）端口

端口（port）通过为绑定指定一个地址来定义一个端点。一个端口不能指定多个地址，不能指定除地址信息之外的任何其他绑定信息。

（8）服务

服务（service）表示相关端口的集合，服务中的端口具有如下关系：

- 所有端口都不相互通信。
- 如果一个服务中有几个端口属于同一端口类型，但是使用了不同的绑定或地址，则这些端口是可以互相替换的端口。每个端口根据绑定所规定的传输限制和消息格式限制提供在语义上等价的行为。
- 通过检查端口，可以确定服务的端口类型，从而使 WSDL 文档的使用者可以根据所支持的端口类型来确定是否要与特定的服务通信。

6.3.4 统一描述、发现和集成协议

具备了 SOAP 和 WSDL 以后，跨平台的分布式通信虽然已经可以实现，但在 Internet 上如何查找、定位相应服务的问题却并未解决，为此，IBM、Microsoft 和 Ariba 等公司共同提出，由 W3C 通过并发布了 UDDI 协议。

UDDI 基于现成的标准，如 XML 和 SOAP，是一套基于 Web 的、分布式的、为 Web 服

务提供的信息注册中心的实现标准和规范，同时也包含一组使企业能将自身提供的 Web 服务注册以使得别的企业能够发现的访问协议的实现标准。UDDI 注册中心是对所有提供公共 UDDI 注册服务站点的统称。UDDI 注册中心是一个逻辑上的统一体，在物理上则以分布式系统的体系结构实施，不同站点之间采用 P2P(对等网络)结构实现，因此访问其中任意一个站点就基本等于访问了 UDDI 注册中心。UDDI 注册中心提供的信息可分为三组。

(1) 白页，包括地址、联系方式和已知的企业标识；

(2) 黄页，包括基于标准分类法的行业类别；

(3) 绿页，包括关于商业实体所提供的服务技术信息，以及 Web 服务规范的引用，也支持指向基于发现机制的不同文件和 URL 的指针。

UDDI XML Schema 定义了四种核心数据结构类型，它们是技术人员在需要使用合作伙伴所提供的 Web 服务时必须了解的技术信息，这些元素构成 UDDI 信息结构。简单介绍如下。

(1) 商业实体结构

商业实体(business entity)结构处于所有结构的顶层，是用来表达商业机构专属信息集的。它用 IdentifierBag(标识包)元素和 CategoryBag(分类包)元素，提供企业标识分类与行业分类信息，并用 Contacts(联系方式)和 DiscoveryURLs(链接地址)元素提供地址、联系方式等消息，以快速准确地了解商业实体。

(2) 商业服务结构

商业服务(business service)结构将一系列有关商业流程或分类目录的 Web 服务的描述组合到一起。它用 Name(名称)、CategoryBag 元素提供所涉及的各个 Web 服务的名称、服务分类信息。

(3) 绑定模板

每个 Web 服务的技术描述都是通过单独包含的绑定模板(binding template)结构的实例来实现的。它使用 AccessPoint(访问点)元素来提供某个 Web 服务的具体入口地址信息，或用 HostingRedirector(主机重定向)元素来支持对入口地址的重定向，并包含 tModelInstanceInfo(t 模型实例信息)结构集的容器。这些 t 模型实例信息结构都以 t 模型的实例形式出现，进一步提供了各服务所遵循的技术规范等细节信息。

(4) t 模型结构

t 模型(model)结构是 UDDI 中一个设计巧妙的部件，被理解为提供了一个基于抽象的引用系统，其中所含内容记录了由键标识的元数据。

各个核心之间的关系可用图 6-5 表示。

UDDI 的技术发现包括两方面，分别是注册和查询。注册通过 save_xxx 和 delete_xxx 等形式的函数对各类核心数据结构类型进行发布和删除，查询通过 find_xxx 和 get_xxx 等形式的函数对相关服务的各种信息进行查找和定位。由于函数较多，在此不一一介绍。

由于 WSDL 所描述的是相互独立的 Web 服务，很难对商业活动的整个过程进行描述，而工作流语言却能将商业活动的各个参与者之间的相互关系和数据联系都描述出来，将商业流程作为一个整体完整地提供给使用者使用，这就极大地方便了用户，并使商业活动在尽可能短的时间内得以完成。由于工作流语言尚未被 W3C 批准为正式规范，因此，在此不对其进行讨论。但是需要指出的是，工作流语言十分重要，潜力巨大，相信不久 W3C 会通过相关的正式协议。

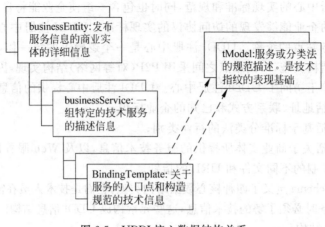

图 6-5　UDDI 核心数据结构关系

6.4　面向服务的软件体系结构

6.4.1　面向服务体系结构概念

迄今为止,对于面向服务的体系结构(service-oriented architecture,SOA)还没有一个公认的定义。许多组织从不同的角度和不同的侧面对 SOA 进行了描述,较为典型的有以下几种。

(1) W3C 将 SOA 定为:"一种应用程序体系结构,在这种体系结构中,所有功能都定义为独立的服务,这些服务带有定义明确的可调用接口,可以以定义好的顺序调用这些服务来形成业务流程"。SOA 的关键是服务的概念,W3C 将服务定义为:"服务提供者完成一组工作,为服务使用者交付所需的最终结果"。

(2) Service-architecture.com 将 SOA 定义为:"本质上是服务的集合,服务间彼此通信,这种通信可能是简单的数据传送,也可能是两个或更多的服务协调进行某些活动。服务间需要某些方法进行连接。所谓服务就是精确定义、封装完善、独立于其他服务所处环境和状态的函数"。

(3) Gartner 则将 SOA 描述为:"客户端/服务器的软件设计方法,一项应用由软件服务和软件服务使用者组成,SOA 与大多数通用的客户端/服务器模型不同之处,在于它着重强调软件构件的松散耦合,并使用独立的标准接口"。

SOA 并不仅是一种现成的技术,而且是一种体系结构和组织 IT 基础结构及业务功能的方法,是一种在计算环境中设计、开发、部署和管理离散逻辑单元(服务)模型的方法。图 6-6 描述了一个完整的面向服务的体系结构模型。

在 SOA 体系结构模型中,首先,所有的功能都定义成了独立的服务。服务之间通过交互、协调作业从而完成业务的整体逻辑。所有的服务通过服务总线(services bus)或流程管理器来连接服务和提高服务请求的路径。这种松散耦合的体系结构使得各服务在交互过程中无需考虑双方的内部实现细节,以及部署在什么平台上。应用程序的松散耦合还提供了一定级别的灵活性和互操作性,使用传统的方法构建高度集成的、跨平台的程序,对程序的

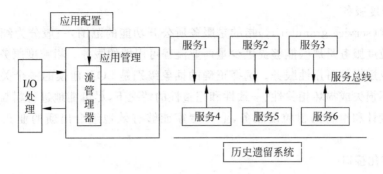

图 6-6 面向服务的体系结构

通信环境所能提供的灵活性和互操作性无法与之相比。

下面从微观的角度,看看独立的单个服务内部的结构模型。一个独立的服务基本结构模型如图 6-7 所示。

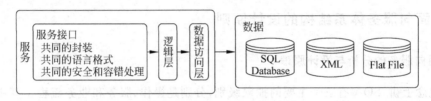

图 6-7 单个服务内部结构

由图 6-7 可以看出,与构件模型的区别在于服务模型的表示层从逻辑层分离出来,中间增加了服务对外的接口层。服务接口的意义在功能上表现为更多更灵活的功能可以在服务接口中实现,比如,路由、事物及安全性的处理等。

此外,更加突出的变革性突破在于,通过服务接口的标准化描述从而使得该服务可以提供给在任何异构平台和任何用户接口使用。这允许并支持基于 Web 服务的应用程序成为松散耦合、面向构件和跨技术实现。比如,使用简单的基于统一的交互语言 XML 的消息传递 Schema,Java 应用程序能够调用基于 DCOM,遵循 CORBA 甚至是 COBOL 的应用程序。在此,调用程序很可能根本不知道该服务在哪里运行,是由哪种语言编写以及消息的传输路径。只需要提出服务请求,然后就会得到答案。同时,由于服务模型中的业务逻辑构件之上增加了一层可以被大部分系统都认可的协议,从而使得系统的集成不再是一个问题。

SOA 是一种粗粒度、松耦合的服务体系结构,其服务之间通过简单、精确定义接口进行通信,不涉及底层编程接口和通信模型。这种模型具有下面几个特征:

(1) 松散耦合

SOA 是松散耦合构件服务,这一点区别于大多数其他的构件体系结构。松散耦合旨在将服务使用者和服务提供者在服务实现和客户如何使用服务方面隔离开来。服务提供者和服务使用者间松散耦合背后的关键点是服务接口作为与服务实现分离的实体而存在。这是服务实现能够在完全不影响服务使用者的情况下进行修改。大多数松散耦合方法都依靠基于服务接口的消息,基于消息的接口能够兼容多种传输方式(如 HTTP、TCP/IP 和 MOM 等),基于消息的接口可以采用同步或异步协议实现。

（2）粗粒度服务

服务粒度（service granularity）指的是服务所公开功能的范围，一般分为细粒度和粗粒度，其中，细粒度服务是那些能够提供少量商业流程可用性的服务。粗粒度服务是那些能够提供高层商业逻辑的可用性服务。选择正确的抽象级别是 SOA 建模的一个关键问题。设计中应该在不损失或损坏相关性、一致性和完整性的情况下，尽可能地进行粗粒度建模。通过一组有效设计和组合的粗粒度服务，业务专家能够有效地组合出新的业务流程和应用程序。

（3）标准化接口

SOA 通过服务接口的标准化描述，从而使得该服务可以提供给在任何异构平台和任何用户接口中使用。这一描述囊括了与服务交互需要的全部细节，包括消息格式、传输协议和位置。该接口隐藏了实现服务的细节，允许独立于实现服务基于的硬件或软件平台和编写服务所用的编程语言使用服务。

6.4.2　面向服务体系结构的设计原则

1. 面向服务的分析与设计原理

从概念上讲，SOA 有三个主要的抽象级别，分别是操作、服务和业务流程。其中位于抽象最低层的操作代表了单个逻辑单元的事物。执行操作通常会导致读、写或修改一个或多个持久性数据。SOA 操作可以直接与面向对象的方法相比，它们都有特定的结构化接口，并且返回结构化的响应，完全同方法一样。位于第二层的服务代表了操作的逻辑分组，例如，如果将客户管理视为服务，则按照电话号码查找客户，按照名称和邮政编码列出客户和保存新客户的数据就代表相关操作。最高层的业务流程则是为了实现特定业务目标而执行的一组长期运行的动作或活动。业务流程通常包括多个业务调用。在 SOA 术语中，业务流程包括依据一组业务规则按照有序序列执行的一系列操作。其中操作的排序、选择和执行成为服务或流程的编排，典型的情况是调用已编排服务来响应业务事件。

从建模的观点来看，SOA 带来的主要挑战是如何描述设计良好的操作、服务和流程抽象的特征以及如何系统地构造它们。针对这个问题，Olaf Zimmermann 和 Pal Krogdahl 综合了面向对象的分析与设计（OOAD）、企业体系结构（EA）框架和业务流程建模（BPM）中的适当原理，将这些规则中的原理与许多独特的新原理组合起来，提出了面向服务的分析与设计（service-oriented analysis and design，SOAD）的概念。

SOA 实现项目经验表明，诸如 OOAD、EA 和 BPM 这样的现有开发流程和表示法仅仅涵盖支持 SOA 范式所需要的部分要求。SOA 方法在加强已经制定的良好通用软件体系结构原则的同时，还增加了附加主题。例如，服务编排、服务库服务总线中间件模式，在建模时是需要特别关注的。这就需要整合这三种方法，保留适用的理论，摒弃不适用的地方，并且融入一些新的方法和原则。总的来说，OOAD、EA 和 BPM 分别从基础设计层、体系结构层和业务组织层三个层次上为 SOAD 提供了理论支撑，其结构如图 6-8 所示。

（1）基础设计层

SOAD 的第一层是基础设计层，它采用了 OOAD 的思想，其主要目标是能够进行快速

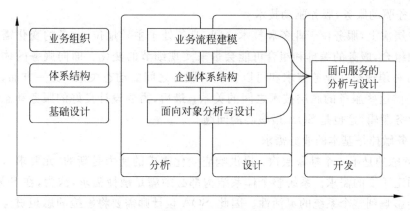

图 6-8　SOAD 结构图

而有效的设计、开发以及执行灵活且可扩展的底层服务构件。对于设计已定义的服务中的底层类和构件结构，OO 是一种很有价值的方法。但是目前与 SOAD 有关的 OO 设计在实践中也存在着一些问题：OO 的粒度级别集中在类级，对于业务服务建模来说，这样的抽象级别太低。诸如继承这样的强关联产生了相关方之间一定程度的紧耦合。与此相反，SOAD 试图通过松耦合来促进灵活性和敏捷性。这使得 OO 难以与 SOAD 体系结构保持一致。诸如这些问题还有待于进一步解决，尽管如此，OO 还是为 SOAD 提供了丰富的理论源泉。

(2) 体系结构层

SOAD 第二层是体系结构层，它采用了 EA 的理论框架。企业应用程序和 IT 基础体系结构发展构成 SOA 是一个庞大的工程，其中可能会涉及到众多的业务流水线和组织单元。因此，需要应用 EA 框架和参考体系结构，以努力实现单独的解决方案之间体系结构的一致性。在 SOA 中，体系结构层必须以表示业务服务的逻辑构件为中心，并且集中于定义服务之间的接口和服务级协定。

(3) 业务组织层

SOAD 第三层是业务组织层，它采用了 BPM 规则。BPM 是一个不完整的规则，有许多不同的形式、表示法和资源，其中应用较为广泛的是 UML。SOA 必须利用所有现有的 BPM 方法作为 SOAD 的起点，同时需要服务流程编排模型中用于驱动候选服务和它们的操作的附加技术来对其加以补充。此外，SOAD 中的流程建模必须与基础设计层用例保持同步。

SOAD 以 OOAD、EA 和 BPM 为基础，为 SOA 体系结构的业务和 IT 实现之间搭建了一座桥梁，并且为 SOA 项目的分析和设计提供了一套理论方法。随着实践的深入，SOAD 还有待于在理论和实践上加以完善。

2. 面向服务体系结构的实践原则

SOA 是一种企业系统体系结构，它是从企业的业务需求开始的，但是，SOA 比其他企业体系结构方法具有明显优势的地方在于 SOA 提供了业务的敏捷性。业务敏捷性是指企业对业务的变化能更快速和有效地响应，并且利用快速变更来得到竞争优势的能力。要满足这种业务敏捷性，SOA 必须遵循以下原则：

（1）业务驱动服务,服务驱动技术

在抽象层次上,服务位于业务和技术之间,业务处于主导地位,业务的变化需要服务的重新编排和组合,服务的编排和组合可能会带来实现细节的变化。面向服务的体系结构设计师一方面必须理解在业务需求和可以提供的服务之间的动态关系；另一方面,同样要理解服务与提供这些服务的底层技术之间的关系；最后,需要设计良好的服务动态组合来应对多变的业务逻辑,这也是 SOA 最核心的问题。

（2）业务敏捷是基本的业务需求

SOA 考虑的是下一个抽象层次：提供响应变化需求的能力是新的"元要求",而不是一些业务上固定不变的需求。系统整个体系结构都必须满足敏捷需求,因为,在 SOA 中任何的瓶颈都会影响到整个系统的灵活性。因此,SOA 设计师需要将敏捷的思想贯穿在整个系统设计中。SOA 的目的就是应对变化,其最高准则是以不变应万变,也就是以尽量少的变化成本应对不断变化的业务需求,具体地,就是通过现有的可重用性服务的重新组合来应对新需求。

6.5 Web 服务的应用实例

企业资源计划(enterprise resource plan,ERP)是一个庞大、复杂的信息化系统,传统的设计与开发模式已经不能满足其发展要求。因此,相关的开发人员提出了基于 Web 服务技术,按照"面向服务"的设计思想和开发模式,建立起包括用户界面、服务集成原子服务库和后台数据等四层体系结构(如图 6-9 所示),并将 ERP 的业务逻辑划分为可复用、可扩充、面向整个 Internet 的 Web 服务单元,各个服务之间基于 SOAP 规范进行数据交换。

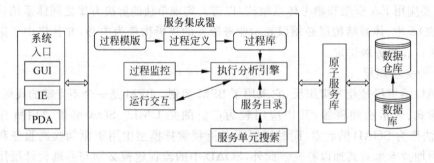

图 6-9 基于 Web 服务的 ERP 体系结构

1. 系统入口

ERP 系统作为企业信息化管理系统的集成平台,向用户提供单一的系统入口,该层可以是程序,也可以是网络浏览器,以及其他任何能够访问服务的程序单元。用户甚至也可以通过 PAD、掌上电脑或手机等通信工具访问系统。

2. 服务集成器

服务集成器是整个系统的核心部分,它支持企业内部以及跨越整个价值链的业务过程模型的建立、执行和监控,并能够实时地与其他相关信息系统进行集成。在实际运行过程中，由系统自动调用相关的服务单元，这些对用户都是透明的。它是用业务过程定义来驱动(或调用)功能单元的执行，而不是像传统的系统那样由程序代码决定业务过程。这种基于业务过程的系统集成方法，使得企业能够迅速完成对业务过程的建立、改变、分析和管理。

服务集成器主要包括如下五部分功能：

(1) 过程定义
- 提供图形化界面，使用拖放式操作进行业务过程模型的实时建立，同时由系统自动在后台完成服务单元的"装配"，不需要再编写任何代码；
- 提供业务模板，方便地完成新业务过程的建立，达到复用的目的；
- 把业务逻辑与业务功能的代码实现相分离，从而在业务逻辑改变时不需要对信息系统进行重构；
- 能够对业务过程进行模拟运行，及早发现可能会出现的问题。

(2) 执行分析引擎
- 负责业务过程执行的部分或全部运行控制环境，在业务的执行过程中对各种信息化系统、信息技术、信息平台和人员进行协调；
- 对过程定义进行解释，根据外部事件(例如某一活动的完成等)和执行分析引擎的特定控制(例如过程内部对下一步活动的引导)来自动改变过程状态；
- 控制业务过程句柄的创建、激活、暂停和中止等；
- 对过程活动进行引导，包括顺序或并行操作、限期安排、业务过程相关数据的安排等；
- 维护业务过程控制数据和相关数据。

(3) 业务过程监控
- 实时对每一个业务过程的状态和发展全过程进行记录，控制过程定义版本；
- 监控业务过程的运行效率和出现的瓶颈；
- 提供丰富的图形和报表，使用户对业务过程的执行有一个全面、系统的了解；
- 完成用户管理和角色管理，包括创建、删除、暂停、修改和权限分配。

(4) 运行交互

给每个用户提供工作任务列表，能够自动调用并激活相应的系统功能，给用户提供操作环境；

使得某些特定用户可以实时地对任何一个处于活动状态的业务过程进行干预；

在正确的时候直接触发其他信息系统的某一服务单元，并接受其他信息系统对系统的支配，实现不同信息系统的实时动态集成；

对延误的业务环节进行报警并提示管理人员。

(5) 服务单元搜索

对企业中目前所使用的信息系统(可能是 COM 构件、CORBA 对象、SQL 语句、XML 样式表、其他形态的程序代码)自动进行搜索，然后将它们注册登记，存放到服务单元目录中，供业务过程执行时调用。

3. 原子服务库

在该体系结构中,所有的业务执行功能均以"网络服务单元"的形式出现。原子服务库是所有服务单元的集合,它不仅包含 ERP 系统自身的服务单元,而且可以将其他信息系统的功能单元进行 Web 包装后所得的服务单元进行整合,从而迅速完成系统集成。

原子服务库中的服务单元分为二种,分别为功能服务单元和控制服务单元。功能服务单元用来完成具体的业务操作和数据处理,包括 ERP 系统的所有主要功能实现,而且服务之间可以继承。功能服务单元的顶层分类如图 6-10 所示。

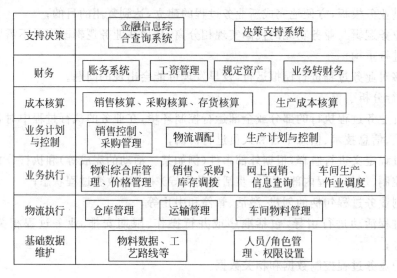

图 6-10 功能服务单元顶层分类图

控制服务单元用来决定业务流程的流向并实现权限管理,它本身并不是一个独立可执行的部件,依附于功能服务单元,可为功能服务单元提供约束。控制服务单元的调用触发机制也适用于对功能服务单元的操作,不同的是对控制服务单元的调用是获取某种服务最终仍回至当前功能服务单元,而对功能服务单元的调用则可能启动该功能即进入当前功能之外的另一个功能,即功能与功能之间的快速连接。

传统的 ERP 系统都是按产品的概念开发的,但实际上,不同的客户需求千差万别,即使对同一事务的处理也各不相同。为了在尽量减少改动软件源代码的同时满足不同的客户需求,因此提出了"控制点"的概念。

所谓控制点就是企业业务流程中的某些相邻基本处理过程之间的转折点,业务流程在该点之后会出现多条分支,选择不同的分支就会产生不同的处理模式。在 ERP 系统中,当程序运行到控制点时,系统将软件的运行权开放给控制服务单元,由控制服务单元对功能服务单元进行特异化的处理,从而将程序的特异性要求与共同的部分隔离开来。当程序运行到控制点时,主程序出让所有的控制权,由控制部件负责对业务的处理,处理完之后再将控制权交回主程序。这样只要为不同的客户开发不同的控制服务单元,就能够使系统具备良好的适应性。比如,在采购流程中,在"签订采购合同"之后设定一个控制点,用户可以通过该控制点的控制服务单元进行后续业务的设定,比如"先收货后结算"或者"先付款后结算",

当选择了一种方式之后,系统就沿着所设定的处理模式进行后续业务的执行。

传统方式与控制点方式的比较如图 6-11 所示。

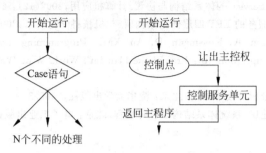

图 6-11　传统方式与控制点方式的比较

4. 数据库与数据仓库

传统的 ERP 系统一般都构建在关系型数据库之上。数据库是以单一的数据资源为中心,其目的是及时、安全地将当前事务所产生的记录保存下来;数据仓库是指一个"面向主题的、集成的、稳定的、随时间变化的数据集合,用以支持经营管理中的决策制定过程",数据在进入数据仓库之前,经过加工和集成,以实现将原始数据从面向应用到面向主题的转变。

ERP 系统的后台数据库必须进行扩展,不仅承担业务数据的日常操作,还需要建立起分析型环境,从而能够使用数据挖掘和联机分析处理(OnLine Analyze Process,OLAP)技术对历史数据进行再综合、再处理,更好地支持企业决策。

主要参考文献

[1]　Mcllaith S A,Son T C,Zeng H L. Semantic Web 服务,IEEE Intelligent System,2001(2):46~53

[2]　Narayanan S,Mcllaith S A. Simulation,verification and automated composition of Web 服务,In:Proc. of the 11th Int'l World Wide Web Conf. WWW. 2002. Honolunu:ACM,2002. 78~88

[3]　岳昆,王晓玲,周傲英. Web 服务核心支撑技术:研究综述. 软件学报,2004(03):428~442

[4]　Feisi Science and Technique Center of Research and Development. Application and Development of Java Web 服务,Beijing:Publishing House of Electronics Industry,2002,190~196(in Chinese)

[5]　Burstein M H,Hobbs J R,Lassila O,et al. DAML-S:Web service description for the semantic Web. In:Horrocks,ed. Proc of the Int'l Semantic Web Conf. Sardinia:Springer-Verlag,2002,348~363

[6]　W3C Working Group. Web Server Architecture,http://www. w3. org/TR/2004/NOTE-ws-arch-20040211/

[7]　柴晓路,梁宇路. Web 服务技术、体系结构和应用. 北京:电子工业出版社,2003. 1

[8]　孔婷,邹家炜,高云全. Web Service 基本体系结构及关键技术. 科技广场,2005(3):8~11

[9]　邢春晓,郑蕾,齐畅等. Web 服务技术标准和协议使用指南草案报告. 2005.5

[10]　W3C Organization. Simple Object Access Protocol (SOAP) Version 1. 2[DB/OL],http://www. w3. org/2000/xp/Group

[11]　W3C Organization. Web 服务 Description Language (WSDL) Version 1. 2[DB/OL],http://www. w3. org/TR/2002/

［12］UDDI Organization. UDDI Version 2.0 specification ［DB/OL］, http://www.uddi.org/specification.html
［13］吕曦,王化文. Web Service 的体系结构与协议. 计算机应用,2002(12): 62～65
［14］郝文育. 基于 Web 服务的 ERP 四层体系结构研究. 机械科学与技术,2005(2): 176～178
［15］Florescu D, Gruhagen A, Kossmann D, An XML Programming Language for Web Service Specification and Composition. In: Proc of the 11th Int'l World Wide Web Conf. Honolulu: ACM, 2002. 65～76
［16］张友生,徐锋. 系统分析师技术指南. 北京: 清华大学出版社,2005.3
［17］张友生,王胜祥,殷建民. 系统体系结构设计师教程. 北京: 电子工业出版社,2005.11

第 7 章

基于体系结构的软件开发

7.1 设计模式

7.1.1 设计模式概述

随着面向对象技术的出现和广泛使用,一方面软件的可重用性在一定程度上已经有所解决,另一方面对软件可重用性的要求同时也越来越高。设计面向对象的软件很难,而设计可重复使用的面向对象的软件难度更大。开发人员必须找到适当的对象,将它们分解到粒度合适的类、定义类接口和继承体系,并建立它们之间的关键联系。

在某个时候,设计师的设计可能是针对当前的具体问题而进行的,但它应该可能通用到足以适应未来的问题和需求。因为他们总是希望避免重复设计,至少将之减少到最低水平。在一个设计完成之前,有经验的面向对象的设计师往往要重复使用若干次,而且每次都要进行改进。他们知道,不能只用最初的方法解决每个问题,常常重复使用那些过去用过的解决方案。当他们找到一个好的解决方案时,总是一次又一次地使用它。这些经验也正是他们成为专家的法宝,这就是设计经验的价值。

因此,我们可将设计面向对象软件的经验记录成"设计模式"(design pattern)。每个设计模式都有系统的命名、解释和评价了面向对象系统中一个重要的设计。我们的目标是将设计经验收集成人们可以有效利用的模型。为此,可以记录一些最重要的设计模式,并以目录形式表现出来。

利用设计模式可方便地重用成功的设计和结构。把已经证实的技术表示为设计模式,使它们更加容易被新系统的开发者所接受。设计模式帮助设计师选择可使系统重用的设计方案,避免选择危害到可重用性的方案。设计模式还提供了类和对象接口的明确的说明书和这些接口的潜在意义,来改进现有系统的记录和维护。

设计模式的概念最早是由美国的一位叫做 christopher Alexander 的建筑理论家提出来的,他试图找到一种结构化、可重用的方法,以在图纸上捕捉到建筑物的基本要素。他把注意力放在建筑物和城镇的设计和结构上,可是逐渐地他的思想影响了软件研究,并在最近流行起来。Alexander 提出的模式是指经过时间考验的解决方案,使用模式可以降低解决问题的复杂度。在编程时,很多情况下代码都不是从头编写,而是经过模仿得到,即从别处搬过来,再经过一定改造使之适应当前情况。设计模式可以视为这种模仿的一种抽象,包含一组规则,描述了如何在软件开发领域中完成一定的任务。从这个意义上讲,所有的算法都属于编程领域的设计模式。面向对象的设计模式解决如何在面向对象软件开发中完成一定的任务。

在介绍设计模式的具体定义之前,我们先看一个例子:模型-视图-控制器(model view controller,MVC)在开发人机界面软件时考虑这种模式。用户界面承担着向用户显示问题模型、与用户进行操作、输入/输出交互的作用。用户希望保持交互操作界面的相对稳定,但更希望根据需要改变和调整显示的内容和形式。例如,要求支持不同的界面标准或得到不同的显示效果,适应不同的操作需求。这就要求界面结构能够在不改变软件功能的情况下,支持用户对界面结构的调整。要做到这一点,从界面构成的角度看,困难在于:在满足对界面要求的同时,如何使软件的计算模型独立于界面的构成。MVC 就是这样的一种交互界面的结构组织模型。

对于界面设计可变性的需求,MVC 把交互系统的组成分解成模型、视图、控制三种构件。其中模型构件独立于外在显示内容和形式,是软件所处理的问题逻辑的内在抽象,它封装了问题的核心数据、逻辑和功能的计算关系,独立于具体的界面表达和输入/输出操作;视图构件把表示模型数据及逻辑关系和状态的信息以特定形式展示给用户,它从模型获得显示信息,对于相同的信息可以有多个不同的显示形式或视图;控制构件处理用户与软件的交互操作,其职责是决定软件的控制流程,确保用户界面与模型间的对应联系,它接受用户的输入,将输入反馈给模型,进而实现对模型的计算控制,它是使模型和视图协调工作的部件。

模型、视图与控制器的分离,使得一个模型可以具有多个显示视图。如果用户通过某个视图的控制器改变了模型的数据,所有其他依赖于这些数据的视图都应反映出这些变化。因此,无论何时发生了何种数据变化,控制器都会将变化通知所有的视图,导致显示的更新。

图 7-1 所示的对象模型技术类图描述了 MVC 解决方案。

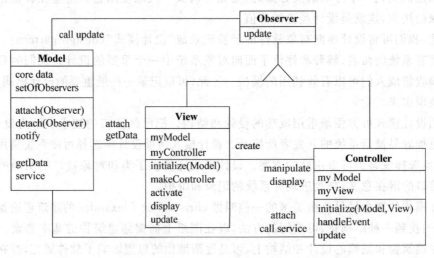

图 7-1　MVC 解决方案

从上面的例子中,我们可以导出软件体系结构模式的下列属性:

一个模式关注一个在特定设计环境中出现的重现设计问题,并为它提供一个解决方案。在我们的例子中,问题是支持用户界面的可变性。开发人机交互软件系统时,这个问题就会出现。

所谓设计模式,简单地理解,是一些设计面向对象的软件开发的经验总结。一个设计模式事实上是系统地命名、解释和评价某一个重要的可重现的面向对象的设计方案。正如 Alexander 所说的:"每一个模式描述了一个在我们身边一再发生的问题,它告诉我们这个问题的解的关键,以使你可以成千上万次地利用这个解,而不需要再一次去解它。"尽管 Alexander 所说的是有关建筑和城镇的模式,它同样适用于面向对象的设计模式,只不过要解决的问题是软件开发中一再出现的问题。

受到普通认可的设计模式的定义是由 Dirk Riehle 和 Heinz Zullighoven 于 1996 年在其论文《*Understanding and Using Patterns in Software Development*》中给出的:"模式是指从某个具体的形式中得到的一种抽象,在特殊的非任意性的环境中,该形式不断地重复出现"。

模式的概念是"随设计中要解决的问题的变化而变化的"。更明确地说,重复发生的具体形式就是这一重复出现的问题的解。但是一个模式又并不仅仅是它的解。问题是在一个特殊的环境中发生的,因此有很多复杂的考虑因素。给定一个环境,所提出的问题包含了一些平衡各方面考虑的结构,或称为"权衡"。使用模式的形式,解决方案的描述可以把握住方案所体现的本质,故而别人可以从中学到一些东西,进而在相似的情况下可以进行应用。每个模式都有一个名字,帮助我们讨论模式和它所给出的信息。

综上所述,我们认为,一个软件体系结构的模式描述了一个出现在特定设计语境中的特殊的再现设计问题,并为它的解决方案提供了一个经过充分验证的通用图示。解决方案图示通过描述其组成构件及其责任和相互关系以及它们的协作方式来具体指定。

一个好的模式必须做到以下几点:

① 解决一个问题。从模式可以得到解,而不仅仅是抽象的原则或策略。

② 是一个被证明了的概念。模式通过一个记录得到解,而不是通过理论或推测。

③ 解并不是显然的。许多解决问题的方法(例如软件设计范例或方法)是从最基本的原理得到解;而最好的方法是以非直接的方式得到解,对大多数比较困难的设计问题来说,这是必要的。

④ 描述了一种关系。模式并不仅仅描述模块,它给出更深层的系统结构和机理。

⑤ 模式有重要的人为因素。所有的软件服务于人类的舒适或生活质量,而最好的模式追求它的实用性和美学。

关于设计模式,目前的研究方向主要有:设计模式与其他面向对象设计方法(如特定领域的框架)的关系,它们各自的优劣和适应范围。除此而外,人们还在各个方面总结设计模式(如通信等领域等),以及研究如何让设计模式的使用更加自动化等。关于设计模式还有很多工作要做,而且它并不是一个只要看一遍就能掌握的方法。在工作中要不断总结、不断回顾以前使用过的设计模式。不同的模式之间有联系,同时也有各自的优缺点,在应用中要注意仔细考虑、权衡利弊、加以取舍。只有这样才可能真正用好设计模式。

7.1.2 设计模式的组成

1. 设计模式的基本成分

一般地说,一个模式有以下四个基本成分。

(1) 模式名称

模式名称通常用来描述一个设计问题、它的解法和后果,由一到两个词组成。模式名称的产生使我们可以在更高的抽象层次上进行设计并交流设计思想。因此寻找好的模式名称是一个很重要也是很困难的工作。

(2) 问题

问题告诉我们什么时候要使用设计模式、解释问题及其背景。例如,模型-视图-控制器模式关心用户界面经常变化的问题。它可能描述诸如如何将一个算法表示成一个对象这样的特殊设计问题。在应用这个模式之前,也许还要给出一些该模式的适用条件。

模式的问题陈述用一个强制条件(force)集来表示。该词最初是从建筑学和 Christopher Alexander 那里借用来的,模式组织使用术语"强制条件"来说明问题要解决时应该考虑的各个方面,例如:

- 解决方案必须满足的需求。例如,对等进程间通信必须是高效的。
- 必须考虑的约束。例如,进程间通信必须遵循特定协议。
- 解决方案必须具有期望的特性。例如,软件更改应该是容易的。

模型-视图-控制器模式指出了两个强制条件:它必须易于修改用户界面,但软件的功能核心不能被修改所影响。一般地,强制条件从多个角度讨论问题并有助于设计师了解它的细节。强制条件可以相互补充或相互矛盾。例如,系统的可扩展性与代码的最小化构成了两个相互矛盾的强制条件。如果希望系统可扩展,那么就应倾向于使用抽象超类。如果想使代码最小化(例如:用于嵌入式系统),就不能承受抽象超类的奢侈。但更重要的是,强制条件是解决问题的关键。它们平衡得越好,对问题的解决方案就越好。所以,强制条件的详细讨论是问题陈述的重要部分。

(3) 解决方案

解决方案描述设计的基本要素,它们的关系、各自的任务以及相互之间的合作。解决方案并不是针对某一个特殊问题而给出的。设计模式提供有关设计问题的一个抽象描述以及如何安排这些基本要素以解决问题。一个模式就像一个可以在许多不同环境下使用的模板,抽象的描述使我们可以把该模式应用于解决许多不同的问题。

模式的解决方案部分给出了如何解决再现问题,或者更恰当地说是如何平衡与之相关的强制条件。在软件体系结构中,这样的解决方案包括两个方面。

第一,每个模式规定了一个特定的结构,即元素的一个空间配置。例如,MVC模式的描述包括以下语句:"把一个交互应用程序划分成三部分:处理、输入和输出"。

第二,每个模式规定了运行期间的行为。例如,MVC模式的解决方案部分包括以下陈述:"控制器接收输入,而输入往往是鼠标移动、点击鼠标按键或键盘输入等事件。事件转换成服务请求,这些请求再发送给模型或视图"。

值得注意的是：解决方案不必解决与问题相关的所有强制条件。可以集中于特殊的强制条件，而对于剩下的强制条件进行部分解决或完全不解决，特别是强制条件相互矛盾时。

（4）后果

后果描述应用设计模式后的结果和权衡。比较与其他设计方法的异同，得到应用设计模式的代价和优点。对于软件设计来说，通常要考虑的是空间和时间的权衡。也会涉及语言问题和实现问题。对于一个面向对象的设计而言，可重用性很重要，后果还包括对系统灵活性、可扩充性及可移植性的影响。明确看出这些后果有助于理解和评价设计模式。

另外，不同的观点会影响人们对什么是设计模式的解释。某一个人的模式对另一个人来说可能只是一个基本的构造块。这里把设计模式处理到一定的抽象程度，它不用于直接编码或类重用，也不是复杂到可作为一个完整的应用或子系统的领域专用的设计，而是对一定的对象与类的关系进行描述，进而可对其进行一定程度的修改使之可解决在一定条件下的通用设计问题。

设计模式命名、抽象并确定了一个普遍的设计结构的关键方面。这些方面有助于得到可重用的面向对象的设计。设计模式确定了参与的类和实例、它们的地位和协作，以及责任的分配。每一个设计模式都集中于特定的面向对象设计问题，描述了何时使用、是否能在其他设计约束条件下使用及使用后的结果和折中。

2. 设计模式的描述

如果我们要理解和讨论模式，就必须以适当形式描述模式。好的描述有助于我们立即抓住模式的本质，即模式关心的问题是什么，以及提出的解决方案是什么。

模式也应该以统一方式来描述。这有助于我们对模式进行比较，尤其在我们为一个问题寻求可选择的解决方案时。那么，如何描述一个设计模式呢？仅仅依靠图示的方法是不够的。尽管图示的方法很重要也很有用，但它们只能把设计的最终结果表示成一些类和对象的关系。事实上，为了重用该设计，我们还应该记录下产生这个设计的决策和权衡过程。具体的实例也很重要，从中可以看到设计模式的运转过程。模式概念的创始者 Alexander 采用表 7-1 的格式来描述设计模式。

表 7-1 Alexander 采用的格式

```
IF      you find yourself in CONTEXT
            For example EXAMPLES,
            With PROBLEM,
            Entailing FORCESS
THEN    for some REASONS,
            Apply DESIGN FORM AND/OR RULE
            To construct SOLUTION
            Leading to NEW CONTEXT and OTHER PATTERNS
```

Erich Gamma 博士等人采用下面的固定模式来描述，这也是目前最常用的格式。

（1）模式名称和分类：模式名称和一个简短的摘要。

（2）目的：回答下面的问题，即本设计模式的用处、它的基本原理和目的、它针对的是什么特殊的设计问题。

（3）别名：由于设计模式的提取是由许多专家得到的，同一个模式可能会被不同的专家冠以不同的命名。

（4）动机：描述一个设计问题的方案，以及模式中类和对象的结构是如何解决这个问题。

（5）应用：在什么情况下可以应用本设计模式，如何辨认这些情况。

（6）结构：用对象模型技术对本模式的图像表示。另外，也给出了对象间相互的要求和合作的内在交互图。

（7）成分：组成本设计模式的类和对象及它们的职责。

（8）合作：成分间如何合作实现它们的任务。

（9）后果：该模式如何支持它的对象；如何在使用本模式时进行权衡，即其结果如何；可以独立地改变系统结构的哪些方面。

（10）实现：在实现本模式的过程中，要注意哪些缺陷、线索或者技术；是否与编程语言有关。

（11）例程代码：说明如何用 C++ 或其他语言来实现该模式的代码段。

（12）已知的应用：现实系统中使用该模式的实例。

（13）相关模式：与本模式相关的一些其他模式，它们之间的区别，以及本模式是否要和其他模式共同使用。

在特定的软件开发领域中，可以用不同的描述方法。描述过程中，可以忽略这 13 个要素中的某些要素（例如，可以忽略"别名"），或者可以合并几个要素成一个要素（例如，可以把"应用"和"已知的应用"合并）。

7.1.3 模式和软件体系结构

判断模式取得成功的一个重要准则是它们在多大程度上达到了软件工程的目标。模式必须支持复杂的、大规模系统的开发、维护以及演化。它们也必须支持有效的产业化的软件生产，否则它们就只是停留在有趣的智能概念上，而对于构造软件没有什么用途。

1. 模式作为体系结构构造块

我们已经知道，在开发软件时，模式是处理受限的特定设计方面的有用构造块。因此，对软件体系结构而言，模式的一个重要目标就是用已定义属性进行特定的软件体系结构的构造。例如，MVC 模式提供了一个结构，用于交互应用程序的用户界面的裁剪。

软件体系结构的一般技术，例如使用面向对象特征（如继承和多态性）的指南，并没有针对特定问题的解决方案。绝大多数现有的分析和设计方法在这一层次也是失败的。它们仅仅提供构建软件的一般技术，特定体系结构的创建仍然基于直觉和经验。

模式使用特定的面向问题的技术来有效补充这些通用的与问题无关的体系结构技术。注意，模式不会舍弃软件体系结构的现有解决方案，相反，它们填补了一个没有被现有技术覆盖的缺口。

2. 构造异构体系结构

单个模式不能完成一个完整的软件体系结构的详细构造,它仅仅帮助设计师设计应用程序的某一方面。然而,即使正确设计了这个方面,整个体系结构仍然可能达不到期望的所有属性。为"整体上"达到软件体系结构的需求,需要一套丰富的涵盖许多不同设计问题的模式。可获得的模式越多,能够被适当解决的设计问题也会越多,并且我们可以更有力地支持构造带有已定义属性的软件体系结构。

为了有效使用模式,需要将它们组织成模式系统(pattern system)。模式系统统一描述模式,对它们分类,更重要的是,说明它们之间如何交互。模式系统也有助于设计师找到正确的模式来解决一个问题或确认一个可选解决方案。这和模式目录(pattern catalog)相反,在模式目录中每个模式描述的多少与别的模式无关。

3. 模式和方法

好的模式描述也包含它的实现指南,我们可将其看成是一种微方法(micro-method),用来创建解决一个特定问题的方案。通过提供方法的步骤来解决软件开发中的具体再现问题,这些微方法补充了通用的但与问题无关的分析和设计方法。

4. 实现模式

从模式与软件体系结构的集成中产生的另一个方面是用来实现这些模式的一个范例。目前的许多软件模式具有独特的面向对象风格。所以,人们往往认为,能够有效实现模式的惟一方式是使用面向对象编程语言,其实不然。

一方面,许多模式确实使用了诸如多态性和继承性等面向对象技术。策略(strategy)模式和代理(proxy)模式是这种模式的例子。另一方面,面向对象特征对实现这些模式并不是最重要的。例如,代理模式通过放弃继承性而失去了一小部分简洁性。在 C 中实现策略模式可以通过采用函数指针来代替多态性和继承性。

在设计层次,大多数模式只需要适当的编程语言的抽象机制,如模块或数据抽象。因此,可以用几乎所有的编程范例并在几乎所有的编程语言中来实现模式。另外,每种编程语言都有它自己特定的模式,即语言的惯用法。这些惯用法捕获了现有的有关该语言的编程经验并为它定义了一个编程风格。

总之,我们可以说:没有单个的范例或语言可以用来实现模式。模式可以与构造软件体系结构用到的每一个范例进行集成。

7.1.4 设计模式方法分类

1. Coad 的面向对象模式

1992 年,美国面向对象技术的大师 Peter Coad 从 MVC 的角度对面向对象系统进行了讨论,设计模式由最底层的构成部分(类和对象)及其关系来区分。他使用了一种通用的方式来描述一种设计模式。

(1) 模式所能解决问题的简要介绍与讨论。
(2) 模式的非形式文本描述以及图形表示。
(3) 模式的使用方针：在何时使用以及能够与哪些模式结合使用。

将 Coad 的模式划分为以下三类。

(1) 基本的继承和交互模式：主要包括面向对象程序设计语言所提供的基本建模功能，继承模式声明了一个类能够在其子类中被修改或被补充，交互模式描述了在有多个类的情况下消息的传递。

(2) 面向对象软件系统的结构化模式：描述了在适当情况下，一组类如何支持面向对象软件系统结构的建模。主要包括条目(item)描述模式、为角色变动服务的设计模式和处理对象集合的模式。

(3) 与 MVC 框架相关的模式。

几乎所有 Coad 提出的模式都指明如何构造面向对象软件系统，有助于设计单个的或者一小组构件，描述了 MVC 框架的各个方面。但是，他没有重视抽象类和框架，没有说明如何改造框架。

2. 代码模式

代码(coding)模式的抽象方式与面向对象程序设计语言中的代码规范很相似，该类模式有助于解决某种面向对象程序设计语言中的特定问题。代码模式的主要目标在于：

(1) 指明结合基本语言概念的可用方式。
(2) 构成源码结构与命名规范的基础。
(3) 避免面向对象程序设计语言(尤其是 C++ 语言)的缺陷。

代码模式与具体的程序设计语言或者类库有关，它们主要从语法的角度对软件系统的结构方面提供一些基本的规范。这些模式对于类的设计不适用，同时也不支持程序员开发和应用框架，命名规范是类库中的名字标准化的基本方法，以免在使用类库时产生混淆。

3. 框架应用模式

在应用程序框架"菜谱"(application framework cookbook recipes)中有很多"菜谱条"，它们用一种不很规范的方式描述了如何应用框架来解决特定的问题。程序员将框架作为应用程序开发的基础，特定的框架适用于特定的需求。"菜谱条"通常并不讲解框架的内部设计实现，只讲如何使用。

不同的框架有各自的"菜谱"，例如 Glenn E. Krasner 和 Stephen T. Pope 在 1988 年出版的《*A cookbook for using the Model-View-Controller user interface paradigm in Smalltalk-80*》书中，提出了如何使用 MVC 框架的"菜谱"，苹果公司在 1989 年提出的"菜谱"说明如何利用 MacApp 的 GUI 应用程序框架在 Macintosh 机器上开发应用系统，还有其他一些学者提出了建立图形编辑器框架的"菜谱"等。

实践证明，"菜谱"的概念非常适合于框架的应用，它覆盖了大部分典型的框架应用，但是这些"菜谱"基本上都是不完全的。在"菜谱"中说明的应用情况越多，就越不容易找到相应的"菜谱条"，并且有的应用可以用数种方案来解决，或者要用数种方案的结合来解决，这种交错结构的不清晰性使程序员很容易糊涂。为了避免这样的问题，"菜谱"应该由那些对框架本身有相当深入的理解的人来撰写，最理想的情况是由框架的开发者来撰写。

超文本系统能够很好地支持这种"菜谱"方法,更高级的超文本系统(例如 ET++)已经超出了简单的应用"菜谱"的范畴,它们还可以基于设计模式方法(例如:设计模式目录,元模式等)来对框架的设计做文档。

4. 形式合约

形式合约(formal contracts)也是一种描述框架设计的方法,强调组成框架的对象间的交互关系。有人认为它是面向交互的设计,对其他方法的发展有启迪作用。但形式化方法由于其过于抽象,而有很大的局限性,仅仅在小规模程序中使用。

Richard Helm 等人是形式合约模式的倡导者,他们最先在面向对象系统领域内探索用抽象的方法来描述被他们称为行为合成(behavioral composition)的内容。他们所使用的规范符号有如下优点:

① 符号所包含的元素很少,并且其中引入的概念能够被映射成为面向对象程序设计语言中的概念。例如,参与者映射成为对象。

② 形式合约中考虑到了复杂行为是由简单行为组成的事实,合约的修订和扩充操作使得这种方法很灵活,易于应用。

形式合约模式的缺点有以下三点:

① 在某些情况下很难用,过于繁琐。若引入新的符号,则又使符号系统复杂化。

② 强制性地要求过分精密,从而在说明中可能发生隐患(例如冗余)。

③ 形式合约的抽象程度过低,接近面向对象的程序设计语言,不易分清主次。

5. 设计模式目录的内容

Gamma 在他的博士论文中总结了一系列的设计模式,做出了开创性的工作。他用一种类似分类目录的形式将设计模式记载下来。我们称这些设计模式为设计模式目录。根据模式的目标(所做的事情),可以将它们分成创建性模式(creational)、结构性模式(structural)和行为性模式(behavioral)。创建性模式处理的是对象的创建过程,结构性模式处理的是对象/类的组合,行为性模式处理类和对象间的交互方式和任务分布。根据它们主要的应用对象,又可以分为主要应用于类的和主要应用于对象的。表 7-2 是 Gamma 总结的 23 种设计模式。

表 7-2 设计模式目录的分类

目的	设 计 模 式	简 要 说 明	可改变的方面
创建性	Abstract Factory	提供创建相关的或相互信赖的一组对象的接口,使我们不需要指定类	产品对象族
	Builder	将一个复杂对象的结构与它的描述隔离开来,使我们使用相同的结构可以得到不同的描述	如何建立一种组合对象
	Factory Method*	定义一个创建对象的接口,但由子类决定需要实例化哪一个类	实例化子类的对象
	Prototype	使用一个原型来限制要创建的类的类型,通过拷贝这个原型得到新的类	实例化类的对象
	Singleton	保证一个类只有一个实例,并提供一个全局性的访问点	类的单个实例

续表

目的	设计模式	简要说明	可改变的方面
结构性	Adapter*	将一个类的接口转换成用户希望得到的另一种接口。它使原本不相容的接口得以协同工作	与对象的接口
	Bridge	将类的抽象概念和它的实现分离开来,使它们可以相互独立地变化	对象的实现
	Composite	将对象组成树结构来表示局部和整体的层次关系。客户可以统一处理单个对象和对象组合	对象的结构和组合
	Decorator	给对象动态地加入新的职责。它提供了用子类扩展功能的一个灵活的替代	无子类对象的责任
	Façade	给一个子系统的所有接口提供一个统一的接口。它定义了更高层的接口,使该子系统更便于使用	与子系统的接口
	Flyweight	提供支持大量细粒度对象共享的有效方法	对象的存储代价
	Proxy	给另一个对象提供一个代理或定位符号,以控制对它的访问	如何访问对象,对象位置
行为性	Chain of Responsibility	通过给多个对象处理请求的机会,减少请求的发送者与接收者之间的耦合。将接收对象链接起来,在链中传递请求,直到有一个对象处理这个请求	可满足请求的对象
	Command	将一个请求封装为一个对象,从而将不同的请求对数化并进行排队或登记,以支持撤销操作	何时及如何满足一个请求
	Interpreter*	给定一种语言,给出它的语法的一种描述方法和一个解释器,该解释器用这种描述方法解释语言中的句子	语言的语法和解释
	Iterator	提供一种顺序性访问一个聚集对象中元素的方法,而不需要暴露它的底层描述	如何访问、遍历聚集的元素
	Mediator	定义一个对象来封装一系列对象的交互。它保持对象间避免显式地互相联系,而消除它们间的耦合,还可以独立地改变对象间的交互	对象之间如何交互及哪些对象交互
	Memento	在不破坏封装的条件下,获得一个内部状态并将它外部化,从而可以在以后使对象恢复到这个状态	何时及哪些私有信息存储在对象之外
	Observer	定义一个对象间一对多的信赖关系,当一个对象改变状态时,所有与它有信赖关系的对象都得到通知并自动更新	信赖于另一对象的对象数量,信赖对象如何保持最新数据
	State	允许一个对象在内部状态改变时的行为,对象看起来似乎能改变自己的类	对象的状态
	Strategy	定义一族算法,对每一个都进行封装,使它们互相可交换。它使算法可以独立于它的用户而变化	算法
	Template Method*	定义一个操作的算法骨架,使某些步骤决定于子类。它使子类重定义一个算法的某些步骤,但不改变整个算法的结构	算法的步骤
	Visitor	描述在一个对象结构中对某个元素需要执行的一个操作。它使我们在不改变被操作的元素类的条件下定义新操作	无需改变其类而可应用于对象的操作

其中带 * 为关于类的,其他是关于对象的。

7.2 基于体系结构的设计方法

为软件系统设计一个体系结构不是一件容易的事,软件必须长期运行和具有自适应性,它必须支持广义的软件需求,详细的需求要等到最终产品开发完成后才能知道。而且,在作出最基本的设计决定时,就要进行初步的体系结构设计,这些决策一旦出现错误,就难以改正。为了有效地设计一个软件体系结构,软件设计师需要一个严格的设计方法,这些方法关注创造性的过程,为处理非确定软件需求提供策略,在设计过程中,为组织作出设计决策提供指导。

在本节中,我们将介绍基于体系结构的软件设计(architecture-based software design, ABSD)方法。ABSD方法为产生软件系统的概念体系结构提供构造,概念体系结构是由 Hofimeister、Nord 和 Soni 提出的四种不同的体系结构中的一种,它描述了系统的主要设计元素及其关系。概念体系结构代表了在开发过程中作出的第一个选择,相应地,它是达到系统质量和商业目标的关键,为达到预定功能提供了一个基础。

ABSD方法取决于决定系统的体系结构驱动。所谓体系结构驱动,是指构成体系结构的商业、质量和功能需求的组合。使用 ABSD 方法,设计活动可以在体系结构驱动一决定就开始,这意味着需求抽取和分析还没有完成(甚至远远没有完成),就开始了软件设计。设计活动的开始并不意味着需求抽取和分析活动就可以终止,而是应该与设计活动并行。特别是在不可能预先决定所有需求时,例如产品线系统或长期运行的系统,快速开始设计是至关重要的。

ABSD方法有三个基础。第一个基础是功能的分解。在功能分解中,ABSD方法使用已有的基于模块的内聚和耦合技术。第二个基础是通过选择体系结构风格来实现质量和商业需求。第三个基础是软件模板的使用。软件模板利用了一些软件系统的结构。然而,对于设计方法来说,软件模板的使用是一个新概念。

软件模板是一个特殊类型的软件元素,包括描述所有这种类型的元素在共享服务和底层构造的基础上如何进行交互。软件模板还包括属于这种类型的所有元素的功能,这些功能的例子有:每个元素必须记录某些重大事件,每个元素必须为运行期间的外部诊断提供测试点等。在软件产品线系统中,软件模板显得格外重要,因为新元素的引入是一个通用的技术,这种技术用来使产品线体系结构适应一个特定的产品。

ABSD方法是递归的,且迭代的每一个步骤都是清晰地定义的。因此,不管设计是否完成,体系结构总是清晰的,这有助于降低体系结构设计的随意性。

7.2.1 有关术语

1. 设计元素

ABSD方法的目的是组织最早的设计决策,不包括形成实际的软件构件和类,也不包括把构件组织成进程和操作系统线程。我们用"实际构件"这个名字来指已经成为类、进程或线程的构件。另一方面,尽管在 ABSD 方法中不产生实际构件,但有关功能划分和达到不同质量属性的机制的决策还必须作出。ABSD方法是一个递归细化的方法,软件系统的体系结构通过该方法得到细化,直到能产生软件构件和类。

ABSD方法中使用的设计元素如图7-2所示。在最顶层,系统被分解为若干概念子系统和一个或若干个软件模板。在第二层,概念子系统又被分解成概念构件和一个或若干个附加软件模板。

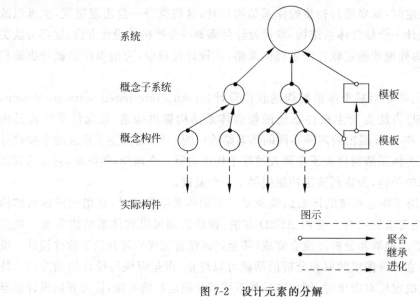

图7-2 设计元素的分解

因为ABSD方法是递归的,我们对系统所使用的步骤与对概念子系统所使用的步骤是一样的,与对概念构件所使用的步骤也是一样的。使用"设计元素"这个概念来泛指软件系统、概念子系统或概念构件。设计元素有一个概念接口,该接口封装了输入和输出的数据信息,可能的一种情形是一个阶段的特定设计元素的功能在后续阶段中将发散为若干个设计元素。一旦决定开始构造类、方法、进程或线程,ABSD方法就终止了。然而,我们的经验表明,一旦概念构件已经定义好,则几乎总是可以产生实际构件。

2. 视角和视图

考虑体系结构时,重要的是从不同的视角(perspective)来检查,这促使软件设计师考虑体系结构的不同属性。例如:展示功能组织的静态视角能判断质量特性,展示并发行为的动态视角能判断系统行为特性。在ABSD方法中,我们使用不同的视角来观察设计元素,一个子系统并不总是一个静态的体系结构元素,而是可以从动态和静态视角观察的体系结构元素。

选择的特定视角或视图也就是逻辑视图、进程视图、实现视图和配置视图。使用逻辑视图来记录设计元素的功能和概念接口,设计元素的功能定义了它本身在系统中的角色,这些角色包括功能性能等。本节称第二种视图为并发视图,使用并发视图来检查系统多用户的并发行为。用"并发"来代替"进程",是为了强调没有对进程或线程进行任何操作,一旦这些执行操作,则并发视图就演化为进程视图。我们使用的最后一个视图是配置视图,配置视图代表了计算机网络中的结点,也就是系统的物理结构。配置视图只能用在多处理器的系统中。

3. 用例和质量场景

用例已经成为推测系统在一个具体设置中的行为的重要技术,用例被用在很多不同的场合,在本节中,用例是系统的一个给予用户一个结果值的功能点,用例用来捕获功能需求。

正如用例使功能需求具体化一样,用例还必须使质量需求具体化。所谓的"系统必须易于修改"之类的需求是没有多大意义的,因为相对于某些修改而言,所有的系统都是易于修改的。而相对于另一些修改而言,所有系统又都是难以修改的。所以,上述需求应该按如下格式具体化:"系统应该易于增加下列类型的新功能……"。

在使用用例捕获功能需求的同时,我们通过定义特定场景来捕获质量需求,并称这些场景为质量场景。这样一来,在一般的软件开发过程中,我们使用质量场景捕获变更、性能、可靠性和交互性,分别称之为变更场景、性能场景、可靠性场景和交互性场景。质量场景必须包括预期的和非预期的刺激(stimuli)。例如,一个预期的性能场景是估计每年用户数量增加10%的影响,一个非预期的场景是估计每年用户数量增加100%的影响。非预期场景可能不能真正实现,但它们在决定设计的边界条件时很有用。

7.2.2 ABSD方法与生命周期

图 7-3 描述了 ABSD 方法在生命周期中的位置。尽管我们没有描述一个需求获取、组织或跟踪的特定方法,但还是假设一个需求阶段至少部分地完成,从需求阶段(包括功能需求、质量和商业需求、约束等)获得了输出。ABSD 方法的输出是三个视图的概念构件的集合,包括能够产生每个概念构件的假定、软件模板的集合和那些已经作出的具体实现的决策,我们把具体实现决策当作附加约束来维护。

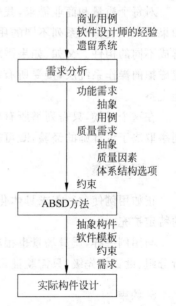

在 ABSD 方法中,必须记录所有作出的决策以及这些决策的原理,这有利于决策的可跟踪性和决策评审。

ABSD 方法的输入由下列部分组成:
① 抽象功能需求,包括变化的需求和通用的需求。
② 用例(实际功能需求)。
③ 抽象的质量和商业需求。
④ 质量因素(实际质量和商业需求)。
⑤ 体系结构选项。
⑥ 约束。

下面描述需求阶段的假定输出,即 ABSD 方法的输入。

图 7-3 ABSD 方法与生命周期

1. 抽象功能需求

ABSD 方法假定需求阶段的输出之一是功能需求的抽象描述,包括这些需求的粗略变化的描述。当获取需求时,考虑所有最终用户是重要的。

对一个特定系统来说，通常有不同类型的最终用户。不同的系统管理员（数据库管理员、系统管理员、网络管理员等）都可以是最终用户。维护工程师也可以是系统的最终用户。总之，一个最终用户就是当系统运行时使用系统的任何人员。

与抽象功能需求相联系的是对公共需求和与这些需求相关的粗略变化的描述，在设计阶段，理解这些需求之间的依赖关系是至关重要的。

我们必须在某种抽象级别上获取功能需求，产品的详细需求往往要等具体产品开发完成后才能知道。当详细需求明确时，抽象功能的获取为详细需求提供了分类。

2. 用例

如前所述，用例是一个或多个最终用户与系统之间的交互的具体表述，在这里，最终用户既可以是操作人员，也可以是与系统进行交互操作的其他软件系统。虽然用例很容易找到和创建，甚至可能有成百上千个，但是，因为需要分析用例，所以必须限制用例的数量。在体系结构设计阶段，只有重要的用例才有用。我们必须对所创建的用例进行分组、设置优先级，以便筛选出最重要的用例，剩下的用例可以在设计阶段的任何时候创建。

3. 抽象的质量和商业需求

对待构建系统的质量和商业需求进行编号，每个质量属性都包含一个特定的刺激，以及希望得到的响应（response）。质量需求要尽量具体化。

4. 体系结构选项

对每个质量和商业需求，我们都要列举能够满足该需求的所有可能的体系结构。例如，如果需求是支持一系列不同的用户界面，则可能的体系结构选择就是把不同的用户界面分解成不同的构件。又如，如果需求是保持操作系统的独立性，则可能的体系结构选择就是构建虚拟的操作系统层，接受所有的操作系统调用（invocation），并解释之为当前操作系统所能支持。

在这个时候，只需列举所有可能的选项，而不需要对这些体系结构选项进行决策，这种列举取决于设计师的经验，既可来自某些书籍介绍，也可直接来自设计师本身的实践。

5. 质量场景

正如用例使功能需求具体化一样，质量场景使质量需求具体化。质量场景是质量需求的特定扩充。

与用例一样，质量场景也很容易找到和创建，可以创建很多个。我们必须对质量场景进行分组、设置优先级，只需验证最重要的质量场景。

6. 约束

约束是一个前置的设计决策，设计过程本身包含决策。某些决策可以直接由商业目标导出而无须考虑对设计的影响。例如，如果一个公司在某个中间件产品上投入了大量资金，那么在产品的选择上就可以不必考虑其他决策。在需求获取阶段，约束主要来自系统的商业目标。

在某些特殊情况下,约束由遗留系统决定。今天,几乎没有软件系统不参考已有的系统,常见的情况的是,新老系统同时并存,或者新系统替代老系统,但是必须尽可能重用老系统的功能。在设计阶段,虽然这些遗留系统处于被设计系统的外部,但设计师必须考虑遗留系统的特征。也就是说,在某种程度上,遗留系统影响着当前的设计,因此,理解遗留系统的结构和解决问题的技术都很重要。出于商业目的,可能要求重用遗留系统的构件,这种需求就变成了约束。

7.2.3 ABSD 方法的步骤

1. ABSD 方法定义的设计元素

ABSD 方法是基于整个系统的分解,设计元素的分解如图 7-2 所示。

每个系统都由应用部分和基础部分组成,尽管这两个部分之间的边界通常并不明显,设计还是要考虑应用和基础需执行的功能。ABSD 方法通过把系统当作应用部分和基础部分的结合体来获取这两类基础需求,这两个部分都归结于系统的分解和后续定义。系统的顶层分解是把系统分解为概念子系统,与概念子系统相关联的是子系统模板。由概念子系统和子系统模板聚合成整个软件系统。每个概念子系统又有自己的相对独立的功能,可通过逻辑视图、并发视图和配置视图来考察。

概念子系统又被分解成概念构件,与概念子系统类似,每一个概念构件也可通过三种视图来考察。与概念构件相关联的是构件模板。

在图 7-2 中,我们把实际构件放到了概念构件分解的下一步。一个实际构件反映了一个软件元素,例如:类。在概念构件和实际构件之间还可能有附加的设计元素,这取决于所设计系统的大小。但是,对于使用 ABSD 方法的系统来说,这些附加级的设计元素不是必需的。

2. 设计元素的产生顺序

图 7-2 展示了 ABSD 方法的设计元素及其关系,但并没有指出元素树的遍历过程。一种可能的方法是对该树进行广度遍历,即在分解任何概念子系统之前先定义所有概念子系统,接着在构建任何实际构件之前先定义所有概念构件。

另一种方法是对该树进行深度遍历,即先把某个概念子系统分解成若干个概念构件,然后把该概念构件再分解成实际构件。

在产生概念子系统时,洞察可能获得的需求可以增加新的需求或修改已有需求,在创建概念构件期间,可根据新的信息重新修改在定义概念子系统期间作出的决策。

而且,为了理解设计选择和选择某个选项进行具体实现,有关设计的某些观点的详细调查可以在过程中的任何时候进行。

对一个特定开发来说,决定遍历设计元素树的考虑如下:

① 领域知识。如果软件设计师有广泛的领域知识,则探索就不一定是必须的了。

② 新技术的融合。如果新技术当作中间件或对操作系统来说,就必须构造原型。这不但可以帮助理解新技术的性能和限制,还可以为体系结构设计团队提供使用新技术的经验。

③ 体系结构设计团队的个人经验。具有不同经验的人可以研究设计元素树的不同部分。

图 7-4 描述了设计元素 A 分解为两个小的设计元素 B 和 C。用图 7-4 来讨论需求和功能之间的内部协作关系。首先单独考察 A,A 必须满足某些需求(功能、商业和性能)。这些需求由 A 的功能来满足。在把 A 分解为 B 和 C 的过程中,A 的功能也被分解成对 B 和 C 的需求。

3. 设计元素的活动

为了分解设计元素,讨论了对设计元素树进行遍历的算法,但没有讨论究竟如何分解一个设计元素。根据 ABSD 方法,利用一组需求(包括功能需求和性能需求)、适合设计元素的一个模板和一组约束来开始分解每个设计元素,这个过程的输出就是一个子设计元素列表,每个子设计元素都有一组需求、一组适合于自身的模板和一组约束。图 7-5 是设计元素分解的一般过程序列示意图,在校验和逻辑视图的定义之间有一个反馈环。当然也可能是从其他视图开始,反馈环用来保证其他视图也在考虑之列。例如:如果系统被设计成为具有非通常的连通性,则软件设计师可能希望从配置视图开始。

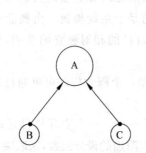

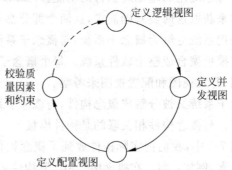

图 7-4　设计元素 A 分解为设计元素 B 和 C

图 7-5　分解一个设计元素的步骤

要注意的是,虽然在图 7-5 中没有注明,其实也可能从并发视图或配置视图直接反馈回逻辑视图。

图 7-6 是逻辑视图定义的步骤示意图。在这个情况下,功能得以分解,一个基本的体系结构风格被选择,功能被分配给所选的风格。

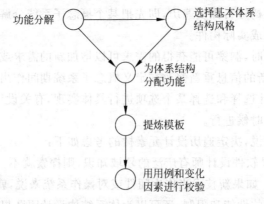

图 7-6　定义逻辑视图

和 ABSD 的所有步骤一样,完成了一个步骤后将对前一个步骤进行重新考虑。例如:当创建了并发视图时,可能要识别在需求中没有考虑到的附加功能。这种功能可以引起对为设计元素重新考虑基本体系结构风格。而且,一个步骤的讨论可以揭示属于后一个步骤的信息。例如:在功能分解的讨论中,可以发现模板项,这些项一旦被发现,就需要记录下来。

作为一个例子,假设某系统的逻辑视图如图 7-7 所示。

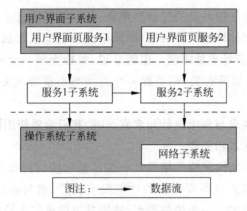

图 7-7　子系统结构逻辑视图

在图 7-7 中,我们采用分层体系结构,用矩形表示概念子系统或概念构件的设计元素。系统共有四个概念子系统,分别为用户界面子系统、服务 1 子系统、服务 2 子系统和操作系统子系统。在用户界面子系统和操作系统子系统中,又包含了更小的构件。每个概念子系统和概念构件有一个功能列表,该列表最初是基于功能需求和用例需求的。

(1) 功能分解

一个设计元素有一组功能,这些功能必须分组。分解的目的是使每个组在体系结构内代表独立的元素。分解可以进一步细化。这种分解的标准取决于对一个特定的设计元素来说是很重要的性能。在不同的性能基础上,可以进行多重分解。

如果像通常的产品一样,在分解中起关键作用的性能要求是可修改的,则功能的分组可选择几个标准。

① 功能聚合。需求分组必须遵守"高内聚低耦合"的原则,这是对功能分解的一个标准技术。用例能够用来检查内聚和耦合,用来处理变化的性能因素,也可用来检查内聚和耦合。

② 数据或计算行为的类似模式。在数据或计算行为上有类似模式的功能应该分在同一组。这意味着展示类似行为取决于使用系统的特定领域。如果数据获取是一个功能,则一个类似模式可能是样本周期。如果一个特定功能是需要很大计算量的,则它应该与其他计算量的功能分在一组。用同一模式存取数据库的功能也应该分在一组。

③ 类似的抽象级别。与硬件相近的功能不应该与那些抽象级别较高的功能分在一组。另一方面,处在同一抽象级别的功能应该分在一组。

④ 功能的局部性。那些为其他服务提供服务的功能不应该与纯局部功能分在一组。

(2) 选择体系结构风格

每个设计元素有一个主要的体系结构风格或模式,这是设计元素如何完成它的功能的基础。主要风格并不是惟一风格，为了达到特定目的，可以进行修改。体系结构风格的选择建立在设计元素的体系结构驱动基础上。因此，这个过程就是为设计元素决定体系结构驱动和从体系结构驱动及功能分解角度考虑问题，决定主要的体系结构风格。

在软件设计过程中，并不总是有现成的体系结构风格可供选择为主要的体系结构风格。在这种情况下，软件设计师应该设计一种新的风格来适合现有实际情况。有时，一个设计元素的功能包含一组相对独立的子功能，一个主要的风格不足以辨识。在这种情况下，选择一个具有与设计元素外界连接的独立的过滤器风格，是一种好的选择。

一旦选定了一个主要的体系结构风格，该风格必须适应基于属于这个设计元素的质量需求，体系结构选择必须满足质量需求。也就是说，要检查每一个质量需求，判断它是否与所分解的设计元素有关，如果有关，则选择一个选项与质量需求关联和应用到风格的选择之中。

当一个特定的质量需求与多个设计元素有关时，我们希望使用同样的选择，以使该选择在设计记录中与该设计元素相关联。

选择和细化一个体系结构风格的结果是一组体系结构构件类型，例如，可以是一个"客户"类型，该"客户"既与客户机所要计算的功能没有关系，也与存在多少个实例没有关系。这些问题都将在下一步决定。一些构件类型，特别是由质量需求导出的构件，可能与功能有关联，例如"虚拟设备"。

为设计元素选择体系结构风格是一个重要的选择，这种选择在很大程度上依赖于软件设计师的个人设计经验。可供选择的风格有运行时风格（例如客户/服务器结构）、开发时风格（例如层次式结构），或者二者兼有（例如三层结构）。在任何情况下，风格的选择可能产生附加功能，这些附加功能必须要加到功能组中。

（3）为风格分配功能

选择体系结构风格时产生了一组构件类型，我们必须决定这些类型的数量和每个类型的功能，这就是分配的目的。在功能分解时产生的功能组，应该分配给选择体系结构风格时产生的构件类型，这包括决定将存在多少个每个构件类型的实例，每个实例将完成什么功能。这样分配后产生的构件将作为设计元素分解的子设计元素。

每个设计元素的概念接口也必须得到标识，这个接口包含了设计元素所需的信息和在已经定义了的体系结构风格内的每个构件类型所需要的数据和控制流。

重复以上三个步骤，需在各种质量属性之间进行折中处理，软件设计师必须判断在哪里折中会合适些。

（4）细化模板

被分解的设计元素有一组属于它的模板。在 ABSD 方法的初期，系统没有模板。当模板细化了以后，就要把功能增加上去。这些功能必须由实际构件在设计过程中加以实现。

对于存在的模板的每个功能来说，要考虑如下问题：这些功能的方方面面是否都由子设计元素处理了，或者这些功能仍然留在当前区域？该问题有两种可能答案：

① 这些功能仍然留在当前区域。此时，无须做任何事情。

② 功能将在各方面进行分解，满足当前区域。

子设计元素的功能也要检查，决定应该加到模板。

① 这些功能是可以被某些子设计元素所共享,而不是某个子设计元素专有;
② 每个子设计元素必须有管理的职责,例如错误处理、活动日志或为外部诊断提供检查点。

最后,需要检查模板的功能,以判断是否需要增加附加功能到系统任何地方的设计元素中。也就是说,要识别在该级别上已经存在的任何横向服务。模板包括了什么是一个好的设计元素和哪些应该共享的功能。每种类型的功能可以需要附加支持功能,这种附加功能一旦得到识别,就要进行分配。

(5) 功能校验

用例用来验证他们通过有目的的结构能够达到。子设计元素的附加功能将可能通过用例的使用得到判断。然而,如果用例被广泛地使用于功能分解的过程中,将几乎不能发现附加功能。

也可以使用变化因素,因为执行一个变化的难点取决于功能的分解。

从这种类型的校验出发,设计就是显示需求(通过用例)和支持修改(通过变化因素)。

(6) 创建并发视图

检查并发视图的目的是判断哪些活动是可以并发执行的。这些活动必须得到识别,产生进程同步和资源竞争。

对并发视图的检查是通过虚拟进程来实现的。虚拟进程是通过程序、动态模块或一些其他的控制流执行的一条单独路径。虚拟进程与操作系统的进程概念不一样,操作系统的进程包括了额外的地址空间的分配和调度策略。一个操作系统进程是几个虚拟进程的连接点,但每个虚拟进程不一定都是操作系统进程。虚拟进程用来描述活动序列,使同步或资源竞争可以在多个虚拟进程之间进行。

用例用来检查两个用户的影响,并行性影响一个用户的活动。

发现同步和资源竞争可能增加新的功能。例如:资源管理可以增加,用来管理竞争。在这种情况下,新功能必须分配为设计元素的功能。

例如,图 7-8 描述了一个用例确定在初始化阶段必须发生的数个功能的初始化过程,其中箭头表示线程。

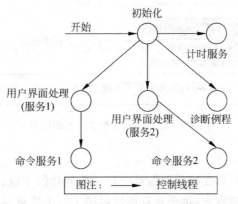

图 7-8 初始化阶段的进程视图

我们假设系统在启动后,直接进入初始化阶段,在这个阶段,一些后台事务(例如:计时服务和诊断)开始执行,而且假设用户界面必须准备就绪,能够接受用户的输入,我们还假设启动了两个不同的相互独立的和并行运行的用户界面。其中最后一个假设的目的是使用户界面一定总是准备就绪,以接受外部输入,这就意味着用户界面必须与先前执行的命令并行运行。

在图 7-8 中,椭圆代表在分析该用例阶段确认的特定功能,其中有三个功能(计时、诊断和初始化)不是在先前就确定为任何设计元素的功能的。

值得注意的是,并发视图描述了贯穿设计元素的不同控制线程,也就是说,设计元素及其功能是每个视图的基本之所在。对视图进行推理,将导致为设计元素增加功能。

(7) 创建配置视图

如果在一个系统中,使用了多个处理器,则需要对不同的处理器配置设计元素,这种配置通过配置视图来进行检查。例如,我们检查网络对虚拟线程的影响,一个虚拟线程可以通过网络从一个处理器传递到另一个处理器。我们使用物理线程来描述在某个特定处理器中的线程。也就是说,一个虚拟线程是由若干个物理线程串联而成的。通过这种视图,可以发现一个单一的处理器上的同步的物理线程和把一个虚拟线程从一个处理器传递到其他处理器上的需求。

在配置视图中,使用配置单元的概念,配置单元是能分配给处理器的最小设计元素,其准确大小取决于设计元素的粒度。必须作出哪个级别的设计元素组成一个配置单元的决策。如果一个设计元素的粒度大于配置单元,则需要对其进行分解,分配给数个处理器。如果一个设计元素的粒度小于或等于配置单元,则创建配置视图就意味着必须作出配置决策。

例如,在图 7-7 的基础上,我们可以确认下列配置单元:用户界面页服务 1、用户界面页服务 2、服务 1、服务 2 和操作系统。图 7-9 描述了不同的设计元素是如何映射为配置单元的。

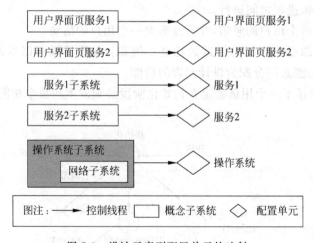

图 7-9 设计元素到配置单元的映射

(8) 验证质量场景

一旦创建了三个视图,就要把质量场景应用到所创建的子设计元素上。对每个质量场景,都要考虑是否仍然满足需求,每个质量场景包括了一个质量属性刺激和所期望的响应。考虑到目前为止所作出的设计决策,看其是否能够达到质量属性的要求。

如果不能达到,则需重新考虑设计决策,或者设计师必须接受创建质量场景失败的现实。

(9) 验证约束

最后一步就是要验证所有的约束没有互相矛盾的地方,对每一个约束,都需提问"该约束是否有可能实现?"。一个否定的回答就意味着对应的质量场景也不能满足。这时,需要把问题记录进文档,对导致约束的决策进行重新验证。

7.3 体系结构的设计与演化

面向对象已经成为软件开发方法的主流思想,而以演化和增量(increment)方法为基础的迭代开发过程已经成为面向对象开发过程的标准。然而,应用这些迭代方法的软件开发也导致了很多新的问题。使用传统的瀑布过程进行软件开发,可以对将要开发的软件进行明确的描述,也就是说,在软件产品开发出来之前,我们就已经知道该软件将具有什么功能,满足哪些性能。当使用迭代过程进行开发时,随着软件需求不断地发生变化,最终软件产品可能与初始原型(initial prototype)相差很大。如果软件体系结构设计不当,在每一个演化过程中,可能需要修改很多模块和代码,甚至修改整个软件体系结构。

对于软件项目的开发来说,一个清晰的软件体系结构是首要的。即使在初始原型阶段,也不例外。然而,在系统开发的初始阶段就设计好系统的最终结构是不可能的,也是不现实的,因为,需求还在不断地发生变化。所以,一个好的软件体系结构应该可以创建或再创建功能、用户界面和问题域(problem domain)模型,演化原型以满足新的软件需求。也就是说,软件体系结构本身也是可演化的,这种演化可基于需求的变化、增进了对问题域的理解、对实现系统的技术方式的进一步理解。从这种意义上来说,不但软件系统以原型方式演化,体系结构本身也以原型方式演化。

而且,一个软件系统开发完毕正式投入使用之后,如果要将该系统移植到另一个环境运行,且新环境的需求也有相应的变化时,软件也要进行修改。通常,这种修改所需的工作量与软件需求变化的多少和变化的范围有直接关系。但是,一个好的软件体系结构能大大减少修改工作量。本节以正交软件体系结构的设计和演化为例,讨论软件体系结构的设计和演化过程。

7.3.1 设计和演化过程

基于体系结构的软件开发过程可以分为独立的两个阶段,这两个阶段分别是实验原型(experimental prototype)阶段和演化开发阶段。

(1) 实验原型阶段。这一阶段考虑的首要问题是要获得对系统支持的问题域的理解。为了达到这个目的,软件开发组织需要构建一系列原型,与实际的最终用户一起进行讨论和评审,这些原型应该演示和支持全局改进的实现。但是,来自用户的最终需求是很模糊的,因此,整个第一个阶段的作用是使最终系统更加精确化,有助于决定实际开发的可行性。

(2) 演化开发阶段。实验原型阶段的结果可以决定是否开始实现最终系统,如果可以,开发将进入第二个阶段。与实验原型阶段相比,演化开发阶段的重点放在最终产品的开发上。这时,原型即被当作系统的规格说明,又可当作系统的演示版本。这意味着演化开发阶段的重点将转移到构件的精确化。

虽然实验原型阶段的结果可以决定是否开始实现最终系统,但在实验原型阶段之后,并不是所有的功能需求都已经足够准确。然而,系统有哪些组成部分和这些部分该如何相互作用应该是明确的了。

在每个阶段中,都必须以一系列的开发周期为单位安排和组织工作,一个开发周期的时间长短可根据软件项目的性质、功能复杂性、开发阶段等因素决定。每一个开发周期都要有不同的着重点,要有一个分析、设计和实现的过程,这个过程取决于当前对系统的理解和前一个开发周期的结果。为了控制开发进度,在每一开发周期结束时,都必须对当前产品安排一次技术评审,评审组成员由最终用户代表和开发组织的管理人员组成。技术评审的目的是指出当前产品中可能存在的问题,制订下一开发周期的工作计划。

7.3.2 实验原型阶段

一般地,实验原型阶段的第一个开发周期没有具体的、明确的目标。此时,为了提高开发效率,缩短开发周期,所有开发人员可以分成了两个小组,一个小组创建图形用户界面,另一个小组创建一个问题域模型。两个小组要并行地工作,尽量不要发生相互牵制的现象。

在第一个周期结束时,形成了两个版本,一个是图形用户界面的初始设计,主要包括一些屏幕元素,例如窗口、菜单等;另一个是问题域模型,该模型覆盖了问题域的子集。用户界面设计由水平原型表示,也就是说,运行的程序只是实现一些用户界面控制,没有实现真正的系统功能。问题域模型可由一个统一建模语言类图表示,该类图并不是运行的原型的一部分。然而,它并不只是一个简单的类图,可由一个 CASE 工具(例如 Rational Rose)自动产生代码,而且,当一个新的元素增加到模型中时,这些代码会自动进行增量更新。

第二个开发周期的任务是设计和建立一个正交软件体系结构,该结构不但应具有第 2 节中描述的特征,还应该具有以下特征:

(1) 必须足够灵活,不但能包含现有的元素,而且能包含新增的功能。
(2) 必须提供一个相当稳定的结构,在这个结构中,原型能在实验原型阶段进行演化。
(3) 必须支持一个高效的开发组织,允许所有开发人员并行地在原型的基础上进行开发。

整个第二个开发周期又可细分为以下六个小阶段。

(1) 标识构件。为系统生成初始逻辑结构,包含大致的构件。这一阶段又可分为三个小步骤。

第一步,生成类图。生成类图的 CASE 工具有很多,例如,图 7-10 是由 Rational Rose 2000 自动生成的类图(图中的箭头表示继承关系,菱形表示聚集关系。没有箭头的实线表示双向关联,其中的数字 $1..n$ 或 $0..n$ 分别表示一到多和零到多的关系。虚线表示具有"或关系"的关联)。

第二步,对类进行分组。使用一些标准对类进行分组可以大大简化类图。一般地,与其他类隔离的类形成一个组,由概括(generalization)关联的类组成一个附加组,由聚合(aggregation)或合成(composition)关联的类也形成一个附加组。

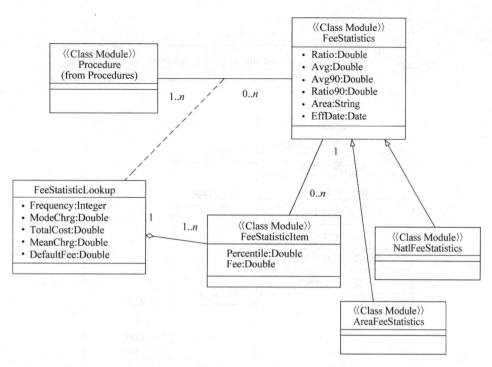

图 7-10　Rational Rose 2000 自动生成的类图

第三步,把类打包成构件。把在第二步得到的类簇打包成构件,这些构件可以分组合并成更大的构件。

(2) 提出软件体系结构模型。在建立体系结构的初期,选择一个合适的体系结构风格是首要的。在这个风格基础上,开发人员通过体系结构模型,可以获得关于体系结构属性(如程序逻辑结构、开发平台等)的理解。此时,虽然这个模型是理想化的(其中的某些部分可能错误地表示了应用的特征),但是,该模型为将来的调整和演化过程建立了目标。

(3) 把已标识的构件映射到软件体系结构中。把在第(1)阶段已标识的构件映射到体系结构中,将产生一个中间结构,这个中间结构只包含那些能明确适合体系结构模型的构件。

(4) 分析构件之间的相互作用。为了把所有已标识的构件集成到体系结构中,必须认真分析这些构件的相互作用和关系。我们可以使用 UML 的顺序图来完成这个任务,图 7-11 是由 Rational Rose 2000 生成的一个顺序图(其中的"人"表示角色,箭头表示对象间的通信)。

(5) 产生软件体系结构。一旦决定了关键的构件之间的关系和相互作用,就可以在第(3)阶段得到的中间结构的基础上进行精化。可以利用顺序图标识中间结构中的构件和剩下的构件之间的依赖关系,分析第(2)阶段模型的不一致性(例如丢失连接等)。

(6) 软件体系结构正交化。在(1)~(5)阶段产生的软件体系结构不一定满足正交性(例如:同一层次的构件之间可能存在相互调用)。整个正交化过程以原体系结构的线索和构件为单位,自顶向下、由左到右进行。通过对构件的新增、修改或删除,调整构件之间的相互作用,把那些不满足正交性的线索进行正交化。

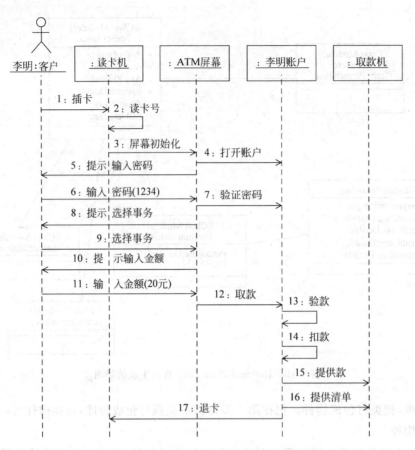

图 7-11 用 Rational Rose 2000 生成的顺序图

7.3.3 演化开发阶段

一旦软件的正交体系结构得以确定,就可以开始正式的构件开发工作,由于体系结构的正交性,可以把开发人员分成若干个小组进行并行开发,视开发难度情况,每个小组负责一条或数条线索。由于各条线索之间没有相互调用,所以各小组工作不会相互牵制。这样,可大大提高编程的效率,缩短开发周期。

在构件开发过程中,最终用户的需求可能还有变动。在软件开发完毕,正常运行后,由一个单位移植到另一个单位,需求也会发生变化。在这两种情况下,就必须使用系统演化步骤去修改应用,以满足新的需求。主要包括以下八个步骤:

(1) 需求变动归类。首先必须对用户需求的变化进行归类,使变化的需求与已有构件和线索对应。对找不到对应构件和线索的变动,也要做好标记,在后续工作中,将创建新的构件或线索,以对应这部分变化的需求。

(2) 制订体系结构演化计划。在改变原有结构之前,开发组织必须制订一个周密的体系结构演化计划,作为后续演化开发工作的指南。

(3) 修改、增加或删除构件。在演化计划的基础上,开发人员可根据在第(1)步得到的需求变动的归类情况,决定是否修改或删除存在的构件、增加新构件。

(4) 更新构件的相互作用。随着构件的增加、删除和修改,构件之间的控制流必须得到更新。

(5) 产生演化后的体系结构。在原来系统上所作的所有修改必须集成到原来的体系结构中。这个体系结构将作为改变的详细设计和实现的基础。

(6) 迭代。如果在第(5)步得到的体系结构还不够详细,不能实现改变的需求,可以把第(3)~(5)步再迭代一次。

(7) 对以上步骤进行确认,进行阶段性技术评审。

(8) 对所做的标记进行处理。重新开发新线索中的所有构件,对已有构件按照标记的要求进行修改、删除或更换。完成一次演化过程。

7.4 基于体系结构的软件开发模型

在 7.3 节,我们讨论了软件体系结构的设计和演化过程,本节在此基础上进行总结和推广,讨论基于体系结构的软件开发模型。

传统的软件开发过程可以划分为从概念直到实现的若干个阶段,包括问题定义、需求分析、软件设计、软件实现及软件测试等。如果采用传统的软件开发模型,软件体系结构的建立应位于需求分析之后,概要设计之前。

传统软件开发模型存在开发效率不高,不能很好地支持软件重用等缺点。本节在 7.3 节的基础上介绍一个基于体系结构的软件开发模型(ABSDM)。ABSDM 模型把整个基于体系结构的软件过程划分为体系结构需求、设计、文档化、复审、实现、演化等六个子过程,如图 7-12 所示。

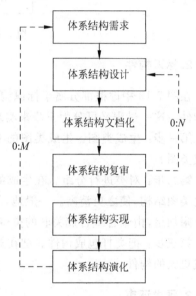

图 7-12 基于体系结构的软件开发模型

7.4.1 体系结构需求

需求是指用户对目标软件系统在功能、行为、性能、设计约束等方面的期望。体系结构需求受技术环境和体系结构设计师的经验影响。需求过程主要是获取用户需求,标识系统中所要用到的构件。体系结构需求过程如图 7-13 所示。如果以前有类似的系统体系结构的需求,我们可以从需求库中取出,加以利用和修改,以节省需求获取的时间,减少重复劳动,提高开发效率。

1. 需求获取

体系结构需求一般来自三个方面,分别是系统的质量目标、系统的商业目标和系统开发人员的商业目标。软件体系结构需求获取过程主要是定义开发人员必须实现的软件功能,使得用户能完成他们的任务，从而满足业务上的功能需求。与此同时，还要获得软件质量属性，满足一些非功能需求。

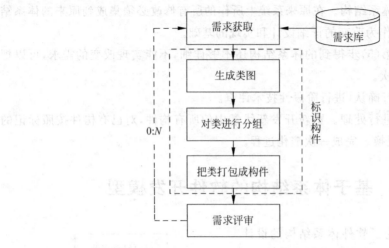

图 7-13　体系结构需求过程

2. 标识构件

在图 7-13 中虚框部分属于标识构件过程，该过程为系统生成初始逻辑结构，包含大致的构件。这一过程又可分为三步来实现。

第一步：生成类图。生成类图的 CASE 工具有很多，例如 Rational Rose 2000 能自动生成类图。

第二步：对类进行分组。在生成的类图基础上，使用一些标准对类进行分组可以大大简化类图结构，使之更清晰。一般地，与其他类隔离的类形成一个组，由概括关联的类组成一个附加组，由聚合或合成关联的类也形成一个附加组。

第三步：把类打包成构件。把在第二步得到的类簇打包成构件，这些构件可以分组合并成更大的构件。

3. 需求评审

组织一个由不同代表（如分析人员、客户、设计人员、测试人员）组成的小组，对体系结构需求及相关构件进行仔细的审查。审查的主要内容包括所获取的需求是否真实反映了用户的要求，类的分组是否合理，构件合并是否合理等。

必要时，可以在"需求获取-标识构件-需求评审"之间进行迭代。

7.4.2　体系结构设计

体系结构需求用来激发和调整设计决策，不同的视图被用来表达与质量目标有关的信息。体系结构设计是一个迭代过程，如果要开发的系统能够从已有的系统中导出大部分，则可以使用已有系统的设计过程。软件体系设计过程如图 7-14 所示。

1. 提出软件体系结构模型

在建立体系结构的初期,选择一个合适的体系结构风格是首要的。在这个风格基础上,开发人员通过体系结构模型,可以获得关于体系结构属性的理解。此时,虽然这个模型是理想化的(其中的某些部分可能错误地表示了应用的特征),但是,该模型为将来的实现和演化过程建立了目标。

2. 把已标识的构件映射到软件体系结构中

把在体系结构需求阶段已标识的构件映射到体系结构中,将产生一个中间结构,这个中间结构只包含那些能明确适合体系结构模型的构件。

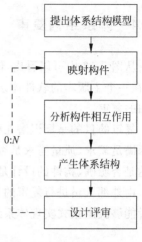

图 7-14 体系结构设计过程

3. 分析构件之间的相互作用

为了把所有已标识的构件集成到体系结构中,必须认真分析这些构件的相互作用和关系。

4. 产生软件体系结构

一旦决定了关键的构件之间的关系和相互作用,就可以在第 2 阶段得到的中间结构的基础上进行精化。

5. 设计评审

一旦设计了软件体系结构,必须邀请独立于系统开发的外部人员对体系结构进行评审。

7.4.3 体系结构文档化

绝大多数的体系结构都是抽象的,由一些概念上的构件组成。例如,层的概念在任何程序设计语言中都不存在。因此,要让系统分析员和程序员去实现体系结构,还必须得把体系结构进行文档化。文档是在系统演化的每一个阶段,系统设计与开发人员的通信媒介,是为验证体系结构设计和提炼或修改这些设计(必要时)所执行预先分析的基础。

体系结构文档化过程的主要输出结果是体系结构需求规格说明和测试体系结构需求的质量设计说明书这两个文档。生成需求模型构件的精确的形式化的描述,作为用户和开发者之间的一个协约。

软件体系结构的文档要求与软件开发项目中的其他文档是类似的。文档的完整性和质量是软件体系结构成功的关键因素。文档要从使用者的角度进行编写,必须分发给所有与系统有关的开发人员,且必须保证开发者手上的文档是最新的。

7.4.4 体系结构复审

从图 7-12 中可以看出,体系结构设计、文档化和复审是一个迭代过程。从这个方面来说,在一个主版本的软件体系结构分析之后,要安排一次由外部人员(用户代表和领域专家)参加的复审。

复审的目的是标识潜在的风险,及早发现体系结构设计中的缺陷和错误,包括体系结构能否满足需求、质量需求是否在设计中得到体现、层次是否清晰、构件的划分是否合理、文档表达是否明确、构件的设计是否满足功能与性能的要求等。

由外部人员进行复审的目的是保证体系结构的设计能够公正地进行检验,使组织的管理者能够决定正式实现体系结构。

7.4.5 体系结构实现

所谓"实现"就是要用实体来显示出一个软件体系结构,即要符合体系结构所描述的结构性设计决策,分割成规定的构件,按规定方式互相交互。体系结构的实现过程如图 7-15 所示。

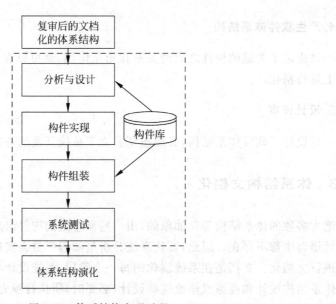

图 7-15 体系结构实现过程

图 7-15 中的虚框部分是体系结构的实现过程。整个实现过程是以复审后的文档化的体系结构说明书为基础的,每个构件必须满足软件体系结构中说明的对其他构件的责任。这些决定即实现的约束是在系统级或项目范围内作出的,每个构件上工作的实现者是看不见的。

在体系结构说明书中,已经定义了系统中的构件与构件之间的关系。因为在体系结构层次上,构件接口约束对外惟一地代表了构件,所以可以从构件库中查找符合接口约束的构件,必要时开发新的满足要求的构件。

然后,按照设计提供的结构,通过组装支持工具把这些构件的实现体组装起来,完成整个软件系统的连接与合成。

最后一步是测试,包括单个构件的功能性测试和被组装应用的整体功能和性能测试。

7.4.6 体系结构演化

在构件开发过程中,最终用户的需求可能还有变动。在软件开发完毕,正常运行后,由一个单位移植到另一个单位,需求也会发生变化。在这两种情况下,就必须相应地修改软件体系结构,以适应新的变化了的软件需求。体系结构演化过程如图 7-16 所示。

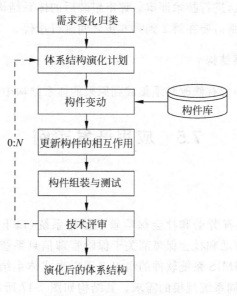

图 7-16 体系结构演化过程

体系结构演化是使用系统演化步骤去修改应用,以满足新的需求。主要包括以下七个步骤。

1. 需求变动归类

首先必须对用户需求的变化进行归类,使变化的需求与已有构件对应。对找不到对应构件的变动,也要做好标记,在后续工作中,将创建新的构件,以对应这部分变化的需求。

2. 制订体系结构演化计划

在改变原有结构之前,开发组织必须制订一个周密的体系结构演化计划,作为后续演化开发工作的指南。

3. 修改、增加或删除构件

在演化计划的基础上,开发人员可根据在第 1 步得到的需求变动的归类情况,决定是否修改或删除存在的构件、增加新构件。最后,对修改和增加的构件进行功能性测试。

4. 更新构件的相互作用

随着构件的增加、删除和修改,构件之间的控制流必须得到更新。

5. 构件组装与测试

通过组装支持工具把这些构件的实现体组装起来,完成整个软件系统的连接与合成,形成新的体系结构。然后对组装后的系统整体功能和性能进行测试。

6. 技术评审

对以上步骤进行确认,进行技术评审。评审组装后的体系结构是否反映需求变动,符合用户需求。如果不符合,则需要在第 2 到第 6 步之间进行迭代。

7. 产生演化后的体系结构

在原来系统上所作的所有修改必须集成到原来的体系结构中,完成一次演化过程。

7.5 应用开发实例

7.5.1 系统简介

2000 年,作者负责某省劳动和社会保险管理信息系统(以下简称 SIMIS)的设计与开发。SIMIS 服从于国家劳动和社会保障部关于保险管理信息系统的总体规划,系统建设坚持一体化的设计思想。SIMIS 系统软件的组织采用层次式体系结构,由内向外各层逐渐进行功能扩展,满足用户不同系统规模的需求。其结构如图 7-17 所示。这种结构组织方式具有便于增加新功能,使系统具有可扩展性的优点。

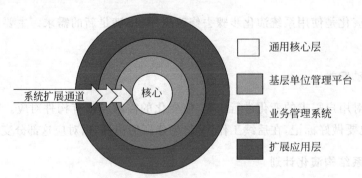

图 7-17 系统软件的层次式结构

通用核心层完成与具体业务无关的基本操作;基本应用层完成与劳动和社会保险业务相关的基本操作,它与通用核心层共同完成劳动和社会保险业务的基本操作,如:基层参保单位及个人资料的管理等,构成劳动和社会保险管理信息系统的基本系统;业务管理层能够实现数据的初步汇总，它与其内包含的两层一起构成了 SIMIS 的典型应用系统；扩展应用层是在典型应用系统的基础上扩充了一些更为复杂的功能，如对政策决策提供依据和支持，对政策执行状况进行监测、社会保险信息发布及个人账户电话语音查询系统等。

SIMIS 系统在层次式软件体系结构的基础上，利用面向对象的继承、封装和多态等特性，外层能够继承内层的所有功能，并可进行屏蔽、修改和扩充，从而实现功能的逐层扩展。通过抽象，能够将系统的大多数公共操作和通用的数据库表结构提取出来，实现一个 SIMIS 系统的基本操作库（基本类库）。通过封装，能够将完成某种功能的一系列操作和数据结构封装在一个模块中，隐藏内部的具体实现过程。通过继承和重载，后代不但能够方便地获得、扩充或者修改祖先的功能，而且还可以达到通过少量修改内层的方法来实现软件的可扩展，从而解决劳动和社会保险管理政策与措施不断变化、软件难以适应的问题。

1. 通用核心层

通用核心层完成的是软件的一些通用的公共操作，这些操作能够尽量做到不与具体的数据库和表结构相关。通用核心层操作不但可以应用于 SIMIS 系统中，还可以方便地移植到其他的应用软件上。从面向对象的角度看，通用核心层构成了一个基类。以后各层的操作都是在继承基类的基础上，逐渐增强功能而得到的。通用核心层中主要含有以下一些基类：

- 通用打印基类。获取用户定义的数据，按用户定义的格式输出到打印机。可以设置不同的打印机类型、纸张的大小、走纸方向以及打印份数等。
- 通用查询基类。可以按任意条件组合查询数据库中的数据，并提供排序、对数值求和，打印查询结果等功能。其功能示意如图 7-18 所示。

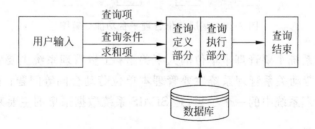

图 7-18 通用查询基类功能示意图

- 权限验证基类。用于控制操作人员对各功能模块的使用权限。
- 通用数据库连接基类。用于不同的用户登录时连接到数据库并赋予不同的权限。
- 系统错误信息捕获基类。可以捕获系统错误信息并把之转换成相应的中文信息。
- 字符处理基类。主要完成一些特定字符的转换，如日期转换函数完成日期由数字转换成汉字；金额转换函数完成金额由数字转换成汉字。
- 码表维护基类。提供一个通用的插入、删除、更新、保存的模板用于所有编码的维护。
- 数据转换基类。以自动或手工方式把数据从一个数据库中转换到另一个数据库中。为了采集原系统的数据，要定义许多数据转换基类。数据转换基类的逻辑结构如图 7-19 所示。

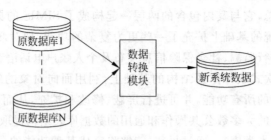

图 7-19　数据转换基类逻辑结构图

2. 基层单位管理平台

基层单位管理平台是 SIMIS 系统数据采集的重要来源，是参保单位的管理平台，包括劳资人事管理、工资管理、岗位管理和社会保险管理系统。基本应用层的功能分解如图 7-20 所示。

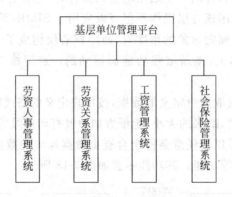

图 7-20　基层单位管理平台功能分解图

劳资人事管理系统主要管理本单位的人事关系；工资管理系统主要管理本单位职工工资的发放和统计；劳动关系管理系统主要管理本单位劳动合同等问题；社会保险管理信息系统是社会保险管理系统中的一个子集，是 SIMIS 系统数据采集的主要来源。

3. 业务管理系统

业务管理系统是对基本应用系统的进一步扩展，连同其内部的两层一起构成了 SIMIS 系统的典型应用层。

业务管理系统主要完成 SIMIS 系统的业务管理。管理内容涉及劳动者个人、企业和其他劳动组织的微观信息。根据劳动和社会保险业务的内容，典型应用层可分为八个专业系统，其功能分解如图 7-21 所示。这八个专业系统共用相同的基本信息，在功能上为可拆卸的构件，可根据具体应用需求，选择不同的构件使用。

失业保险管理信息系统管理失业保险基金、失业职工信息等。同时，在一定的范围内，为领导者提供有力的决策参考。养老保险管理信息系统是用于城镇基本养老保险业务管理和服务的系统，是劳动和社会保险管理信息系统的重要组成部分。医疗保险是国家和社会在社会成员遇到疾病或非因工伤残风险时，为其提供医疗费用和社会服务，以保障恢复其健

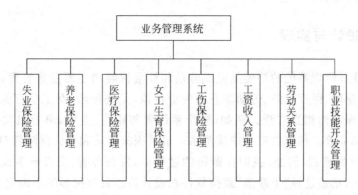

图 7-21　业务管理系统功能分解图

康的一种社会保障制度。女工生育保险是女性劳动者在从事人类自身再生产的孕期、产褥期、哺乳期中未参加社会劳动而丧失劳动收入时,从社会获得收入补偿以保障其顺利度过生育风险的一项社会保障制度。工伤保险是指职工因工作原因遭遇意外事故致伤、致残、致死或患职业性疾病,在暂时或永久丧失劳动能力的情况下,由社会给予其本人或遗属必要的物质帮助的社会保险制度。工资收入管理系统是宏观调控的一个重要手段。通过与工商、银行、税务等部门的联网,可有效地监控企业的工资管理,帮助企业建立自我约束机制。劳动关系管理系统包括劳动合同管理、劳动争议处理、突发性事件处理、劳动监察、劳动关系宏观预测等方面的内容。职业技能开发管理系统包括职业技能鉴定、职业技能培训、择业指导等方面的内容。

4. 扩展应用层

扩展应用层包括统计信息管理系统、基金监测系统、决策支持系统和政策法规系统。扩展应用层的功能分解如图 7-22 所示。

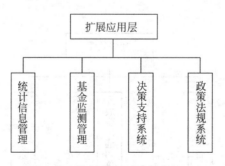

图 7-22　扩展应用层功能分解图

统计信息管理系统包括统计性数据的采集、整理、分析和发布,其信息来源于前台处理系统。基金监测系统对社会保险基金管理状况进行监控、调剂。决策支持系统利用已有的统计性数据、监测数据和政策参数,对基金调剂进行指导、对政策进行敏感性分析、对基金支撑能力进行中长期预测。政策法规系统输入和查询与劳动和社会保险有关的现有政策、法规。

下面的讨论将以业务管理系统为例进行描述。

7.5.2 系统设计与实现

SIMIS 的业务管理系统的功能是完成劳动和社会保险的主要业务管理,即"五保合一"管理,包括养老保险、医疗保险、劳动就业和失业保险、工伤保险、女工生育保险。整个业务流程十分复杂,牵涉面相当广泛。例如,整个系统要与银行、企业、事业机关、医院、财政部门、税务部门、邮局等多种单位建立连接关系。虽然国家劳动和社会保障部对整个业务有一套规定的指导性的流程,但是,我们在调研的过程中,发现各省、市都或多或少地存在使用"土政策"的情况,正是这种"土政策"致使软件在设计阶段具有很多的不确定性需求。另外,我们还考虑到将来用户需求可能会发生变化,为了尽量降低维护成本,提高可重用性,我们引入了正交软件体系结构的设计思想。

在本系统的设计中,我们将整个系统设计为三级正交结构,第一级划分为 8 个线索,如图 7-23 所示。

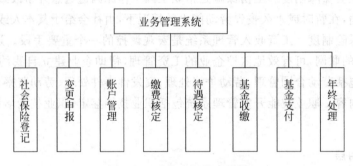

图 7-23 系统一级线索结构

每个一级线索又可划分为若干个二级线索。例如,一级线索"年终处理"可划分为 3 个二级线索,如图 7-24 所示。

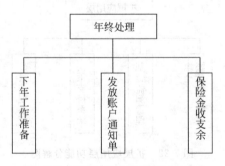

图 7-24 "年终处理"二级线索结构

每个二级线索又可划分为若干个三级线索。例如,二级线索"下年工作准备"可划分为 4 个三级线索,如图 7-25 所示。

所有线索是相互独立的,即不同线索中的构件之间没有相互调用。例如,"年终处理"线索不调用"变更申报"线索中的构件。这样一来,整个系统为三级正交线索,五个层次。其中一条完整的线索结构如图 7-26 所示。

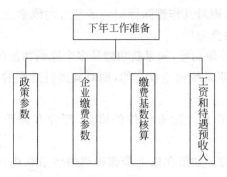

图 7-25 "下年工作准备"三级线索结构

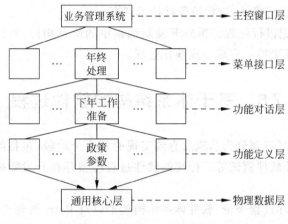

图 7-26 完整的一条线索结构

在软件结构设计方案确定之后,我们开始正式的开发工作,由于采用了正交结构的思想,我们分成若干个小组并行开发,视开发难度情况,每个小组负责一条或数条线索,由一个小组来设计通用共享的数据存取构件。由于各条线索之间没有相互调用,所以各小组不会相互牵制,大大提高了编程的效率,缩短了开发周期,降低了工作量。

整个 SIMIS 系统的实现采用基于 Internet 的运行方式,应用由构件集成,通过标准语言、跨平台的统一协议发布,用标准用户界面显示,支持多种系统平台和数据库管理系统。

7.5.3 系统演化

在初始原型开发完毕后,把 SIMIS 系统送给社保有关部门试运行,并征求意见,进行迭代过程开发。当 SIMIS 系统在一个单位正常运行后,把该系统推广到其他单位。因为单位的级别不一样,即使是同一级别的单位,因具体情况不同,其管理流程和运转方式也不一样。因此,对不同的社保单位,就总有不同的需求,必须对软件进行修改。

在整个迭代开发和修改过程中,对于软件需求的变化,我们遵循以下步骤进行演化:

(1) 从整个正交软件体系结构的最左边一条线索开始,判断该线索是否可重用。如果可以完全重用就不修改它,继续判断下一条线索;如果部分可重用,就从上至下判断重用发生在哪几层上,哪几层与原来不相同,对需要变动的构件做修改、删除或更换标记;如果线索已完全不适应新的需求,则对其作删除标记。最左边的线索完成后,转到下一线索,依此类推,直到最右边的线索检查完毕。

(2) 对于原系统没有的新功能,如果新功能是多个原始功能的合并,则对相应线索做上合并标记;如果新功能是原系统完全没有的,则对其进行适当的抽象化、层次化和分级,建立一条新的线索。

(3) 更新构件的相互作用。随着构件的增加、删除和修改,必须更新构件之间的控制流。

(4) 形成新的体系结构。如果在以上步骤得到的体系结构还不够详细,不能实现改变的需求,就把第(1)~(3)步再迭代一次。最终形成新的正交软件体系结构,把这个体系结构作为改变的详细设计和实现的基础。

(5) 对以上步骤进行确认,进行阶段性技术评审。

(6) 对所作的标记进行处理。重新开发新线索中的所有构件,对已有构件按照标记的要求进行修改、删除或更换。完成一次演化过程。

7.6 基于体系结构的软件过程

传统的软件过程可以划分为从概念直到实现的若干个阶段,包括问题定义、需求分析、软件设计、软件实现及软件测试等。传统的软件过程模型存在开发效率不高,可移植性差,重用粒度小等缺点。

本节综合利用软件过程理论、软件体系结构理论以及 Petri 网理论,讨论一个新的软件过程模型——基于体系结构的软件过程 Petri 网模型(ABSPN),我们先学习有关概念。

7.6.1 有关概念

1. 软件过程

软件过程(software process)是人们建立、维护和演化软件产品整个过程中所有技术活动和管理活动的集合。目前,软件过程技术是一个非常活跃的研究领域,吸引了大批来自学术界和工业界的专家和学者。从 1984 年起每年有软件过程国际研讨会(ISPW),从 1991 年起开始召开软件过程国际会议(ICSP),每个国家几乎都有自己的软件过程改进网络(SPN)。软件过程技术的研究主要有三个方向:

(1) 软件过程分析和建模。软件过程建模方法是软件过程技术的起点,其中形式化半形式化建模方法有基于规则的,基于过程程序的等。过程分析和过程建模对于保证过程定义的质量、建立全面和灵活的过程体系具有重要的作用。对软件过程的建模主要是使用过程建模语言(process modeling language,PML)。PML 最基本的功能是用于描述和定义过程,建立过程模型。PML 的能力和表达方式直接影响着过程模型的质量和建模效率。所以,选择合适的 PML,成为过程分析、过程建模和选择建模工具的关键。

(2) 软件过程支持。软件过程支持主要是指研究和开发支持软件过程活动的 CASE 工具,过程支撑工具作为一种技术基础设施能够很好地支持、管理并规范化软件过程。它的使用将使得软件过程的透明度好,为项目的软件过程提供指导,使得开发者和管理者都有据可依,便于更有效地管理软件过程。软件过程支持工具主要包括软件过程流程工具、过程文档工具、评审工具和人员管理工具。

(3) 软件过程评估和改进。软件过程改进对生产高质量软件产品和提高软件生产率的重要性已被越来越多的软件开发组织所认同。由美国卡耐基·梅隆大学软件工程研究所(CMU/SEI)提出的软件能力成熟度模型(SW-CMM)除了用于软件过程评估外,还向软件组织提供了指导其进行软件过程管理和软件过程改进的框架。软件过程改进的基本原则是采用过去项目中成功的实践经验。因此,理解、记录和重用部分软件过程是软件过程改进研究的一个重要方向。

2. Petri 网

Petri 网的概念最早由原西德的 C. A. Petri 博士于 1962 年提出,是一种用于系统描述和分析的数学工具。在此后的几十年中,Petri 网理论得到了极大的丰富,并被广泛地应用于许多研究领域,如协议工程、柔性制造系统、业务处理等。使用 Petri 网描述业务过程主要有以下原因:

(1) 形式化的语义。Petri 网具有严密的数学基础,为形式化描述和语法建立奠定了基础。每个 Petri 网都有形式化的语义定义,一个 Petri 网模型加上相应的语义就能够描述一个业务过程。

(2) 直观的图形表示。Petri 网是一种图形化语言。经典的 Petri 网有两种元素:变迁(用方框表示)和位置(用圆圈表示),而有向边表示这两种元素之间的关系。Petri 网的图形表示特点,使 Petri 网尽管具有严密抽象的数学表示,对用户来说却较容易理解,结构清晰。

(3) 丰富的分析技术。Petri 网模型一个很重要的特点在于它提供了丰富的系统分析技术,如对系统活性、有界性、安全性等分析计算。

(4) 基于状态的表示方式。一般软件工程领域的图形表示方法往往是基于事件的表示。Petri 网基于状态的描述能清晰地区分一个任务是处于授权状态还是处于执行状态。因此,Petri 网可以实现竞争任务。

下面,我们来看一个简单的 Petri 网的例子。图 7-27 用 Petri 网描述了在一个多任务系统中的两个进程使用一个公共资源时,利用通信原语 LOCK(对资源加锁)和 UNLOCK(对资源解锁)控制资源的使用,保证进程间的同步的例子。

图 7-27 中每个进程是一个数据对象,它有三个状态:等待资源(p1 或 p4),占用资源执行的处理(p2 或 p5),不占用资源执行的处理(p3 或 p6),另外系统有一个状态:资源空闲(p7)。以进程 1 为例,如果公共资源 R 被进程 2 所用时,就进入等待状态 p1,如果资源可用,则进入状态 p2。资源利用完毕后,释放资源,使资源返回空闲状态 p7,而进程本身进入不占用资源执行的处理状态 p3。

在有的状态中有一个黑点"⊙",称为标记或令牌,表明系统或对象当前正处于此状态。在图 7-27 中,标记在 p2 和 p4 状态中,说明进程 1 正处于 p2 状态,而进程 2 正处于 p4 状态。

关于 Petri 网的基础知识,有兴趣的读者可阅读有关参考文献。应用到软件过程的描述中,我们用变迁(transition)表示定义的过程,用位置(place)表示过程进行的条件,位置中的标记(token)表示条件的真假。

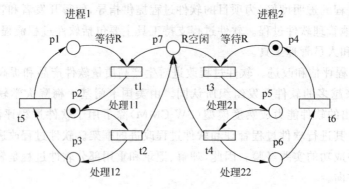

图 7-27 进程同步机制的 Petri 网描述

7.6.2 软件过程网

本节对经典 Petri 网进行必要的扩展,使之在对软件过程进行建模时比经典 Petri 网更加清晰,同时避免复杂的扩展方式,使系统可以利用更多以往的 Petri 网分析工具。本节定义软件过程网及其相关特性。首先,给出 Petri 网系统的定义。

定义 1 设 $N=(P,T;F)$ 是一个 Petri 网,$PN=(N,M_0)$ 是一个 Petri 网系统。其中:

(1) P:有限位置集合。

(2) T:有限变迁集合,且 $P \cap T = \varnothing$,$P \cup T \neq \varnothing$。

(3) F:$F \subseteq (P \times T) \cup (T \times P)$,为连接位置和变迁的有向弧线,其中"$\times$"为笛卡儿积。

(4) $dom(F) \cup cod(F) = P \cup T$,其中 $dom(F) = \{x \mid \exists y: (x,y) \in F\}$,$cod(F) = \{y \mid \exists x: (x,y) \in F\}$ 分别为 F 的定义域和值域。

(5) M_0 表示 N 的初始标识(initial marking)。

与经典 Petri 网类似,$^*t, t^*$,$^*P, P^*$ 分别代表变迁和位置的前集(Pre-set)和后集(Post-set)。

定义 2 Petri 网系统 $PN=(N,M_0)$,其中 $N=(P,T;F)$,M 是 N 上的任一标识,R 是 M 的前向可达集。

(1) 变迁 $t \in T$ 是活的,当且仅当 $\forall M \in R(M_0)$,$\exists M' \in R(M)$,$M'[t>M$;

(2) PN 是活的,当且仅当 $\forall t \in T$ 是活的;

(3) PN 是有界的,当且仅当存在整数 k,$\forall p \in P$,$\forall M \in R(M_0)$,$M(p) \leqslant k$;

(4) 标识 M 是活的,当且仅当 (N,M) 是活的;

(5) N 是结构活的,当且仅当 $\exists M_0$,(N,M_0) 是活的;

(6) N 是结构有界的,当且仅当 $\forall M_0$,(N,M_0) 是有界的。

下面给出 Petri 网系统的路径和强连通的概念。

定义 3 Petri 网系统 $PN=(N,M_0)$,其中 $N=(P,T;F)$。在 N 中,称 C 为 n_1 到 n_k 的路径,是指存在一序列 $(n_1,n_2,\cdots,n_k)$ 满足 $(n_i,n_{i+1}) \in F$,其中 $1 \leqslant i \leqslant k-1$。

集合 $P_C = \{n_i, 1 \leqslant i \leqslant k\} \cap P$ 称为路径上的位置结点集。集合 $T_C = \{n_i, 1 \leqslant i \leqslant k\} \cap T$ 称为路径上的变迁结点集。

若 C 中的所有 $n_1, n_2, \cdots, n_k$ 都互不相同,则称 C 为简单路径。

在 N 中,如果从 n_i 到 n_j 存在一条路径,从 n_j 到 n_i 也存在一条路径,则称 n_i 和 n_j 是迭代的。

定义 4 Petri 网系统 $PN=(N,M_0)$,其中 $N=(P,T;F)$,$H\subseteq P$。H 在 N 中是强连通的,当且仅当对 $\forall n_i,n_j \in H$,在 H 中存在一条从 n_i 到 n_j 的路径。如果 $H=P$,则称 PN 是强连通的。

有了上面的准备工作之后,下面给出软件过程网的定义。

定义 5 一个 Petri 网系统 $PN=(N,M_0)$,其中 $N=(P,T;F)$,称为软件过程网,当且仅当:

(1) N 有两个特殊的位置 i 和 o,$^*i=\phi$;$o^*=\phi$。N 有两个特殊的变迁 t_i 和 t_o,其中 $^*t_i=\{i\} \wedge i^*=\{t_i\} \wedge t_o^*=\{o\} \wedge ^*_o=\{t_o\}$。

(2) 如果在 N 上增加一个变迁 t_r,连接 i 和 o,即 $^*t_r=\{o\}$,$t_r^*=\{i\}$,用 N^e 表示,称为 N 的扩展网,则 N^e 为强连通的。

为了区别一般的 Petri 网系统,我们把软件过程网记作 SPN。在实际的软件过程网 SPN 中,某些变迁过程可能又包含了许多子过程,其子过程的集合本身也组成一个 Petri 网,则把该 Petri 网称为 SPN 的下层 Petri 网。

定义 6 在软件过程网 SPN 中,所有层次变迁都被其代表的下层 Petri 网置换后,得到的 Petri 网系统称为完全展开软件过程网,记作 C_SPN。

定理 1 在软件过程网 SPN 中,对 $\forall n_i \in \{^*t\}$,在 n_i 和 t 之间存在一条路径;对 $\forall n_j \in \{t^*\}$,在 t 和 n_j 之间存在一条路径。

证明:我们只证明定理的前半部分,后半部分可类似地证明。

根据前集 $\{^*t\}$ 的定义,因为 $n_i \in \{^*t\}$,则由 n_i 开始,经过某些变迁和位置,必可到达 t。也就是说,存在一个由变迁和位置组成的序列 $(n_i,n_{i+1},\cdots,n_{k-1},n_k,t)$,满足 $(n_i,n_{i+1}) \in F \wedge (n_k,t) \in F$,其中 $i \leqslant k-1$。根据定义 3,可得在 n_i 和 t 之间存在一条路径。

定理 2 在软件过程网 SPN 中,对 $\forall n_i \in \{^*o\}$,在 n_i 和 o 之间都存在一条路径;对 $\forall n_j \subset \{o^*\}$,在 o 和 n_j 之间也存在一条路径。

证明:与定理 1 的证明类似。

在对软件过程模型进行分析时,首先需要判定一个用 Petri 网描述的软件过程在过程上是否正确。下面给出软件过程网 SPN 过程正确性的形式化定义。

定义 7 软件过程网 $SPN=(N,M_0)$,其中 $N=(P,T;F)$,称为是过程基本正确的,当且仅当

(1) 任何由初始状态可达的状态 M 均可到达终结状态,即
$$(N,M_0)[*>(N,M') \Rightarrow (N,M')[*>(N,\{o\})$$

(2) 过程结束时,系统中只有位置 o 包含一个标记。

(3) 无死变迁。即 $\forall t \in T, \exists M,M'(M_0[*>M[t>M')$

定理 3 软件过程网 SPN 是过程基本正确的,当且仅当它的扩展网 SPN^e 是活的和有界的。

定理 3 的证明比较复杂,我们在此省略,有兴趣的读者可以阅读参考文献[6]。定理 3 的贡献是使得对 SPN 的过程正确性证明转换为对一般 Petri 网的特性分析。

定义 8 软件过程网 $SPN=(N,M_0)$,其中 $N=(P,T;F)$,称为过程正确,当且仅当其完全展开网,C_SPN 是过程基本正确的。

7.6.3 基本结构的表示

通常在 Petri 网的图形表示中,用圆圈(○)表示位置,矩形(□)表示变迁,小黑点(•)表示标记。在软件过程的定义中,主要有顺序、与汇合、或汇合、与分支、或分支和迭代等六种基本结构。下面,分别用 Petri 网来表示这六种基本结构。

(1)顺序:如图 7-28 所示,过程 1、过程 2 和过程 3 顺序执行,其相应的 Petri 网表示如图 7-27 所示。

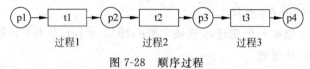

图 7-28　顺序过程

(2)与汇合:表示该连接件左边的所有事件都完成后,右边的事件才可以发生。其相应的 Petri 网表示如图 7-29 所示。

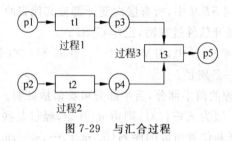

图 7-29　与汇合过程

(3)或汇合:表示该连接件左边的任一事件完成后,右边的事件就可以发生。其相应的 Petri 网表示如图 7-30 所示。

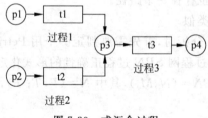

图 7-30　或汇合过程

(4)与分支:表示该连接件左边的过程完成后,右边的过程均满足启动条件,即表示并行过程。其相应的 Petri 网表示如图 7-31 所示。

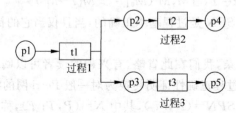

图 7-31　与分支过程

(5) 或分支：表示该连接件左边的过程完成后，右边的过程只有一个过程可以启动，在图 7-32 中，过程 2 或过程 3 在过程 1 之后发生，即表示在过程 2,3 之中选择一个进行。位置 p2 表示 t2 和 t3 的前条件，但是，t1 完成后 t2 和 t3 只有一个可以进行，即过程 2 和过程 3 竞争运行。此时要求在 t1 的定义中要给出选择的标准。

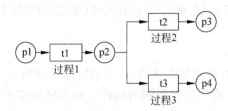

图 7-32　或分支过程

(6) 迭代：表示该连接件右边的过程完成后，又回到其左边的过程，其相应的 Petri 网表示如图 7-33 所示。在图 6 中，过程 3 在过程 2 之后发生，但当过程 3 完成后，又回到过程 2，从而形成一个迭代过程。

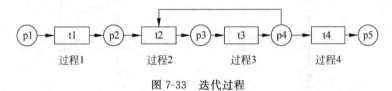

图 7-33　迭代过程

7.6.4　基于体系结构的软件过程 Petri 网

在这一节中，我们将在 5.4 节的基础上讨论一个基于体系结构的软件过程 Petri 网模型，该模型把整个基于体系结构的软件过程划分为体系结构需求、设计、文档化、复审、实现、演化和退役七个子过程，其软件过程 Petri 网如图 7-34 所示。

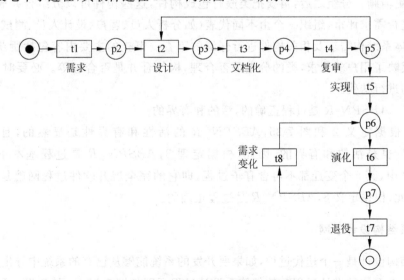

图 7-34　基于体系结构的软件过程网

显然,图 7-34 满足定义 5 的要求,即图 7-33 是一个 SPN,记作 ABSPN。

定理 4 ABSPN 是活的和有界的;ABSPN 是过程基本正确的。

证明:根据定义 2 和图 7-34,ABSPN 的活性和有界性是显然的,且其扩展网 $ABSPN^e$ 也是活的和有界的,因此,根据定理 3,ABSPN 是过程基本正确的。

在 ABSPN 中,其变迁 t1(需求)、t2(设计)、t6(实现)、t7(演化)又都包含各自的子网。

1. 体系结构需求子网

需求是指用户对目标软件系统在功能、行为、性能、设计约束等方面的期望,需求过程主要是获取用户需求,标识系统中所要用到的构件。体系结构需求过程子网如图 7-35 所示,记作 ABSPN_R。

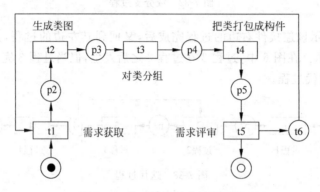

图 7-35 体系结构需求过程子网

体系结构需求过程子网的变迁有需求获取、生成类图、对类分组、把类打包成构件和需求评审等。其中需求获取变迁主要是定义开发人员必须实现的软件功能,使得用户能完成他们的任务,从而满足业务上的功能需求。与此同时,还要获得软件质量属性,满足一些非功能需求。获取了需求之后,就可以利用工具自动生成类图,然后对类进行分组,简化类图结构,使之更清晰。分组之后,再要把类簇打包成构件,这些构件可以分组合并成更大的构件。最后进行需求评审,组织一个由不同代表(如分析人员、客户、设计人员、测试人员)组成的小组,对体系结构需求及相关构件进行仔细的审查。审查的主要内容包括所获取的需求是否真实反映了用户的要求,类的分组是否合理,构件合并是否合理等。必要时,可以在这些变迁之间进行迭代。

定理 5 ABSPN_R 是过程正确的,活的和有界的。

证明:根据定义 2 和图 7-35,ABSPN_R 的活性和有界性是显然的,且其扩展网 $ABSPN\_R^e$ 也是活的和有界的,因此,根据定理 3,ABSPN_R 是过程基本正确的。在 ABSPN_R 中,其 5 个变迁都不再含有子过程,即它的完全展开软件过程网就是 ABSPN_R 本身,因此,根据定义 8,ABSPN_R 是过程正确的。

2. 体系结构设计子网

体系结构设计是一个迭代过程,如果要开发的系统能够从已有的系统中导出大部分,则可以使用已有系统的设计过程。软件体系设计过程子网如图 7-36 所示,记做 ABSPN_D。

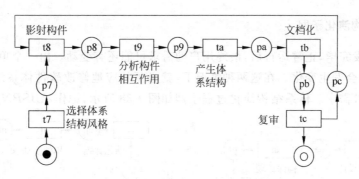

图 7-36　体系结构设计过程子网

软件体系设计过程子网包括选择体系结构风格、影射构件、分析构件之间的作用、产生体系结构、文档化、设计复审等变迁。

在建立体系结构的初期,选择一个合适的体系结构风格是首要的。选择了风格之后,把在体系结构需求阶段已标识的构件映射到体系结构中,将产生一个中间结构。然后,为了把所有已标识的构件集成到体系结构中,必须认真分析这些构件的相互作用和关系。一旦决定了关键的构件之间的关系和相互作用,就可以在前面得到的中间结构的基础上进行细化。

体系结构文档化过程的主要输出结果是体系结构需求规格说明和测试体系结构需求的质量设计说明书这两个文档。

在一个主版本的软件体系结构分析之后,要安排一次由外部人员(用户代表和领域专家)参加的复审。复审的目的是标识潜在的风险,及早发现体系结构设计中的缺陷和错误,包括体系结构能否满足需求、质量需求是否在设计中得到体现、层次是否清晰、构件的划分是否合理、文档表达是否明确、构件的设计是否满足功能与性能的要求等。如果复审通过,则进入下一过程,否则,在本过程的几个变迁中进行迭代。

定理 6　$ABSPN\_D$ 是过程正确的,活的和有界的。

定理 6 的证明类似于定理 5,此略。

3. 体系结构实现子网

实现就是要用实体来显示出一个软件体系结构,即要符合体系结构所描述的结构性设计决策,分割成规定的构件,按规定方式互相交互。体系结构的实现过程如图 7-37 所示,记作 $ABSPN\_I$。

体系结构实现子网包含分析与设计、构件实现、构件组装和系统测试四个变迁。

整个实现过程是以复审后的文档化的体系结构说明书为基础的,每个构件必须满足软件体系结构中说明的对其他构件的约束。因为在体系结构层次上,构件接口约束对外惟一地代表了构件,所以可以从构件库中查找符合接口约束的构件,必要时开发新的满足要求的构件。然后,按照设计提供的结构,通过组装支持工具把这些构件的实现体组装起来,完成整个软件系统的连接与合成。最后一步是测试,包括单个构件的功能性测试和被组装应用的整体功能和性能测试。

定理 7　$ABSPN\_I$ 是过程正确的,活的和有界的。

定理 7 的证明类似于定理 5,此略。

4. 体系结构演化子网

在软件开发完毕,正常运行后,最终用户的需求可能还有变动。由一个单位移植到另一个单位,需求也会发生变化。在这两种情况下,就必须相应地修改软件体系结构,以适应新的变化了的软件需求。体系结构演化过程子网如图 7-38 所示,记作 $ABSPN\_E$。

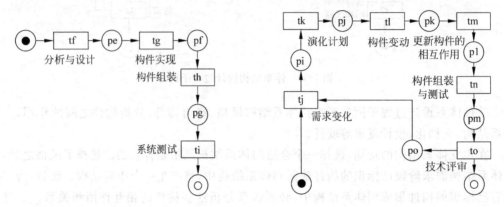

图 7-37　体系结构实现过程子网　　　图 7-38　体系结构演化过程子网

体系结构演化子网包括需求变化、演化计划、构件变动、更新构件的相互作用、构件组装与测试和技术评审六个变迁。

首先,对用户需求的变化进行归类,使变化的需求与已有构件对应。对找不到对应构件的变动,也要做好标记,在后续工作中,将创建新的构件,以对应这部分变化的需求。在改变原有结构之前,开发组织必须制订一个周密的体系结构演化计划,作为后续演化开发工作的指南。在演化计划的基础上,开发人员可根据需求变动的归类情况,决定是否修改或删除存在的构件、增加新构件。随着构件的增加、删除和修改,构件之间的控制流必须得到更新。

然后,通过组装支持工具把这些构件的实现体组装起来,完成整个软件系统的连接与合成,形成新的体系结构。对组装后的系统整体功能和性能进行测试。

最后,对以上步骤进行确认,进行技术评审。评审组装后的体系结构是否反映需求变动,符合用户需求。如果不符合,则需要在以上各变迁之间进行迭代。

定理 8　$ABSPN\_E$ 是过程正确的,活的和有界的。

定理 8 的证明类似于定理 5,此略。

5. 完全展开网

根据以上对基于体系结构的软件过程网的变迁 t1、t2、t6 和 t7 的子网分析,我们可以得到 $ABSPN$ 的完全展开网,如图 7-39 所示,记作 C_ABSPN。

定理 9　$ABSPN$ 是过程正确的。

证明:根据定义 8,需要证明 C_ABSPN 是基本正确的,再根据定理 3,需要证明 C_ABSPN^e 是活的和有界的,而根据图 7-39,这是显然的。因此,$ABSPN$ 是过程正确的。

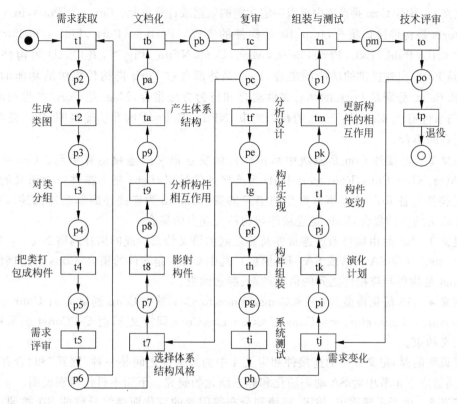

图 7-39 基于体系结构的软件过程网

7.7 软件体系结构演化模型

构造性和演化性是软件的两个基本特性。软件进行渐变并达到所希望的形态就是软件演化，软件演化由一系列复杂的变化活动组成。对软件变化的控制是软件开发者历来追求的目标。引起软件变化的原因是多方面的，如基础设施的改变、功能需求的增加、高性能算法的发现、技术环境因素的变化等。所以，对软件变化甚至演化进行理解和控制显得比较复杂和困难。

软件体系结构（SA）是软件生命周期的早期产品，着重解决软件系统结构和需求向实现平坦过渡的问题，是软件生命周期中开发、集成、测试和维护更改的基础；此外，在生命周期早期基于 SA 进行软件检测和修改，代价会相对低些。显而易见，要刻画复杂的软件演化，并对演化中的影响效应进行观察和控制，自然应从 SA 演化研究开始。

7.7.1 SA 静态演化模型

1. 软件体系结构静态演化模型

目前对 SA 的定义形式多样，本节采用许多文献中比较公认的定义，即 SA 是组成系统的构件以及构件与构件之间交互作用关系（连接件）的高层抽象。

定义1 构件Com是系统中承担一定功能的数据或计算单元。Com＝<Ports, Imp_Bs>，其中Ports是构件接口集合，Imp_Bs是构件的实现。Ports＝{$Port_1, Port_2, \cdots, Port_n$}，而$Port_i$＝<ID, $Publ_i$, Ext_i, $Prvt_i$, $Beha_i$, Msg_i, Con_i, $NFun_i$, Ply_i>，其中ID为构件标识，$Publ_i$是$Port_i$向外提供的功能的集合，Ext_i是外部通过$Port_i$向构件提供的功能的集合，$Prvt_i$和$Beha_i$分别是$Port_i$的私有属性集合和行为方法集合，Msg_i是$Port_i$产生的消息的集合，与事件有关，Con_i是$Port_i$的行为约束，$NFun_i$是$Port_i$的非功能说明，Ply_i是与连接件交互点的集合。

定义2 连接件Con是系统中承担构件间交互语义的连接运算单元。Con＝<ID, Beha, Msg, Nfun, Cons, Role>，其中ID为连接件的标识，Beha是连接件行为语义的描述，Msg是构件与各Role交互事件产生的消息的集合，Nfun为连接件的非功能描述，Cons是连接件语义约束的集合，Role是连接件与构件交互点的集合。

定义3 SA是由构件通过连接件及其之间的语义约束形成的拓扑网络N_{SA}＝<Coms, Cons, Const>（称SA网络或SA网络模型），其中Coms是构件的集合，Cons是连接件的集合，Const是构件与连接件之间的语义动态、静态约束。

定义4 SA简化模型SA_S＝<Coms, Connectors>；其中Coms同定义3；Connectors＝{$Connector_{lr}$}，$Connector_{lr}$＝<Cons, C-CConst>，Cons同定义3，而C-CConst表示构件之间的语义约束。

要说明的是，定义3中的连接件和定义4中的连接件之间是一种"展开"和"合并"的关系，分别适应于本节中对SA动态演化和静态演化的研究。下面不再作特别说明。

定义5 由于系统需求、技术、环境和分布等因素的变化而最终导致的SA按照一定的目标形态的变动，称之为SA演化。

就单一软件来说，SA演化被划分为静态演化和动态演化两个方面。对SA在非运行时刻的修改和变更称为SA的静态演化（如软件版本的升级等），而软件在运行时刻的SA变换称为SA的动态演化。本节从静态和动态演化两个方面建立其刻画模型，并对SA的演化进行统一描述。

为了描述的方便，根据定义4先给出一个实例。假设一个系统的SA由5个构件和6个连接件构成，其交互关系模型如图7-40所示。其中构件Component1通过连接件Connector1、Connector3、Connector5、Connector6分别与构件Component2、Component3、Component4和Component5发生交互关系；其他构件之间的关系依然。

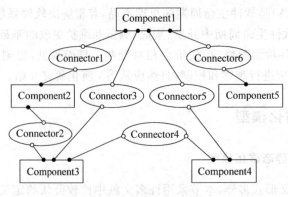

图7-40 SA模型示例

如果保留图 7-40 中连接件的基本语义即方向语义，则得到图 7-41 所示的有向图。其中，构件 Component1 和构件 Component3 之间存在双向连接语义，说明图 7-41 中的连接件 Connector2 至少承载着双向的交互方向语义关系。

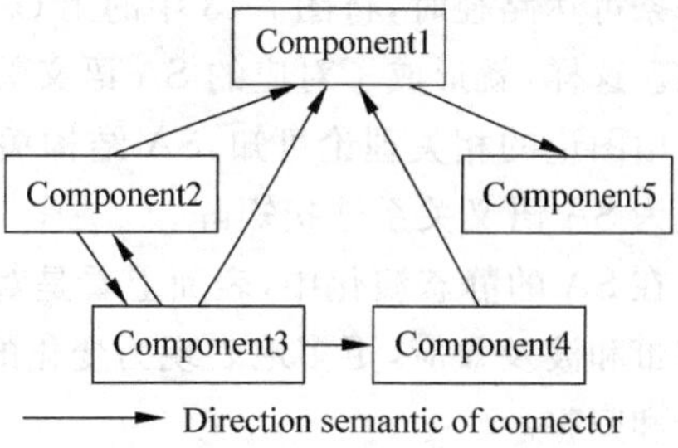

图 7-41 图 7-40 的简化模型

2. SA 邻接矩阵与变换

定义 6 图 7-42 是由图 7-41 构造出的 SA 结构关系邻接矩阵图。

图 7-42 中每一个黑色的圆圈关联着两个具有直接交互方向关系构件，其方向性由行和列分别表示，行为被关联方向的末尾构件，列为被关联方向的起始构件。另外，图 7-42 中的三角形表示构件的自交互关系，这种关系隐藏在构件自身内部。本节并不关心构件自身内部的交互关系。

定义 7 图 7-43 是由图 7-40 构造出的 SA 语义关系连接矩阵图。

	C_1	C_2	C_3	C_4	C_5
C_1	▲	●	●	●	
C_2		▲	●		
C_3		●	▲		
C_4			●	▲	
C_5	●				▲

C_1:Component1,C_2:Component2,
C_3:Component3,C_4:Component4,
C_5:Component

图 7-42 图 7-40 的 SA 关系邻接矩阵

	C_1	C_2	C_3	C_4	C_5
C_1	▲	■	■	■	■
C_2	■	▲	■	⊘	⊘
C_3	■	■	▲	■	⊘
C_4	■	⊘	■	▲	⊘
C_5	■	⊘	⊘	⊘	▲

C_1:Component1,C_2:Component2,
C_3:Component3,C_4:Component4,
C_5:Component

图 7-43 图 7-41 的 SA 语义关系连接矩阵图

图 7-43 中三角形的含义与图 7-42 中的相同，黑色方块表示行列中对应两个构件之间存在着直接的交互语义关系，带横线的圆圈表示行列中对应两个构件之间不存在或存在间接的交互语义关系。

图 7-43 中的黑色方块和带横线的圆圈是对不同环境和应用中语义形式的抽象，在具体化时，矩阵图在表面上的这种对称性可能会被打破，变为非对称形式(非对称矩阵图)。例如，当连接件的语义表示两个构件间最大无环可达路径上构件的个数(包括两端)时，列 C_3 和行 C_5 交叉处的圆圈变为数值 4(参见图 7-41)，即 $C_3 \rightarrow C_2 \rightarrow C_1 \rightarrow C_5$，而列 C_5 与行 C_3 交叉处的圆圈变为数值 0，即不可达。

由此可见，SA 结构关系邻接矩阵图是 SA 语义关系连接矩阵图的一种简单形式。也就是说，在 SA 结构关系邻接矩阵中，我们将语义信息简化成了构件间是否存在直接交互以及交互的方向语义，有利于 SA 结构演化的研究。

定义 8 给 SA 结构关系邻接矩阵图和 SA 语义关系连接矩阵图中的十字交叉处填充上具有一定语义的数值后，形成的对应矩阵分别称为 SA 结构关系邻接矩阵和 SA 语义关系连接矩阵。SA 结构关系邻接矩阵简称 SA 邻接矩阵或邻接矩阵。

例如，在图 7-41 中，当自构件 C_i 到构件 C_j ($i,j=1,2,3,4,5$)存在一条直接的连接时，图 7-42中的第 C_i 行和 C_j 列交叉处填充为 1，否则为 0，其他连接以此类推。这样，就形成了对应的 SA 结构关系邻接矩阵。又如，在图 7-40 中，当自构件 C_i 到构件 $C_j(i,j=1,2,3,4,5)$ 存在一条可达路径时，将图 7-43 中的第 C_i 行和 C_j 列交叉处填充为 1，否则为 0，其他连接依此类推。这样，就形成了对应的 SA 语义关系连接矩阵。

由图论的相关理论可知，SA 结构关系邻接矩阵通过一定的运算（如闭包运算）后可以转换为 SA 语义关系连接矩阵。

在 SA 的静态演化中，表面上看是对构件的增加、替换、删除，但这种变化蕴涵着一系列的连带和波及效应，更多地表现为变化的构件或连接件与其相关联的构件或连接件的重新组合和归整。

7.7.2 SA 的动态演化模型

SA 的动态演化比静态演化更为复杂。为了能把握其宏观动态性，仅仅依靠邻接矩阵和可达矩阵来刻画是不够的。下面结合基于动态语义网的润湿理论，对 SA 动态演化做进一步地描述。

1. SA 动态语义网

在 SA 的动态演化研究中，要求 SA 模型不仅具有刻画静态结构特性的能力，还应具有描述构件状态变化、构件间通过连接件的相互作用和局部网络的集群行为等动态特性的能力。因此，需要将构件间的相互作用与约束细化为构件与连接件间的相互作用与约束。由定义 3 可得出如下推论。

推论 1 SA 网络模型 N_{SA} 能用有向图刻画。

在 SA 的动态演化中，可以设想，信息流（数据流或控制流）是通过 N_{SA} 中的连接件在构件之间流动的，当这种流动到达某一构件时，继续驱动目标构件，进而辐射出去或终止。这种反复出现的过程称为 N_{SA} 浸润。

定义 9 对被考察的系统 S 形式化后的动态语义网是一个有向图 $G_s = <V(G_s)$, $E(G_s), F_s>$，其中 $V(G_s)$ 是策动源；$E(G_s)$ 是浸润传播途径集；F_s 是 $V(G_s)$ 到 $E(G_s)$ 的有序集合上的函数，表示某种可预定义的形式化语义联系。

定理 1 N_{SA} 与 G_s 同构。

证明略。

定义 10 在 SA 的动态演化中，将 N_{SA} 称为 SA 动态语义网，记为 G_{SA}。

可见，SA 动态语义网也是一个有向图 $G_{SA} = <V(G_{SA}), E(G_{SA}), F_{SA}>$，其中 $V(G_{SA})$ 是策动源和被激构件集；$E(G_{SA})$ 是浸润传播途径集；F_{SA} 是 $V(G_{SA})$ 到 $E(G_{SA})$ 的有序集合上的函数，表示某种可预定义的形式化语义联系。

2. SA 动态语义网中的浸润过程

动态语义网的浸润过程可以抽象为有向图结点间的数据或控制信息的驱动，即是一个由源结点策动的传播。

定义 11 浸润域是浸润发生过程的载体，它是一个有向图 $G = <V(G), E(G), F>$，其中 $V(G), E(G), F$ 含义类似于定义 9。

推论 2 在 G_{SA} 上同样可以定义与定义 11 完全相同含义的浸润域。

以下概念的描述是在的浸润域 G_{SA} 上进行的,不再做特别说明。

定义 12 策动源 $\text{Act\_Nodes}^{(t)} = \{V_i | V_i \in V(G) \land S_i = 1 \land 0 \leqslant i < |V(G)|\}$,即 t 时刻 $V(G)$ 中的状态为 1 的所有结点构成的集合。S_i 表示 V_i 的状态,定义为

$$S_i = \begin{cases} 1, & F_i(x_1, x_2, \cdots, x_n) > \theta_i(x_1, x_2, \cdots, x_n) \\ 0, & 其他 \end{cases}$$

其中 $F_i(x_1, x_2, \cdots, x_n) \in R$ 是 V_i 的激励变换函数;$\theta_i(x_1, x_2, \cdots, x_n) \in R$ 是 V_i 的门限函数。可见 $S_i \in \{0,1\}$,其中 0 表示抑制 1 表示活跃;$x_i (1 \leqslant i \leqslant n)$ 表示结点 V_i 的输入。另外,如果定义 $Y_i = F_i(x_1, x_2, \cdots, X_n)/S_i$ 作为结点 V_i 的输出;可见,当 S_i 抑制时 Y_i 是无意义的。

定义 13 图 G 的邻接矩阵 $\boldsymbol{X} = (x_{ij})$, $0 \leqslant i, j \leqslant |V(G)|$,其中 $x_{ij} = \begin{cases} 1, & S_i = 1 \land <i,j> \in F_G(E(G)) \\ 0, & 其他 \end{cases}$;其中 $F_G(E(G))$ 表示图 G 对应的边集 $E(G)$ 中对应的所有边的两端结点之间的某种可预定义的语义联系的集合。

为了有效地描述 SA 的动态演化,定义 13 对定义 8 做了进一步的细化。

t 时刻图 G 的全部结点状态的集合表示为 $S^{(t)} = \{S_i | V_i \in V(G), 0 \leqslant i \leqslant |V(G)|\}$。

定义 14 对整个矩阵 $\boldsymbol{X}$ 的操作,等价于对矩阵 $\boldsymbol{X}$ 中每个元素的操作。同样 θ_i 对整个矩阵 $\boldsymbol{X}$ 的操作,等价于对矩阵 $\boldsymbol{X}$ 中每个元素的操作。

定义 15 浸润算子 Soak 是在时刻 t 起作用的、限定 F_i 和 θ_i 对 $X^{(t)}$ 进行一个离散时间步长的、逻辑上并行运算的操作。

定义 16 一个浸润步是指浸润算子 Soak 作用在三元组 $<\bigcup_{vi \in Act\_Nodes(t)} \{V_j | <i,j> \in F_G(V(E)) \land F_i(X^{(t)}, S^{(t)}) > \theta(X^{(t)}, S^{(t)})\}^{(t+1)}, X^{(t+1)}, t+1>$ 记为 $\text{Soak\_Step}^{(t+1)}$。

性质 1 $\text{Soak\_Step}^{(t+1)} = \text{Soak}(\text{Soak\_Step}^{(t)}), t = 0, 1, \cdots, N$。

定义 17 浸润过程是有限个时刻相继的浸润步的逻辑衔接。

定义 18 在浸润过程中,当 t 到达某一时刻 T 时,如果出现了,则称此时刻的点为不动点。

定义 19 存在不动点的浸润过程称为收敛的,否则就称为不收敛的。

定理 2 一个浸润过程收敛的充要条件是浸润中的每个结点 V_i 的 F_i 当 $t = T$ 足够大时收敛于 θ_i。

证明:此略,有兴趣的读者请参阅文献[3]。

定义 20 在 G_{SA} 的浸润过程中,当 t 足够大到 T 时,如果所有结点的状态和对应的邻接矩阵的元素全不为 0,则称 SA 是最优的。

可见,在最优的 SA 中,各构成元素之间"紧密"合作,表现为内聚性较高。

3. SA 动态演化分析

SA 的动态演化分析比静态演化分析复杂,建立 SA 动态演化过程模型是动态分析的关键。

定义 21 SA 特定条件域 U_i 是指与 SA 相关的软件系统在一次运行中所对应的环境

和约束条件集。

在 SA 特定条件域 U_i 下,SA 对应的软件系统在运行中数据和控制信息的流动总是在若干个确定的构件和连接件之间传播,这若干个确定的构件和连接件组成了新的 SA,称为 SA 特定条件域 U_i 下的 SA,记为 SA_i。

定义 22 SA 条件域 U 是指软件系统所有可能的 SA 特定条件域 U_i 的并集,即 $U = \bigcup_{i=1}^{N} U_i$,$N$ 为 U 的非空子集的个数。

定义 23 $\forall U_i \in U, \exists SA_i \subseteq SA (i=1,2,\cdots,N, N$ 为 SA 条件域 U 的非空子集的个数),称为不动点软件体系结构 SA_i,简称不动点 SA_i。其中 $SA_i \subseteq SA$,$N_{SA} = <$coms, Cons, Const$>$,$N_{SAi} = <$Coms$_i$, Cons$_i$, Const$_i>$,且 Coms$_i \subseteq$ Coms,Cons$_i \subseteq$ Cons,Const$_i \subseteq$ Const。

定义 23 说明,当 SA 特定条件域确定之后,对应的 SA_i 也是确定的。从 G_{SA} 浸润的全过程来看,$SA_i \subseteq SA$ 相当于 SA 在此特定条件域下的一个稳态。

定义 24 在一个 SA 中,自一个不动点 SA_i 到另一个不动点 $SA_j (i,j=1,2,\cdots,N, N$ 为 SA 条件域 U 的非空子集的个数)之间的变换称为 SA 的不动点转移。

可见,软件运行环境条件组合的变化决定了 SA 的不动点转移,即 SA 条件域 U_i 的变化决定了 SA 的不动点转移。另外,SA 的动态演化过程可用在 G_{SA} 的浸润过程来刻画,而浸润不是 SA 动态演化的基本活动。

通过不动点的转移,SA 由一种形态变为另外一种形态实际上是:软件在特定的环境条件下(包括运行的硬件环境输入和使用人员等),软件只有部分成分(构件和连接件)起作用。也就是说,数据或信息只在部分成分中流动,取决于在这种特定环境下的局部的 SA,即不动点 $SA_i (i=1,2,\cdots,N, N$ 为 SA 条件域 U 的非空子集的个数)。

从不动点转移的角度来看一个软件,SA 静态演化实质上是 SA 动态演化的一个子过程。在 SA 动态演化研究中,为了宏观地把握演化的动态性,假定被研究系统的 SA 静态结构是确定的,且构成了稳定的网状通道,在系统运行时,信息经过这个网状通道传播,即信息的流动范围随着运行状态的变化而扩张或收缩,这种扩张或收缩反映了系统运行在 SA 特定条件域 U_i 中时 SA 的形态。

主要参考文献

[1] 周之英. 现代软件工程(下). 北京:科学出版社,2000
[2] 张友生,陈松乔. 层次式软件体系结构的设计与实现. 计算机工程与应用,2002(22):154~156
[3] 张友生,钱盛友. 异构体系结构的设计. 计算机工程与应用,2003(22):126~128
[4] 张友生,陈松乔. 正交软件体系结构的设计与演化. 小型微型计算机系统,2004(2):30~35
[5] 张友生,陈松乔. 基于体系结构的软件过程 Petri 网模型. 小型微型计算机系统,2005(1):79~83
[6] 袁崇义. Petri 网原理. 北京:电子工业出版社,1998
[7] 潘秋菱,刘宗田,张立群等. Petri 网在软件过程建模及过程实施中的应用. 小型微型计算机系统,2002(5):569~573
[8] 林闯. 随机 Petri 网和系统性能评价. 北京:清华大学出版社,2000
[9] 林贵献,陆维明,焦莉. 一类 Petri 网系统的活性. 计算机学报,2002(8):883~889
[10] 耿刚勇,李渊明,仲萃豪. 基于构件的应用软件系统的体系结构及其开发模型. 计算机研究与发展,

1998(7):594~598

[11] W. M. P. van der Aalst. Three good reasons for using a Petri-net-based workflow management system. Proceedings of IPIC'96 179~201,Camebridge,Massachusetts,1996.11

[12] C. Hofmeister,R. L. Nord and D. Soni. Describing software architecture with UML. In Proceedings of The First Working IFIP Conference on SoftWare Architecture(WICSA1),1999(2):145~159

[13] Toshifumi T,Keishi S,ShinjiK,et al. Improvement of software process by process description and benefit estimation. Proceeding of ICSE'95,Los Alamitos,CA,USA,IEEE,1995:123~132

[14] L. Bass, P. Clements and R. Kazman. Software Architecture in Practice. Addison Wesley Longman,1998

[15] J. C. Demiam and A. Fuggetta. Software Process:Principles,Methodology,Technology. Wiley,1996

[16] L. Bass and R. Kazman. Architecture-based development. Technical Report,CMU/SEI-99-TR-007, 1999.4

[17] Václav Rajlich and João H. Silva. Evolution and reuse of orthogonal architecture. IEEE Transactions on Software Engineering,1996(2):153~157

[18] D. Riehle and H. Zullighoven. Understanding and using patterns in software development. Theory and Practice of Object Systems 2,1 (1996):3~13

[19] E. Gamma. Object-oriented software development based on ET++:design patterns,class library, tools(in German). PhD thesis,University of Zurich,1991

[20] G. E. Krasner and S. T. Pope. A cookbook for using the model-view-controller user interface paradigm in Smalltalk-80,JOOP,Aug. 1988:26~49

[21] Wang Yinghui,Zhang Shikun,Liu Yu,et al. Ripple-effect analysis of software architecture evolution based reachability matrix [J],Journal of Software,2004,15(8):1107~1115

[22] 王映辉,王立福. 软件体系结构演化模型.电子学报,2005(8):1381~1386

[23] Wei Hui,Zhu Ping,He Xinggui. The object-oriented design for dynamic semantic network and the soaking on it[J],System Engineering and Electronic Technology,1998,20(3):56~69

[24] Hu Hua. Software Evolution Based on Software Architecture,IEEE Trans,2004(5):1092~1096

第 8 章

软件体系结构的分析与测试

软件体系结构作为一个高层次的抽象,它描述了构件及其之间的关系,但是当前的课程体系中对软件体系结构的介绍是从高层抽象结构进行说明。这让很多读者感觉体系结构的内容太抽象,导致不能够被及时地理解。因此,本章介绍对软件体系结构的定量化描述,有利于读者对软件体系结构有一个量化的认识。

8.1 体系结构的可靠性建模

在基于构件的可靠性模型中,通过状态图来描述系统的行为。一个状态表示一个构件的执行,从一个状态到另一个状态的迁移概率通过系统的操作剖面获得。软件系统的可靠性依赖于状态的执行顺序和每一个状态的可靠性。在此模型中,每一个迁移可以看作是一个马尔科夫过程,即构件执行的下一个状态只依赖于当前构件的状态,与下一个状态和前一个状态是无关的。

状态图是一个有向图,在状态图中每一个结点 S_i 表示一个状态,从状态 S_i 到 S_j 的迁移通过连接边 (S_i, S_j) 表示。假设 R_i 表示状态 S_i 的可靠性,p_{ij} 表示从状态 S_i 到 S_j 的成功迁移的概率,基于状态图可以定义一个迁移矩阵 $\boldsymbol{M}$ 和可达值 $M(i,j) = R_i \times P_{ij}$,$M(i,j)$ 表示能够成功的从状态 S_i 到状态 S_j 的概率。

$$\boldsymbol{M} = \begin{array}{c} \\ S_1 \\ S_2 \\ \vdots \\ S_i \\ \vdots \\ S_{n-1} \\ S_n \end{array} \begin{bmatrix} S_1 & S_2 & \cdots & S_i & \cdots & S_{n-1} & S_n \\ 0 & R_1 P_{12} & \cdots & R_1 P_{1i} & \cdots & R_1 P_{1n-1} & R_1 P_{1n} \\ P_2 P_{21} & 0 & \cdots & R_2 P_{2i} & \cdots & R_2 P_{2n-1} & R_2 P_{2n} \\ \cdots & \cdots & & \cdots & & \cdots & \cdots \\ R_i P_{i1} & R_i P_{i2} & \cdots & 0 & \cdots & R_i P_{in-1} & R_i P_{in} \\ \cdots & \cdots & & \cdots & & \cdots & \cdots \\ R_i P_{(n-1)1} & R_i P_{(n-1)2} & \cdots & R_i P_{(n-1)i} & \cdots & 0 & R_i P_{(n-1)n} \\ R_n P_{n1} & R_n P_{n2} & \cdots & R_n P_{ni} & \cdots & R_n P_{n(n-1)} & 0 \end{bmatrix}$$

下面介绍怎么通过迁移矩阵来计算系统的可靠性。假设 $S = \{S_1, S_2, \cdots, S_n\}$ 是一个状态的集合,S_1 是开始状态,S_n 是最终状态。$M^k(i,j)$ 表示通过 k 个迁移从状态 S_i 到状态 S_j 的成功概率,此时该系统通过 k 个迁移,由 S_i 到状态 S_j 的可靠性为 $R = M^k(i,j) \times R_j$,k 的取值范围是 0 到无穷大,取 0 时表示最初状态也是最终状态,取无穷大时表示此时发生一个循环。因此,考虑每一个可能的迁移结果是非常必要的。

假设矩阵 $T = I + M + M^2 + M^3 + \cdots = \sum_{k=0}^{\infty} M^k = \dfrac{I}{I-M} = (I-M)^{-1}$，其中 I 是 $n \times n$ 阶单位矩阵，此时，整个系统的可靠性可以通过公式 $R = T(1,n) \times R_n$ 计算，其中 $T(1,n) = (-1)\dfrac{|E|}{|I-M|}$，$E$ 是矩阵 $(I-M)$ 除去第 n 行和第一列的矩阵。

基于构件模型的可靠性分析可以通过上述的方法计算，然而一个复杂的系统通常包括顺序、并行计算、容错和客户/服务器等四种常用的结构风格模型。容错体系结构风格的目的是通过一系列的容错构件修正初始系统的错误来改善系统的可用性。一个客户/服务器风格，类似于调用-返回过程，但是已经把它的范围扩展到了分布式系统和 Web 系统。下面分别对这四种结构进行讨论。

1. 顺序结构风格

在顺序结构风格中，系统的运行按构件的顺序依次执行，顺序结构风格广泛应用于银行系统的日常数据更新。该风格的模型图如图 8-1 所示。

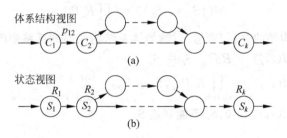

图 8-1　顺序风格模型

假设体系结构是由 k 个构件顺序组成，此风格可以认为在马尔科夫链中有 k 个状态，其迁移矩阵通过下式构造：

$$\begin{cases} M(i,j) = 0, S_i \text{ 不能够到达 } S_j \\ M(i,j) = r_i p_{ij}, S_i \text{ 能够到达 } S_j \end{cases}, \text{ for } 1 \leqslant i,j \leqslant k$$

其中 $M(i,j)$ 是状态 S_i 能够成功到达状态 S_j 的概率。

2. 并行/管道-过滤器结构风格

在顺序执行环境中，某一时刻只有一个构件执行，然而在当前执行环境中构件通常是同时运行的，把这种行为称为并行/管道-过滤器结构风格，它通常可以通过用一个马尔科夫链来模型化，应用于当前环境中有多个构件同时运行的情况，主要用来提高系统性能。

在并行/管道-过滤器体系结构风格中，多个构件可以同时执行，其结构如图 8-2 所示。并行结构风格和管道-过滤器结构风格的不同之处，在于并行结构通常用于多处理器环境中，如图 8-2(a)所示；而管道-过滤器结构风格通常发生在单处理器多进程环境中，如图 8-2(b)所示。执行构件 G_2 到 G_{k-1} 对应并行结构的状态集 S_p 的状态 S_{p1}。

在图 8-2(a)中,是一个具有 k 个构件的体系结构,其中有 $l=k-2$ 个构件是在同一状态下并行运行的,因此该系统的总状态的数量是 $k-l+1$。由于并行风格的特点,从构件 C_1 到构件 $C_2, C_3, \cdots, C_{k-1}$ 的迁移概率都为 P_{12},P_{12} 也是从状态 S_1 到 S_{p1} 的迁移概率。为了方便计算,再引入 $\{S_i\}$,在矩阵中它返回状态变量 S_i 的行数或列数。

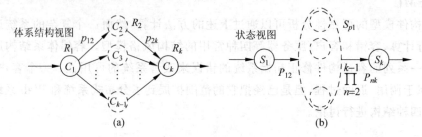

图 8-2 并行或管道-过滤器结构风格

在 $M(\{S_{p1}\}, \{S_k\})$ 中,状态 S_{p1} 从 C_2 到 C_{k-1} 所有的构件成功执行并到达最终状态 S_k,由于构件的可靠性和迁移概率是相互独立的,因此 $M(\{S_{p1}\}, \{S_k\})$ 为

$$M(\{S_{p1}\}, \{S_k\}) = \prod_{n=2}^{k-1} R_n P_{nk}$$

因此,具有 k 个构件的并行/管道-过滤器体系结构风格的迁移矩阵可以通过下式构造。

$$\begin{cases} M(i,j) = R_i P_{ij}, S_i \notin S_p \\ M(i,j) = \prod_{C_n \text{ in } S_i} R_n P_{nj}, S_i \in S_p, & \text{for } 1 \leqslant i,j \leqslant |S| \\ & \text{and } 1 \leqslant n \leqslant k \\ M(i,j) = 0, S_i \text{ 不能到达 } S_j \end{cases}$$

3. 容错结构风格

容错体系结构风格是由一个原始构件和一系列的备份构件组成,包括原始构件和备份构件都被放置在一个并行结构下,使得当一个构件出现错误时,其他构件能够继续提供服务。图 8-3(a)是 C_2 构件的备份构件 C_3 到 C_{k-3} 的容错结构风格模型;图 8-3(b)的矩形框内的容错构件聚集在状态 S_{b1} 内。

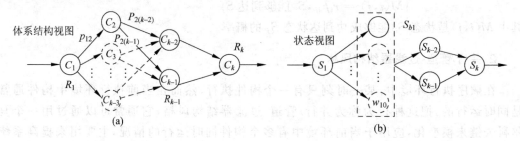

图 8-3 容错结构风格

假设所有的备份构件的迁移概率与原始构件的迁移概率是相同的。在图 8-3(a)中,假设一个有 k 个构件的容错结构风格,其中有 $l=k-4$ 个构件是在同一状态,因此状态的总数为 $k-l+1$。当前的容错结构风格类似于并行结构风格,假设从构件 C_1 到 $C_2, C_3, \cdots, C_{k-3}$ 的迁移概率为 P_{12},P_{12} 也是从状态 S_1 到状态 S_{b1} 的迁移概率。

在容错结构风格中,从状态 S_1 到状态 S_{k-2} 和状态 S_{k-1} 时,如果状态 S_2 出现错误,则使

用 S_3 的状态,如果 S_2 和 S_3 都出现错误,则使用 S_4 的状态,依此类推。则此时有

$$M(1,\{S_{b1}\}) = R_2 + \sum_{n=3}^{k-3}\left(\left(\prod_{m=2}^{n-1}(1-R_m)\right)R_n\right)$$

假设备份构件和初始构件具有相同的迁移概率,此时就有

$$M(\{S_{b1}\},\{S_{k-1}\}) = R_{b1}P_{2(k-1)}, \quad M(\{S_{b1}\},\{S_{k-2}\}) = R_{b1}P_{2(k-2)}$$

因此具有 k 个构件的容错体系结构的迁移矩阵可以通过下式构造:

$$\begin{cases} M(i,j) = R_iP_{ij}, S_i \notin S_b \\ M(i,j) = R_{a1} + \sum_{q=a2}^{ar}\left(\left(\prod_{m=a1}^{q-1}(1\_R_m)\right)R_n\right), S_i \in S_b \text{ 并且 } S_i \text{ 包括 } C'_{a1}C_{ar} \\ M(i,j) = 0, S_i \text{ 不能到达 } S_j, 1 \leqslant i,j \leqslant |S|, 1 \leqslant a_r \leqslant k \end{cases}$$

4. 调用-返回结构风格

在调用返回结构风格中,一个构件在完成一次迁移之前,在执行过程可能需要调用其他构件提供的服务,因此必须在该调用完成之后并返回调用构件后,才执行当前构件剩下的下一个状态。

在调用-返回结构风格中,被调用构件可能被多次调用,而调用构件只执行一次。如图 8-4 所示,图 8-4(b) 的状态图可以通过图 8-4(a) 的体系结构视图的一一对应映射获得,S_1 是调用状态,S_2 是给 S_1 提供服务的被调用状态。在执行过程中,状态 S_2 在状态 S_1 迁移到状态 S_3 之前被多次调用。

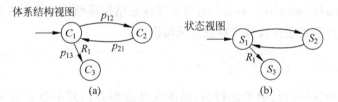

图 8-4 调用-返回结构风格

此时,$M(1,3)$ 等于 R_1P_{13},它是状态 S_1 的可靠性乘以从状态 S_1 到 S_3 的迁移概率。同理,$M(2,1)$ 也可以通过状态 S_2 的可靠性和从状态 S_2 到状态 S_1 的迁移概率相乘获得。值得注意的是:由于状态 S_1 只有在迁移到状态 S_3 时才被访问,不管状态 S_1 访问状态 S_2 多少次,因此在 $M(1,2)$ 中仅考虑从状态 S_1 到状态 S_2 的迁移概率,并不考虑状态 S_1 的可靠性。

假设存在由 k 个构件组成的调用-返回结构风格,其状态数量为 k,其迁移矩阵可以通过下式构造。

$$\begin{cases} M(i,j) = R_iP_{ij}, S_i \text{ 可以到达 } S_j \\ M(i,j) = P_{ij}, S_i \text{ 可以到达 } S_j, S_j \text{ 是被调用构件}, 1 \leqslant i,j \leqslant k \\ M(i,j) = 0, S_i \text{ 不能到达 } S_j \end{cases}$$

通过上述方法,能够计算出单一结构风格的体系结构的可靠性,但是,实际上一个软件系统可能有多种类型的结构风格,那么前面的方法就无法计算出其体系结构的可靠性。此时,系统的可靠性可以通过以下步骤来模型化。

(1) 通过系统的详细说明书,确定系统所采用的体系结构风格。
(2) 把每一种体系结构风格转换成状态视图,并计算状态视图中每一个状态的可靠性及其相应的迁移概率。
(3) 通过整个系统的体系结构视图,把所有的状态视图集成为一个整体状态视图。
(4) 通过整体状态视图构造系统的迁移矩阵,并计算系统的可靠性。

8.2 软件体系结构的可靠性风险分析

8.2.1 软件体系结构风险分析背景

风险评估过程通常是用于验证需要详细检测的复杂模型,来估计潜在的模型问题和测试效果,在不同的开发阶段都可以执行分析评估。而在体系结构级进行风险评估更有利于开发阶段的后期评估。

风险评估对于任何软件风险管理计划都是一个重要的过程,有些风险评估技术是基于个人的主观的领域经验判断,主观的风险评估技术是个人行为,带有一定的错误。风险评估应该是基于能够通过定量的方法对软件产品属性进行的度量。

本节介绍一个体系结构级的风险评估方法,它是基于动态方法的。该方法用动态复杂性和动态耦合性来定义用于描述体系结构元素(构件、连接件)的复杂性因子。通过采用FMEA(failure mode and effect analysis)对软件体系结构模型进行严重性分析,并结合严重性和复杂性为构件和连接件设计出启发式风险因子。

1. 动态方法

许多实时应用软件的复杂动态行为,是激发从静态方法到动态方法的一个重要手段。当构件被调用或执行时,此时构件为了执行特定的需求功能就变得很活跃,然而由于活跃构件的频繁执行和状态的频繁改变,这就使得越是活跃的构件就越有可能出现错误。因此,如果在一个活跃的构件中存在一个错误,那么它可能发生错误的概率也就越高。为了在体系结构级进行风险分析(我们只对错误风险感兴趣),因此有目地在系统运行时用动态方法评估构件和连接件的复杂度作为目标。

动态方法是用来评估执行中的软件体系结构的动态耦合度和动态复杂度。动态耦合度是用来度量在特定的执行场景中,两个相互连接的构件或连接件之间的活跃程度。该度量作为连接件的复杂度,可以用场景侧面的比例来获取。动态复杂度方法是用来测量特定构件在给定场景下的动态行为,也可以通过场景侧面的比例来获得构件复杂度。

在此,用动态方法为每一个体系结构元素定义了复杂性因子,构件复杂性因子是用于构件的行为描述,可以通过动态复杂度方法获取;连接件复杂性因子是用于连接件的消息传输协议,可以通过动态耦合方法获取。

2. 构件依赖图

构件依赖图(component dependency graph,CDG)是用于在体系结构级进行可靠性分析的概率模型。一个构件依赖图是一个对基于构件的软件系统的可靠性分析模型,它是控制流图的一个扩展。它把系统的构件、连接件及其之间的关系模型转化为一个 CDG 图。CDG 图是一个有向图,它描述了构件、构件的可靠性、连接件、连接件的可靠性和迁移概率。CDG 是从一个场景中开发出来的,一个场景就是一系列的通过特定输入激发的构件交互,通常用 UML 的序列图对场景进行建模。通过序列图,能够收集统计所需要的用于建立 CDG 相关信息,如某个构件在该场景中的评价执行时间、场景的评价执行时间、构件之间的可能交互等。

定义 1 $CDG=<N,E,s,t>$,N 是结点集,E 是边集,s 和 t 分别是初始点和终结点。

例如 $N=\{n\}$,$E=\{e\}$,$n=<C_i,RC_i,EC_i>$,其中 C_i 表示 i 个构件,RC_i 表示第 i 个构件的可靠性,EC_i 是的 i 个构件的平均执行时间,EC_i 可以通过下式获得:

$$EC_i = \sum_{k=1}^{|S|} PS_k * Time(C_i)_{C_i \, in \, S_k}$$

其中,PS_k 是场景 S_k 的执行概率,$|S|$ 是场景的总数,$Time(C_i)$ 是构件 C_i 的执行时间,$Time(C_i)$ 可以通过在序列图中构件 C_i 在其生命线上的活跃时间总数进行估计。C_i 是场景 S_k 中的构件。

$e=<T_{ij},RT_{ij},PT_{ij}>$,其中 T_{ij} 是从结点 n_i 到 n_j 的迁移,RT_{ij} 是该迁移的可靠性,PT_{ij} 是迁移概率,PT_{ij} 可以通过下式获得:

$$PT_{ij} = \sum_{k=1}^{|S|} PS_k * \left(\frac{|Interact(C_i,C_j)|}{|Interact(C_i,C_l)|_{l=1,\cdots,n}} \right)$$

$C_i,C_j,C_l,(j,l \neq i)$ 都是场景 S_k 中的构件,同样,PS_k 是场景 S_k 的执行概率,$|S|$ 是场景的总数,N 是应用系统中的构件数量,$|Interact(C_i,C_j)|$ 是构件 C_i 和构件 C_j 在场景 S_k 中的交互次数。

图 8-5 是由四个构件组成的一个简单的 CDG 图。

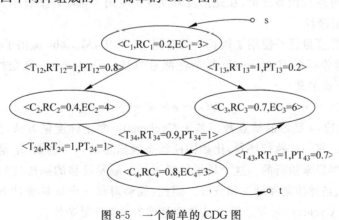

图 8-5 一个简单的 CDG 图

8.2.2 软件体系结构风险分析方法

本节的体系结构分析方法的主要步骤如下:

① 采用体系结构描述语言 ADL 对体系结构进行建模。

② 通过模拟方法执行复杂性分析。
③ 通过 FMEA 和模拟运行执行严重性分析。
④ 为构件和连接件开发其启发式风险因子。
⑤ 建立用于风险评估的 CDG。
⑥ 通过图论中的算法执行风险评估和分析。

下面对上述步骤进行详细分析。

1. 体系结构风险建模

ADL 能够形式化描述软件体系结构，并在详细设计之前，执行初步的分析以尽早发现一些问题，现在已经有很多用于软件体系结构描述的 ADL。

软件系统的动态行为是用于描述系统运行期间的行为。软件系统的风险可以和系统运行时的失效性相关联，因此，软件系统的风险可以通过对单个构件的行为和系统的动态行为进行分析和评估。本节的风险分析方法主要关注软件体系结构的动态描述，它可以在两个构件进行交互时获取，也可以在单个构件的行为上获取。在此，选择的 ADL 必须对构件之间的交互和单个构件的行为提供支持。

UML 作为对软件系统建模的标准语言，它定义了能够描述体系结构动态行为的模型规范。本节使用 UML 的状态图来描述单个构件的行为，使用 UML 的序列图来描述构件之间的交互。同样，对于体系结构风险的建模也可以使用 Rose Real-Time 等工具。

2. 复杂性分析

传统上，系统可靠性的度量是通过计算某一特定时期的失效或者错误数量来衡量的。为了提高软件的质量和降低软件系统的风险，应该在软件生命周期的开发阶段就对可能存在高错误率的构件进行预测分析，在此把复杂性度量应用于风险评估技术。

（1）构件的复杂性

软件的复杂性度量已经使用了很长一段时间，1976 年，McCabe 提出了作为系统易测试性、可维护性质量指标的 Cyclomatic 复杂性测量方法。Cyclomatic 复杂性是基于规划图的，它可以通过下式定义

$$VG = e - n - 2$$

其中，e 是图的边数，n 是图的结点数。基于 Cyclomatic 复杂性度量方法，为每一个构件开发了复杂性因子。每一个执行场景，比如构件状态表描述的一个场景 S_k 是通过状态入口、状态存在和迁移触发来执行的。这个场景包括了用于触发迁移的描述代码部分、给其他构件发送消息部分、条件检测和触发部分等。因此，能够对每一个场景统计 S_k 中的每个构件 C_i 的执行路径的 Cyclomatic 复杂性。这类度量称为互操作复杂性。

有时，在一个复合构件状态表中，很多的状态都能通过分解的方法来简化状态。一个复合状态由许多简单状态组成；在状态表中，复合状态的迁移可以被分割成相应的迁移片断，迁移点为相同迁移的不同迁移片断提供了一个基础。为了建立在两个复合状态的迁移 Cyclomatic 迁移复杂性，可以通过统计所有迁移片断的 Cyclomatic 复杂性，包括起始点的出口代码片断和终结点的入口代码片断。如图 8-6 所示，从状态 s_{11} 到状态 s_{22} 的一个迁移的 VG 是

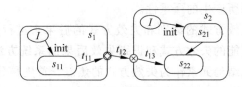

图 8-6 两个复合状态之间的迁移图

$$VG_x(s_{11}) + VG_a(t_{11}) + VG_a(t_{12}) + VG_e(s_1) + VG_a(t_{13}) + VG_e(s_{22})$$

其中 VG_x 是出口编码片断的复杂性,VG_a 是活动代码片断的复杂性,VG_e 是入口代码片断的复杂性。

为了模拟模型中获得的动态复杂性,为每一个构件加上一个复杂性变量,在每一个执行场景中,这些变量是根据每一个特定的触发执行场景来进行更新的。在模拟结束时,模拟工具会报告每一个构件的动态复杂性的值。使用场景概率 PS_k 能够通过下式统计每一个构件的操作复杂性度量,其中 $|S|$ 表示场景数。

$$cpx(C_i) = \sum_{k=1}^{|S|} PS_k \times cpx_k(C_i)$$

此时,通过该方法可以为每一个构件计算其对应的复杂度。

(2) 连接件的复杂性

为了计算体系结构中连接件的复杂性因子,可以使用动态耦合法来分析。动态耦合中包括输出动态耦合和输入动态耦合。假设 $EC_k(C_i,C_j)$ 是与构件 C_j 相关的构件 C_i 的输出耦合,它等于从构件 C_i 到构件 C_j 所发的消息数在场景 S_k 的执行期内所交换的消息总数的百分比,即:

$$EC_k(C_i,C_j) = \frac{|\{M_k(C_i,C_j) \mid C_i,C_j \in A \wedge C_i \neq C_j\}|}{MT_k} \times 100$$

$M_k(C_i,C_j)$ 是在场景 S_k 执行期间,从构件 C_i 到构件 C_j 所发送的消息集;MT_k 是在场景 S_k 执行期间,所有构件进行的消息交换总数。

$EC_k(C_i,C_j)$ 通过一个特定的执行场景来定义,并可以把该方法进行扩展到整个执行场景。因此,某一构件在给定的场景下的复杂性的平均值可以通过场景 PS_k 的执行概率来衡量,因此 $EC(C_i,C_j)$ 度量公式就变为

$$EC(C_i,C_j) = \sum_{k=1}^{|S|} PS_k \times EC_k(C_i,C_j)$$

$|S|$ 是场景总数,PS_k 是场景 S_k 的执行概率。

为了从模拟模型中统计连接件的复杂性,在此可以把在某个执行场景中,从一个构件到另一个构件发送的消息用一个变量加入到模拟模型中。使用场景概率,就能够计算出每一个连接件的平均动态耦合度。

3. 严重性分析

由于构件的复杂性并不是一个用于估计失效风险的完整方法,因此必须考虑系统中的构件由于严重性或失效的危险程度所需要的特别开发资源。有些构件的复杂度很低,但它们却充当一个主要的安全角色,如果它们失效可能导致一个灾难性的后果。此时,就必须考

虑每一个构件的失效后果所产生的严重性。

通过每一个潜在的失效方式的级别和失效方式的后果来进行严重性分析。FMEA 技术是一个用于描述系统可能的失效方式和识别失效后果的系统方法。在分析失效方式时，分析者必须把每一个体系结构元素作为失效方式的焦点。首先是分析者识别体系结构元素的失效方式，并研究其影响，每一次失效的严重性级别和识别对系统的最坏影响。

(1) 失效方式的识别

为了简化起见，只考虑下面一些失效分析技术：

- 单个构件的失效方式。在体系结构模拟模型中，每一个构件用一个状态图来描述，它是一个基于状态的构件行为描述。在识别单个构件的失效方式中，仅考虑功能性故障分析和基于状态的故障分析。
- 单个连接件的失效方式。在体系结构模拟模型中，为了识别单个连接件的失效方式，仅考虑在消息参数与消息参数之间的接口错误失效误差。

序列图可以获得构件之间的交互，通过识别构件和连接件的失效方式，可以得到执行场景的失效方式。在关注某一时刻特定场景中一个构件或连接件的角色之前，就使识别过程变得更容易。

(2) 严重性分级

在一个特定的失效严重性分级上，特定领域专家充当着重要角色。特定领域专家可以通过他们的经验成果来为特定领域建立相应的严重性分级制度。在本节中通过以下方法来对严重性进行分级。

- 灾难性的。一个错误可能导致整个系统的失败或毁灭。
- 危急的。一个错误可能导致严重的损坏、主要性能的破坏、主要系统的损坏，或者主要产品的失败。
- 边际性的。一个错误对性能、系统产生一个较小的损坏，或推迟产品的完成日期。
- 较小的。一个错误并不产生任何的损坏，但需要不定时的进行维护和修理。

4. 开发体系结构元素的可靠性风险因子

这部分内容主要是通过复杂性和严重性因素，为体系结构中的每一个构件和连接件计算其启发式风险因子。

体系结构的每一个构件的启发式风险因子可以通过下式计算：

$$hrf_i = cpx_i \times svrty_i$$

$cpx_i \in [0,1]$ 是第 i 个构件的动态复杂性，$svrty_i \in [0,1]$ 是第 i 个构件的严重性级别。

体系结构中每一个连接件的启发式风险因子可以通过下式计算：

$$hrf_{ij} = cpx_{ij} \times svrty_{ij}$$

$cpx_{ij} \in [0,1]$ 是第 i 个构件到第 j 个构件之间的连接件的动态耦合度，可以通过 $EC(C_i, C_j)$ 计算；$svrty_{ij} \in [0,1]$ 是第 i 个构件到第 j 个构件之间的连接件的严重性级别。

5. CDG 的开发

上面对体系结构元素的可靠性风险因子进行了定量的描述，为了评估一个系统的风险值，需要定义一个风险聚合算法，在此算法中要利用 CDG 模型。CDG 模型可以通过下述步骤构造。

① 通过估计相对于整个场景而言的每一个场景执行的频率，来估计每个场景执行的概率。

② 对每一个场景中的构件通过模拟报告来记录每一个构件的执行时间。这样就可以通过每一个构件在每个场景和该场景的使用概率所用时间，来估计每个构件的平均执行时间。

③ 通过场景的使用概率和场景之间的迁移概率来计算构件之间的迁移概率；给定场景下构件之间的迁移概率是通过发送消息的构件所发送的消息，在目标构件的消息中所占的比例来计算。

④ 通过模拟，为每个构件、连接件估计复杂性因子和严重性指标，通过综合复杂性因子和严重性指标获取每个构件、连接件的风险因子。

6. 可靠性风险分析算法

体系结构的风险因子可以通过聚合单个构件和连接件的风险因子来获得。例如，假设存在一个有 L 个构件执行序列，则该执行序列 L 的风险因子为

$$HRF = 1 - \prod_{i=1}^{L}(1 - hrf_i)$$

CDG 模型构造完以后，就可以通过图 8-7 的算法使用构件、连接件的风险因子函数来分析应用程序的风险。

```
Algorithm
Procedure Assess Risk
Parameters
        consumes CDG, AE_Appl //AE_Appl 是平均执行时间
        produces Risk_appl
Initialization:
        R_appl = R_temp = 1//R_temp 是(1 - RiskFactor)的临时变量
        Time = 0
Algorithm
push tuple<C_1, hrf_1, EC_1>, Time, R_temp
while Stack not EMPTY do
        pop<C_i, hrf_i, EC_i>, Time, R_temp
        if time>AE_appl or C_i = t; //t 为终结点
            R_appl + = R_temp;
        else
        ∀<C_j, hrf_j, EC_j>∈ children(C_i)
        push(<C_j, hrf_j, EC_j>, Time + = EC_i, R_temp = R_temp * (1 - hrf_i) * (1 - hrf_ij) * PT_ij)
        end
endwhile
        Risk_appl = 1 - R_appl
end Procdure Assess Risk
```

图 8-7 应用程序风险因子算法

该算法扩展了从开始结点开始的 CDG 图的所有分支,树的宽度扩展表示逻辑"或"路径,因此转换为聚合风险因子的总数通过沿着每条路径的迁移概率来衡量。每条路径的深度表示顺序执行的构件序列,即逻辑"与",因此就转换为风险因子的乘积。"与"路径考虑了连接件风险因子(hrf_{ij}),一个终结点路径的深度扩展是一个场景的平均执行时间的总和。由于依赖图的概率特性,在图中可能存在循环结构,但是通过使用场景的平均执行时间来终止图的迁移深度,这样循环就不会导致死锁的发生。因此,在执行该算法时死锁问题是不可能发生的,算法的终止也就很明显了。

该算法的复杂性高度依赖于在 CDG 图中结点被访问的次数,一个结点的访问次数是一个与场景的平均执行时间、场景的剖面、构件的平均执行时间、在场景中构件交互方式和图的结点数相关的函数。风险因子很大程度上依赖于对体系结构的认识,因此所构造出来的 CDG 并不是惟一的。

本节使用定量的方法对软件体系结构的可靠性风险进行了分析,并说明了其所使用的相关方法、手段和工具。其主要思想是通过用 UML 建立软件体系结构场景模型,针对这些场景模型建立 CDG 图,然后进行构件、连接件的复杂性、严重性分析,最后通过可靠性风险分析算法来计算整个软件体系结构的可靠性风险。

8.3 基于体系结构描述的软件测试

测试大型复杂的软件系统是一项困难且花费巨大的工作,但在软件开发和维护过程中却是一项非常重要的工作。如何尽早地开展软件测试工作,怎样将形式化方法与软件测试技术结合起来,已成为软件测试研究的重点。由于软件体系结构描述语言具有形式化理论的基础,如 Petri 网、状态图、Z 语言、CSP 等,这为在体系结构级对系统进行分析和测试提供了理论基础和数学方法,从而在系统开发初期就能发现体系结构级的错误。

本节在软件体系结构描述语言的基础上,对构件之间交互所引起的错误测试,建立了静态分析和动态测试模型。根据不同的体系结构抽象层次,基于不同的路径覆盖级别,生产测试用例,由此平衡开发成本、进度与质量需求之间的关系。

8.3.1 测试方法

软件体系结构测试与程序测试有所不同,它是检查软件设计的适用性,这种测试不考虑软件的实现代码,所以基于实现和说明的程序测试方法对软件体系结构测试并不适用。

1. 测试内容

与传统的软件测试一样,基于体系结构的软件测试也需要研究测试内容、测试准则、测试用例、测试充分性及测试方法等问题。

体系结构的描述必须满足一个基本的要求,即体系结构描述的各个部分必须相互一致,不能彼此冲突,因为体系结构主要关注系统的结构和组装,如果参与组装的各个部分之间彼此冲突,那么由此组装、精化和实现的系统一定不能工作。因此,体系结构的分析和测试主要考虑:构件端口行为与连接件约束是否一致、兼容,单元间的消息是否一致、可达,相关端口是否可连接,体系结构风格是否可满足。

为了保证测试的充分性,必须对关联构件、连接件的所有端口行为和约束进行测试,即所有接口应该是连接的,数据流、控制流和命令应该是可达的,且在并发时应该保证无死锁发生。

2. 测试准则

在传统测试方法中,测试准则是基于实现和规约得到的,基于实现的测试准则是结构化的,它是利用软件的内部结构来定义测试数据以覆盖系统,例如通过结构技术从程序代码中或通过功能化技术从规约说明中得到单元测试计划,基于数据流和控制流定义的语句覆盖和分支覆盖来测试准则。

近年来,在规约的基础上结构化准则得到了进一步的发展,并根据规约的语法、语义和结构定义了测试准则。软件体系结构描述语言在高层抽象层上的形式化的系统静态、动态特征及系统交互模型,为定义体系结构测试准则奠定了基础。基于体系结构的抽象模型,通过分析体系结构组成单元之间的关联性,可以定义如下的测试准则。

测试准则:测试应覆盖所有的构件及各个构件的接口、各个连接件的接口、构件之间的直接连接、构件之间的间接连接。

对于不同的体系结构描述语言,这个测试准则有不同的演绎,对于特定的 ADL,可以从该准则中定义测试需求并据此生成测试用例。

3. 测试需求和测试用例的生成

实现完整测试的典型方法是利用测试准则定义测试需求,进而生成测试用例。参照相关研究工作,可定义以下几种测试路径:

① 构件或连接件内部消息的传递路径。
② 构件或连接件内部端口的执行顺序路径。
③ 构件之间到连接件或连接件到构件的消息传递路径。
④ 构件之间的直接连接路径。
⑤ 构件之间的间接连接路径。
⑥ 所有构件的连接路径。

在大多数的软件开发过程中,软件开发的成本和周期制约着软件的质量,三者之间的关系需要平衡。根据不同的体系结构抽象层次,测试准则和覆盖准则的力度也有所不同。

软件体系结构测试过程可以分为单元测试、集成测试和系统测试,单元测试是最底层的测试活动,指构件开发者对构件本身的测试,涉及的消息流是构件内部的消息,一般由构件开发者完成;集成测试的主要任务是测试构件之间的接口以保证构件能够交互,它将构件本身抽象为单元,并关注于构件间的消息传递,构件的交互行为可以通过形式化规约得到,因此这种测试可提前进行;系统测试的主要任务是测试整个系统能否正常运行,以保证系统符合其设计模型。

如图 8-8 所示,在不同阶段,测试关注的信息和特征也不相同,因此测试准则的级别也就不同,根据由低到高的逐步抽象过程,可定义测试准则的级别。

在测试过程中,根据测试准则级别,可选择不同的测试路径,生成测试用例。例如,如果

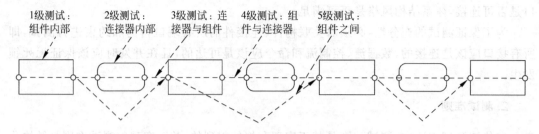

图 8-8 测试准则及测试级别

要进行构件级测试,通过对构件行为的细化,即进一步展开构件,再利用第 1 级测试准则来覆盖所有路径,从而得到该构件的测试用例。对于集成测试,可利用第 3 级测试准则覆盖图中的构件库所、变迁和弧的路径,从而得到集成测试的测试用例。对于系统测试,需覆盖图中的路径来获得测试用例。

8.3.2 实例与实现

以客户/服务器结构为例,Client 和 Server 这 2 个构件通过客户服务器协议连接,连接件有 2 个角色 Role(C),Role(S),它们分别负责与 Client 端和 Server 端的连接,Role(C) 的事件集为{开始,请求,接收结果,成功},Role(S) 的事件集为{开始,激发,返回结果,成功}。

客户/服务器遵循以下规则:

① Client 首先初始化进程并与 Server 连接,一旦连接,Client 端通过 Role(C) 向 Server 发出请求;

② Server 在收到 Client 端连接请求后,与 Client 端进行连接,当请求被激发后,将请求结果返回给 Client 端,然后等待 Client 端的其他请求;

③ Client 端接收结果后,可以发出更多的请求或终止连接,如果 Client 端终止了连接,Server 也就中断了与 Client 的连接。

Server 端的应用构件描述如下:

```
Type Appl is interface
    External Action Request(Msg:String)
    Public Action Results(Msg:String)
    Behavior
      (∃M∈Msgs(Appl))∧Receive(Appl,M)⇒Results(Appl,M)
      Cons(client.open|sever.open)∧(pre_cond = connected∧(invoke⇒return))
      ∧(client.close|sever.close))
    End Appl
```

其中,External 是构件所需要的环境集合,Public 是构件能提供给环境或其他构件的功能集合,Behavior 是构件行为语义描述,Msgs 是消息集合,Cons 是构件行为约束,Pre_cond 表示前置条件。它们所描述的动态行为如图 8-9 所示。

以 Client 为例,若在构件内测试,测试路径应为:

Client. start→Client. open→Client. place1→Client. invoke→Client. place2→Client. return→

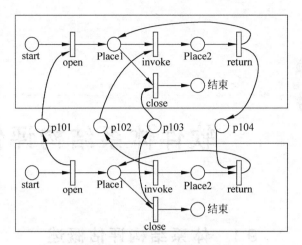

图 8-9　Server 客户端、服务器行为图

Client.place1→Client.close→Client,结束。Client.start→Client.open→Client.place1→Client,结束。

当进行 Client/Server 集成测试时,根据图 8-9 测试路径应该为:

Client.start→Client.open→p101→Server.open;

Client.invoke→p102→Sever.invoke;

Client.close→p103→Server.close;

Server.return→p104→Client.return。

根据路径覆盖准则,覆盖以上路径即可生成其测试用例。若构件之间有并发请求,同时有多个信息交互,同样可以建立系统的动态行为模型,再根据不同的测试准则,可生成满足要求的测试用例。

主要参考文献

[1] Wen-Li Wang, Dan Scannell. An architecture-Based Software Reliability Modeling Tool and Its Support for Teaching, ASEE/IEEE Frontiers in Education Conference, 2005(10): 19~22

[2] Sherif M. Yacoub, Hany H. Ammar. A Methodology for Architecture-Level Reliability Risk Analysis, IEEE Trans on Software Engineering, 2002(6): 529~547

[3] Jin Zhengyi, Offutt J. Deriving tests from software architecture, 12th International Symposium on Software Reliability Engineering, Hong Kong, 2001

[4] 贾晓琳,谭征,何坚等.基于体系结构描述的软件测试技术.西安交通大学学报,2005(8):808~811

[5] 刘霞,李明树,王青等.软件体系结构分析与评述方法.计算机研究与发展,2005(7):1247~1254

[6] 张广梅,李晓维.基于体系结构的软件可靠性参数早期预测.计算机工程,2005(3):90~92

[7] 毛晓光,邓进勇.基于构件的可靠性通用模型.软件学报,2004(1):27~32

[8] Katerina Goseva-Popstojanova, Ahmed Hassan, Diaa Eldin M. Nassar. Architecture-Level Risk Analysis Using UML, IEEE Trans on Software Engineering, 2003(10): 946~959

[9] Wen-Li Wang, Mei-Huei Tang, Mei-Hwa Chen. Software Architecutre Analysis-A Case Study, IEEE Trans on Software Engineering, 1999(3): 265~270

第 9 章

软件体系结构评估

9.1 体系结构评估概述

软件体系结构的设计是整个软件开发过程中关键的一步。对于当今世界上庞大而复杂的系统来说,没有一个合适的体系结构而要有一个成功的软件设计几乎是不可想象的。不同类型的系统需要不同的体系结构,甚至一个系统的不同子系统也需要不同的体系结构。体系结构的选择往往会成为一个系统设计成败的关键。

但是,怎样才能知道为软件系统所选用的体系结构是否恰当?如何确保按照所选用的体系结构能顺利地开发出成功的软件产品呢?要回答这些问题并不容易,因为它受到很多因素的影响,需要专门的方法来对其进行评估。

体系结构评估可以只针对一个体系结构,也可以针对一组体系结构。在体系结构评估过程中,评估人员所关注的是系统的质量属性,所有评估方法所普遍关注的质量属性有以下几个。

1. 性能

性能(performance)是指系统的响应能力,即要经过多长时间才能对某个事件作出响应,或者在某段事件内系统所能处理的事件的个数。经常用单位事件内所处理事务的数量或系统完成某个事务处理所需的时间来对性能进行定量的表示。性能测试经常要使用基准测试程序(用以测量性能指标的特定事务集或工作量环境)。

2. 可靠性

可靠性(reliability)是软件系统在应用或系统错误面前,在意外或错误使用的情况下维持软件系统的功能特性的基本能力。可靠性是最重要的软件特性,通常用它衡量在规定的条件和时间内,软件完成规定功能的能力。可靠性通常用平均失效等待时间(mean time to failure, MTTF)和平均失效间隔时间(mean time between failure, MTBF)来衡量。在失效率为常数和修复时间很短的情况下,MTTF 和 MTBF 几乎相等。可靠性可以分为两个方面。

(1) 容错。其目的是在错误发生时确保系统正确的行为,并进行内部"修复"。例如在一个分布式软件系统中失去了一个与远程构件的连接,接下来恢复了连接。在修复这样的错误之后,软件系统可以重新或重复执行进程间的操作直到错误再次发生。

(2) 健壮性。这里说的是保护应用程序不受错误使用和错误输入的影响,在遇到意外错误事件时确保应用系统处于已经定义好的状态。值得注意的是,和容错相比,健壮性并不是说在错误发生时软件可以继续运行,它只能保证软件按照某种已经定义好的方式终止执行。软件体系结构对软件系统的可靠性有巨大的影响。例如,软件体系结构通过在应用程序内部包含冗余,或集成监控构件和异常处理,来支持可靠性。

3. 可用性

可用性(availability)是系统能够正常运行的时间比例。经常用两次故障之间的时间长度或在出现故障时系统能够恢复正常的速度来表示。

4. 安全性

安全性(security)是指系统在向合法用户提供服务的同时能够阻止非授权用户使用的企图或拒绝服务的能力。安全性是根据系统可能受到的安全威胁的类型来分类的。安全性又可划分为机密性、完整性、不可否认性及可控性等特性。其中,机密性保证信息不泄露给未授权的用户、实体或过程;完整性保证信息的完整和准确,防止信息被非法修改;可控性保证对信息的传播及内容具有控制的能力,防止为非法者所用。

5. 可修改性

可修改性(modifiability)是指能够快速地以较高的性能价格比对系统进行变更的能力。通常以某些具体的变更为基准,通过考察这些变更的代价衡量可修改性。可修改性包含四个方面。

(1) 可维护性(maintainability)。这主要体现在问题的修复上:在错误发生后"修复"软件系统。为可维护性做好准备的软件体系结构往往能做局部性的修改并能使对其他构件的负面影响最小化。

(2) 可扩展性(extendibility)。这一点关注的是使用新特性来扩展软件系统,以及使用改进版本来替换构件并删除不需要或不必要的特性和构件。为了实现可扩展性,软件系统需要松散耦合的构件。其目标是实现一种体系结构,它能使开发人员在不影响构件客户的情况下替换构件。支持把新构件集成到现有的体系结构中也是必要的。

(3) 结构重组(reassemble)。这一点处理的是重新组织软件系统的构件及构件间的关系,例如通过将构件移动到一个不同的子系统而改变它的位置。为了支持结构重组,软件系统需要精心设计构件之间的关系。理想情况下,它们允许开发人员在不影响实现的主体部分的情况下灵活地配置构件。

(4) 可移植性(portability)。可移植性使软件系统适用于多种硬件平台、用户界面、操作系统、编程语言或编译器。为了实现可移植,需要按照硬件无关的方式组织软件系统,其他软件系统和环境被提取出。可移植性是系统能够在不同计算环境下运行的能力。这些环境可能是硬件、软件,也可能是两者的结合。在关于某个特定计算环境的所有假设都集中在一个构件中时,系统是可移植的。如果移植到新的系统需要做些更改,则可移植性就是一种特殊的可修改性。

6. 功能性

功能性(functionality)是系统所能完成所期望的工作的能力。一项任务的完成需要系统中许多或大多数构件的相互协作。

7. 可变性

可变性(changeability)是指体系结构经扩充或变更而成为新体系结构的能力。这种新体系结构应该符合预先定义的规则,在某些具体方面不同于原有的体系结构。当要将某个体系结构作为一系列相关产品(例如,软件产品线)的基础时,可变性是很重要的。

8. 集成性

可集成性(integrability)是指系统能与其他系统协作的程度。

9. 互操作性

作为系统组成部分的软件不是独立存在的,经常与其他系统或自身环境相互作用。为了支持互操作性(interoperation),软件体系结构必须为外部可视的功能特性和数据结构提供精心设计的软件入口。程序和用其他编程语言编写的软件系统的交互作用就是互操作性的问题,这种互操作性也影响应用的软件体系结构。

为了后面讨论的需要,我们先介绍几个概念。

(1) 敏感点(sensitivity point)和权衡点(tradeoff point)。敏感点和权衡点是关键的体系结构决策。敏感点是一个或多个构件(和/或构件之间的关系)的特性。研究敏感点可使设计人员或分析员明确在搞清楚如何实现质量目标时应注意什么。权衡点是影响多个质量属性的特性,是多个质量属性的敏感点。例如,改变加密级别可能会对安全性和性能产生非常重要的影响。提高加密级别可以提高安全性,但可能要耗费更多的处理时间,影响系统性能。如果某个机密消息的处理有严格的时间延迟要求,则加密级别可能就会成为一个权衡点。

(2) 风险承担者(stakeholders)。系统的体系结构涉及很多人的利益,这些人都对体系结构施加各种影响,以保证自己的目标能够实现。表9-1列出了在体系结构评估中可能涉及的一些风险承担者及其所关心的问题。

表 9-1 体系结构评估中的风险承担者

风险承担者	定 义	所关心的问题
系统的生产者		
软件体系结构设计师	负责软件体系结构以及在相互竞争的质量需求间进行权衡的人	对其他风险承担者提出的质量需求的缓解和调停
开发人员	设计人员或程序员	体系结构描述的清晰与完整、各部分的内聚性与受限耦合、清楚的交互机制
维护人员	系统初次部署完成后对系统进行更改的人	可维护性,确定某个更改发生后必须对系统中哪些地方进行改动的能力
集成人员	负责构件集成和组装的开发人员	与开发人员相同

续表

风险承担者	定 义	所关心的问题
测试人员	负责系统测试的开发人员	集成、一致的错误处理协议、受限的构件耦合、构件的高内聚性、概念完整性
标准专家	负责所开发软件必须满足的标准细节的开发人员	对所关心问题的分离、可修改性和互操作性
性能工程师	分析系统的工作产品以确定系统是否满足其性能及吞吐量需求的人员	易理解性、概念完整性、性能、可靠性
安全专家	负责保证系统满足其安全性需求的人员	安全性
项目经理	负责为各小组配置资源、保证开发进度、保证不超出预算的人员,负责与客户沟通	体系结构层次清晰,便于组建小组;任务划分结构、进度标志和最后期限等
产品线经理	设想该体系结构和相关资产怎样在该组织的其他开发中得以重用的人员	可重用性,灵活性
系统的消费者		
客户	系统的购买者	开发的进度、总体预算、系统的有用性、满足需求的情况
最终用户	所实现系统的使用者	功能性、可用性
应用开发者（对产品体系结构而言）	利用该体系结构及其他已有可重用构件,通过将其实例化而构建产品的人员	体系结构的清晰性、完整性、简单交互机制、简单裁减机制
任务专家、任务规划者	知道系统将会怎样使用以实现战略目标的客户代表	功能性、可用性、灵活性
系统服务人员		
系统管理员	负责系统运行的人员	容易找到可能出现问题的地方
网络管理员	管理网络的人员	网络性能、可预测性
技术支持人员	为系统在该领域中的使用和维护提供支持的人员	使用性、可服务性、可裁减性
接触系统或与系统交互的人		
领域代表	类似系统或所考察系统将要在其中运行的系统的构建者或拥有者	可互操作性
系统体系结构设计师	整个系统的体系结构设计师,负责在软件和硬件之间进行权衡并选择硬件环境的人	可移植性、灵活性、性能和效率
设备专家	熟悉该软件必须与之交互的硬件的人员,能够预测硬件技术的未来发展趋势的人员	可维护性、性能

(3) 场景(scenarios)。在进行体系结构评估时,一般首先要精确地得出具体的质量目标,并以之作为判定该体系结构优劣的标准。为得出这些目标而采用的机制叫做场景。场景是从风险承担者的角度对与系统的交互的简短描述。在体系结构评估中,一般采用刺激(stimulus)、环境(environment)和响应(response)三方面来对场景进行描述。

刺激是场景中解释或描述风险承担者怎样引发与系统的交互部分。例如,用户可能会激发某个功能,维护人员可能会做某个更改,测试人员可能会执行某种测试等,这些都属于对场景的刺激。

环境描述的是刺激发生时的情况。例如,当前系统处于什么状态？有什么特殊的约束条件？系统的负载是否很大？某个网络通道是否出现了阻塞等。

响应是指系统是如何通过体系结构对刺激作出反应的。例如，用户所要求的功能是否得到满足？维护人员的修改是否成功？测试人员的测试是否成功等。

9.2 软件体系结构评估的主要方式

从目前已有的软件体系结构评估技术来看，某些技术通过与经验丰富的设计人员交流获取他们对待评估软件体系结构的意见；某些技术对针对代码的质量度量进行扩展以自底向上地推测软件体系结构的质量；某些技术分析把对系统的质量的需求转换为一系列与系统的交互活动，分析软件体系结构对这一系列活动的支持程度等。尽管看起来它们采用的评估方式都各不相同，但基本可以归纳为三类主要的评估方式：基于调查问卷或检查表的方式、基于场景的方式和基于度量的方式。

1. 基于调查问卷或检查表的评估方式

卡耐基梅隆大学的软件工程研究所(CMU/SEI)的软件风险评估过程采用了这一方式。调查问卷是一系列可以应用到各种体系结构评估的相关问题，其中有些问题可能涉及到体系结构的设计决策；有些问题涉及到体系结构的文档，例如体系结构的表示用的是何种ADL；有的问题针对体系结构描述本身的细节问题，如系统的核心功能是否与界面分开。检查表中也包含一系列比调查问卷更细节和具体的问题，它们更趋向于考察某些关心的质量属性。例如，对实时信息系统的性能进行考察时，很可能问到系统是否反复多次地将同样的数据写入磁盘等。

这一评估方式比较自由灵活，可评估多种质量属性，也可以在软件体系结构设计的多个阶段进行。但是由于评估的结果很大程度上来自评估人员的主观推断，因此不同的评估人员可能会产生不同甚至截然相反的结果，而且评估人员对领域的熟悉程度、是否具有丰富的相关经验也成为评估结果是否正确的重要因素。尽管基于调查问卷与检查表的评估方式相对比较主观，但由于系统相关的人员的经验和知识是评估软件体系结构的重要信息来源，因而它仍然是进行软件体系结构评估的重要途径之一。

2. 基于场景的评估方式

场景是一系列有序的使用或修改系统的步骤。基于场景的方式由 SEI 首先提出并应用在体系结构权衡分析方法(architecture tradeoff analysis method, ATAM)和软件体系结构分析方法(software architecture analysis method, SAAM)中。这种软件体系结构评估方式分析软件体系结构对场景也就是对系统的使用或修改活动的支持程度，从而判断该体系结构对这一场景所代表的质量需求的满足程度。例如，用一系列对软件的修改来反映易修改性方面的需求，用一系列攻击性操作来代表安全性方面的需求等。

这一评估方式考虑到了包括系统的开发人员、维护人员、最终用户、管理人员、测试人员等在内的所有与系统相关的人员对质量的要求。基于场景的评估方式涉及的基本活动包括确定应用领域的功能和软件体系结构之间的映射，设计用于体现待评估质量属性的场景以及分析软件体系结构对场景的支持程度。

不同的应用系统对同一质量属性的理解可能不同,例如,对操作系统来说,可移植性被理解为系统可在不同的硬件平台上运行,而对于普通的应用系统而言,可移植性往往是指该系统可在不同的操作系统上运行。由于存在这种不一致性,对一个领域适合的场景设计在另一个领域内未必合适,因此基于场景的评估方式是特定于领域的。这一评估方式的实施者一方面需要有丰富的领域知识以对某一质量需求设计出合理的场景,另一方面,必须对待评估的软件体系结构有一定的了解以准确判断它是否支持场景描述的一系列活动。

3. 基于度量的评估方式

度量是指为软件产品的某一属性所赋予的数值,如代码行数、方法调用层数、构件个数等。传统的度量研究主要针对代码,但近年来也出现了一些针对高层设计的度量,软件体系结构度量即是其中之一。代码度量和代码质量之间存在着重要的联系,类似地,软件体系结构度量应该也能够作为评判质量的重要的依据。赫尔辛基大学提出的基于模式挖掘的面向对象软件体系结构度量技术、Karlskrona 和 Ronneby 提出的基于面向对象度量的软件体系结构可维护性评估、西弗吉尼亚大学提出的软件体系结构度量方法等都在这方面进行了探索,提出了一些可操作的具体方案。这类评估方式称做基于度量的评估方式。

上述基于度量的评估技术都涉及三个基本活动:首先需要建立质量属性和度量之间的映射原则,即确定怎样从度量结果推出系统具有什么样的质量属性;然后从软件体系结构文档中获取度量信息;最后根据映射原则分析推导出系统的某些质量属性。因此,这些评估技术被认为都采用了基于度量的评估方式。

基于度量的评估方式提供更为客观和量化的质量评估。这一评估方式需要在软件体系结构的设计基本完成以后才能进行,而且需要评估人员对待评估的体系结构十分了解,否则不能获取准确的度量。自动的软件体系结构度量获取工具能在一定程度上简化评估的难度,例如 MAISA 可从文本格式的 UML 图中抽取面向对象体系结构的度量。

4. 比较

经过对三类主要的软件体系结构质量评估方式的分析,表 9-2 从通用性、评估者对体系结构的了解程度、评估实施阶段、评估方式的客观程度等方面对这三种方式进行简单的比较。

表 9-2 三类评估方式比较表

评估方式	调查问卷或检查表		场 景	度 量
	调查问卷	检查表		
通用性	通用	特定领域	特定系统	通用或特定领域
评估者对体系结构的了解程度	粗略了解	无限制	中等了解	精确了解
实施阶段	早	中	中	中
客观性	主观	主观	较主观	较客观

9.3 ATAM 评估方法

使用 ATAM 方法对软件体系结构进行评估的目标是理解体系结构关于软件系统的质量属性需求决策的结果。ATAM 方法不但揭示了体系结构如何满足特定的质量目标(例如性能和可修改性),而且还提供了这些质量目标是如何交互的,即它们之间是如何权衡的。这些设计决策很重要,一直会影响到整个软件生命周期,并且在软件实现后很难修改这些决策。

9.3.1 ATAM 评估的步骤

整个 ATAM 评估过程包括九个步骤,按其编号顺序分别是描述 ATAM 方法、描述商业动机、描述体系结构、确定体系结构方法、生成质量属性效用树、分析体系结构方法、讨论和分级场景、分析体系结构方法(是第六步的重复)、描述评估结果。有时,可以修改这九个步骤的顺序以满足体系结构信息的特殊需求。也就是说,虽然这九个步骤按编号排列,但并不总是一个瀑布过程,评估人员可在这九个步骤中跳转或进行迭代。

下面分别介绍这九个步骤。

1. 描述 ATAM 方法

ATAM 评估的第一步要求评估小组负责人向参加会议的风险承担者介绍 ATAM 评估方法。其中风险承担者包括开发人员、维护人员、操作人员、终端用户、中间商、测试人员、系统管理员等所有与系统有关的人员。在这一步,要解释每个人将要参与的过程,并预留出解答疑问的时间,设置好其他活动的环境和预期结果。关键是要使每个人都知道要收集哪些信息,如何描述这些信息,将要向谁报告等。特别是要描述以下事项:

① ATAM 方法步骤简介。

② 获取和分析技术　效用树的生成,基于体系结构方法的获取/分析,场景的映射等。

③ 评估结果　所得出的场景及其优先级,用户理解/评估体系结构的问题,描述驱动体系结构的需求并对这些需求进行分类,所确定的一组体系结构方法和风格,一组所发现的风险点和无风险点、敏感点和权衡点。

2. 描述商业动机

参加评估的所有人员必须理解待评估的系统,在这一步,项目经理要从商业角度介绍系统的概况,表 9-3 给出这种描述的一个框架。

表 9-3　描述商业动机的框架

商业环境/驱动描述(约 12 张幻灯片,45 分钟)
① 描述商业环境、历史、市场划分、驱动需求、风险承担者、当前需要以及系统如何满足这些需要(3~4张幻灯片)。
② 描述商业方面的约束条件(例如:推向市场的时间、客户需求、标准和成本等)(1~3 张幻灯片)。
③ 描述技术方面的约束条件(例如:COTS、与其他系统的互操作、所需要的软硬件平台、遗留代码的重用等)(1~3 张幻灯片)。
④ 质量属性需求(例如:系统平台、可用性、安全性、可修改性、互操作性、集成性和这些需求来自的商业需要)(2~3 张幻灯片)。
⑤ 术语表(1 张幻灯片)。

除了初步从高级抽象层介绍系统本身外,一般来说,还要描述:

① 系统最重要的功能需求。

② 技术、管理、经济或政治方面的约束条件。
③ 商业目标和环境。
④ 主要的风险承担者。
⑤ 体系结构驱动因素（形成体系结构的主要质量属性目标）。

3. 描述体系结构

在这一步中，首席设计师或设计小组要对体系结构进行详略适当的介绍，这里的"详略适当"取决于多个因素，例如有多少信息已经决定了下来，并形成了文档；可用时间是多少；系统面临的风险有哪些等。这一步很重要，将直接影响到可能要做的分析及分析的质量。在进行更详细的分析之前，评估小组通常需要收集和记录一些额外的体系结构信息。在体系结构描述中，至少应该包括：

① 技术约束（例如：操作系统、硬件、中间件等）。
② 要与本系统交互的其他系统。
③ 用以满足质量属性要求的体系结构方法。

这时，评估小组开始初步考察体系结构方法，表9-4的框架将有助于保证介绍恰当的内容，也有助于保证评估工作按计划进行。

表 9-4 描述体系结构的框架

体系结构描述（约 20 张幻灯片，60 分钟）
　（1）驱动体系结构的需求（例如：性能、可用性、安全性、可修改性、互操作性、集成性等），以及与这些需求相关的可度量的量和满足这些需求的任何存在的标准、模型或方法（2~3 张幻灯片）。
　（2）高层体系结构视图（4~8 张幻灯片）。
　① 功能：函数、关键的系统抽象、领域元素及其依赖关系、数据流；
　② 模块/层/子系统：描述系统功能组成的子系统、层、模块，以及对象、过程、函数及它们之间的关系（例如：过程调用、方法使用、回调和包含等）；
　③ 进程/线程：进程、线程及其同步，数据流和与之相连的事件；
　④ 硬件：CPU、存储器、外设/传感器，以及连接这些硬件的网络和通信设备。
　（3）所采用的体系结构方法或风格，包括它们所强调的质量属性和如何实现的描述（3~6 张幻灯片）。
　（4）COTS 的使用，以及如何选择和集成（1~2 张幻灯片）。
　（5）介绍 1~3 个最重要的用例场景，如果可能，应包括对每个场景的运行资源的介绍（1~3 张幻灯片）。
　（6）介绍 1~3 个最重要的变更场景，如果可能，应描述通过变更构件、连接件或接口所带来的影响（1~3 张幻灯片）。
　（7）与满足驱动体系结构需求相关的体系结构问题或风险（2~3 张幻灯片）。
　（8）术语表（1 张幻灯片）。

4. 确定体系结构的方法

ATAM 评估方法主要通过理解体系结构方法来分析体系结构，在这一步，由设计师确定体系结构方法，由分析小组捕获，但不进行分析。

ATAM 评估方法之所以强调体系结构方法和体系结构风格的确定，是因为这些内容代表了实现最高优先级的质量属性的体系结构手段。也就是说,它们是保证关键需求按计划得以实现的手段。这些体系结构方法定义了系统的重要结构,描述了系统得以扩展的途径,对变更的响应,对攻击的防范以及与其他系统的集成等。

5. 生成质量属性效用树

在这一步中,评估小组、设计小组、管理人员和客户代表一起确定系统最重要的质量属性目标,并对这些质量目标设置优先级和细化。这一步很关键,它对以后的分析工作起指导作用。即使是体系结构级的分析,也并不一定是全局的,所以,评估人员需要集中所有相关人员的精力,注意体系结构的各个方面,这对系统的成败起关键作用。这通常是通过构建效用树的方式来实现的。

效用树的输出结果是对具体质量属性需求(以场景形式出现)的优先级的确定,这种优先级列表为 ATAM 评估方法的后面几步提供了指导,它告诉了评估小组该把有限的时间花在哪里,特别是该在哪里去考察体系结构方法与相应的风险、敏感点和权衡点。另外,效用树可使质量属性需求具体化,使评估小组和客户能精确地定义自己的需求。

图 9-1 是一棵效用树的样例。在图 9-1 中,"效用"是树的根结点,代表了系统的整体质量。质量属性构成了效用树的二级结点,典型的质量属性(如性能、可修改性、可用性和安全性)构成了效用的子结点。以此类推,可对每个质量属性依次展开。

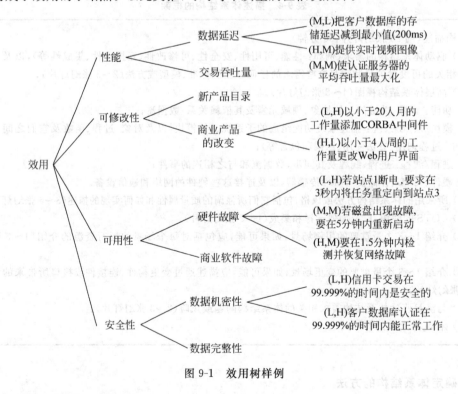

图 9-1 效用树样例

6. 分析体系结构方法

一旦有了效用树的结果,评估小组可以对实现重要质量属性的体系结构方法进行考察。这是通过注意文档化这些体系结构决策和确定它们的风险、敏感点和权衡点等来实现的。

在这一步中,评估小组要对每一种体系结构方法都考察足够的信息,完成与该方法有关的质量属性的初步分析。这一步的主要结果是一个体系结构方法或风格的列表,与之相关的一些问题,以及设计师对这些问题的回答。通常产生一个风险列表、敏感点和权衡点列表。

事实上,效用树告诉评估人员考察体系结构的哪些方面(因为这是系统成败的关键因素),并希望设计师所做的响应中回答了这些需要。评估小组可以用效用树质量属性的问题来更深入地考察相关的体系结构方法。这些问题能帮助评估小组:

① 理解体系结构方法。
② 找出该方法的缺陷,这些缺陷应该是大家都明了的。
③ 找出该方法的敏感点。
④ 发现与其他方法的交互和权衡点。

最后,上述各个方面都可能为风险描述提供基本素材,且被记录在不断扩展的风险决策列表中。

第六步的第一件事就是要把最高优先级的质量属性需求与实现它们的体系结构方法关联起来,设计人员应该为每一个效用树生成的高级场景确定构件、连接件、配置和约束。

评估小组和设计小组通过问一系列方法特定和质量属性特定的问题来实现每个体系结构的方法,这些问题可能来自与风格有关的文档化的经验,也可能来自有关软件体系结构的书籍,或来自前人的经验。这些问题并不意味着工作的终结,恰恰相反,每个这样的问题都是一场讨论的起点,也是确定潜在的有无风险决策、敏感点和权衡点的开始。根据设计师的不同回答,这些问题还可能会促进更深入的分析。例如,在一个客户/服务器体系结构的系统中,如果设计师不能刻画出客户端的负载情况,不能说明如何分配进程的优先级,进程如何分配给硬件等,那么进一步的分析就很有必要。

表 9-5 是一个捕获体系结构方法的框架。

表 9-5 捕获体系结构方法的框架

场景:〈来自效用树的一个场景〉			
属性:〈性能、安全性、可用性〉			
环境:〈对系统所依赖的环境的相关假设〉			
刺激:〈对该场景体现的质量属性刺激(例如:故障、安全威胁、修改等)的精确描述〉			
响应:〈对质量属性响应的精确叙述(例如:响应时间、修改难度等)〉			
体系结构决策	风险	敏感度	权衡
影响质量属性响应的体系结构决策列表	风险列表	敏感点编号	权衡点编号
……	……	……	……
……	……	……	……
推理: 〈关于为什么这组体系结构决策能够满足质量属性响应需求的定性或定量的推理〉			
体系结构图: 〈一个或多个体系结构图,在图中标注出上述推理的体系结构信息,可带解释性文字描述〉			

例如,针对需求具有高可用性的系统的效用树中的某个场景,第六步可能从设计师那里获得下列信息,如表 9-6 所示。

表 9-6 体系结构方法分析

场景:S12(检测主 CPU 故障并恢复系统)			
属性:可用性			
环境:正常操作			
刺激:CPU 失效			
响应:可用切换概率为 0.999999			
体系结构决策	风险	敏感度	权衡
备用 CPU	R8	S2	
无备用数据通道	R9	S3	T3
看门狗(watchdog)		S4	
心跳(heartbeat)		S5	
故障切换路由		S6	

推理:
(1) 通过使用不同的硬件和操作系统,保证没有通用模式故障;
(2) 完成恢复时间最多不超过 4 秒(也就是一个运算状态时间);
(3) 基于心跳和看门狗的速度,保证在 2 秒钟内能检测到故障;
(4) 看门狗简单的和可靠的(已被证实过);
(5) 由于没有备用数据通道,可用性需求可能存在风险

体系结构图:

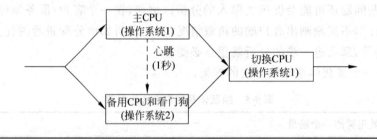

如上图所示,根据这一步的结果,评估人员可以确认和记录一组敏感点、权衡点、风险和非风险。所有敏感点和权衡点都是潜在的风险,在 ATAM 方法结束时,要按照是否有风险,对每个敏感点和权衡点进行分类,要分别将敏感点、权衡点、有风险决策和无风险决策列成一个单独的表。

在这一步结束时,评估小组应该对整个体系结构的绝大多数重要方面,所做出的关键设计决策、风险列表、敏感点、权衡点有一个清楚的认识。

7. 讨论和分级场景

场景在驱动 ATAM 测试阶段起主导作用,实践证明,当有很多风险承担者参与 ATAM 评估时,生成一组场景可为讨论提供极大的方便。场景是体系结构刺激示例,可用于:
(1) 描述风险承担者感兴趣的问题。
(2) 理解质量属性需求。

这时,风险承担者需进行两项相关的活动:集体讨论用例场景(描述风险承担者期望使

用系统的方式）和改变场景（描述风险承担者所期望的系统在将来变更的方式）。用例场景是场景的一种，在用例场景中，风险承担者是一个终端用户，使用系统执行一些功能。改变场景代表系统的变更，可分为成长场景和考察场景两类。

成长场景描述的是体系结构在中短期的改变，包括期望的修改、性能或可用性的变更、移植性、与其他软件系统的集成等。考察场景描述的是系统成长的一个极端情形，即体系结构由下列情况所引起的改变：根本性的性能或可用性需求（例如数量级的改变）、系统基础结构或任务的重大变更等。成长场景能够使评估人员看清在预期因素影响系统时，体系结构所表现出来的优缺点，而考察场景则试图找出敏感点和权衡点，这些点的确定有助于评估者评估系统质量属性的限制。

一旦收集了若干个场景后，必须要设置优先级。评估人员可通过投票表决的方式来完成，每个风险承担者分配相当于总场景数的 30% 的选票，且此数值只入不舍。例如，如果共有 17 个场景，则每个风险承担者将拿到 6 张选票，这 6 张选票的具体使用则取决于风险承担者，他可以把这 6 张票全部投给某一个场景，或者每个场景投 2~3 张票，还可以一个场景一张票等。

一旦投票结果确定，所有场景就可设置优先级。设置优先级和投票的过程既可公开也可保密。

表 9-7 是对某车辆调度系统进行评估时所得到的几个场景及其得票情况。

表 9-7 场景得票表

场景编号	场景描述	得票数量
	在 10 分钟内动态地对某次任务的重新安排	28
27	把对一组车辆的管理分配给多个控制站点	26
10	在不重新启动系统的情况下，改变已开始任务的分析工具	23
12	在发出指令后 10 秒内，完成对不同车辆的重新分配，以处理紧急情况	13
14	在 6 个月内将数据分配机制从 CORBA 改变为新兴的标准	12

这时，评估人员可以暂停，把对设置场景优先级的结果和第 5 步中效用树的结果进行比较，找出其中的相同之处和不同之处。在高优先级的场景和效用树中的高优先级的结点之间的任何差异都必须重新调整，至少要得到合理的解释。重新调整可能需要改变一个场景含义的清晰性或场景的优先级。解释可能需要理解在效用树中设置优先级的标准和在场景中设置优先级的标准的异同。不管采用哪种方法，这都是一个绝好的机会，可以用来保证每个风险承担者的需求都得到很好的理解，且所有需求之间不存在矛盾。

例如，表 9-8 不仅给出表 9-7 中列出的高优先级的场景，而且还给出每个场景影响最大的一个或多个质量属性。

表 9-8 场景与质量属性

场景编号	得票数量	质量属性
	28	性能
27	26	性能、可修改性、可用性
10	23	可修改性
12	13	性能
14	12	可修改性

生成效用树和讨论场景的活动反映了质量属性目标,但通过不同的推导途径,通常会着重于不同的风险承担者的需求。系统设计师和关键的开发人员常常只创建初步的效用树,而在产生场景和对场景设置优先级时,有很多风险承担者参与。把这两步得出的高优先级场景进行对比,经常可以揭示出体系结构设计师认为重要的质量属性与大多数风险承担者认为重要的质量属性之间的差异。这种情况可以通过加强设计师所没有注意到的方面,从而发现体系结构中的重大风险。

8. 分析体系结构方法

在收集并分析了场景之后,设计师就可把最高级别的场景映射到所描述的体系结构中,并对相关的体系结构如何有助于该场景的实现作出解释。

在这一步中,评估小组要重复第 6 步中的工作,把新得到的最高优先级场景与尚未得到的体系结构工作产品对应起来。在第 7 步中,如果未产生任何在以前的分析步骤中都没有发现的高优先级场景,则在第 8 步就是测试步骤。

9. 描述评估结果

最后,要把 ATAM 分析中所得到的各种信息进行归纳,并反馈给风险承担者。这种描述一般要采用辅以幻灯片的形式,但也可以在 ATAM 评估结束之后,提交更完整的书面报告。

在描述过程中,评估负责人要介绍 ATAM 评估的各个步骤,以及各步骤中得到的各种信息,包括商业环境、驱动需求、约束条件和体系结构等。最重要的是要介绍 ATAM 评估的结果。

① 已文档化了的体系结构方法/风格。
② 场景及优先级。
③ 基于属性的问题。
④ 效用树。
⑤ 所发现的风险决策。
⑥ 已文档化了的无风险决策。
⑦ 所发现的敏感点和权衡点。

9.3.2 ATAM 评估的阶段

到目前为止,介绍了 ATAM 评估方法的各个步骤。在这一节中,将介绍 ATAM 方法的各个步骤是如何随着时间的推移而展开的,可大致分为两个阶段。第一个阶段以体系结构为中心,重点是获取体系结构信息并进行分析。第二个阶段以风险承担者为中心,重点是获取风险承担者的观点,验证第一个阶段的结果。

之所以要分为两个阶段,是因为评估人员要在第一个阶段收集信息。在整个 ATAM 评估过程中,评估小组中的部分人(通常是 1~3 人)要与体系结构设计师和 1~2 个其他关键的风险承担者(例如,项目经理,客户经理,市场代表)一起工作,收集信息。对支持分析而言,在大多数情况下,这种信息是不完整的或不适当的,所以,评估小组必须与体系结构设计师一起协作引导出必须的信息,这种协作通常要花几周的时间。当评估人员觉得已经收集了足够的信息,并已把这些信息记录成文档,则就可进入第二个阶段了。

1. 第一个阶段的工作

ATAM 评估小组要与提交待评估的体系结构的小组见面(或许这是双方第一次会见),这一会议有两方面的目的,一是组织和安排以后的工作,二是收集相关信息。从组织角度来看,体系结构小组负责人要保证让合适的人选参加后续会议,还要保证这些人为参加相关会议做了充分的准备,抱着正确的态度。

第一天通常作为整个 ATAM 过程的一个缩影,主要关注 1～6 步的工作。第一次会议所收集的信息意味着要保证体系结构能得到正确的评估。同时,在第一次会议也会收集和分析一些初步的场景,作为理解体系结构、需要收集和提交的信息、所产生的场景的含义的一种途径。

例如,在第一天,体系结构设计师可能提交部分体系结构,确定部分体系结构风格或方法,创建初步的效用树,就选定的一组场景进行工作,展示每个场景是如何影响体系结构的(例如可修改性),体系结构又是如何作出响应的(例如:对质量属性而言,可以是性能、安全性和可用性)。其他的风险承担者(例如:关键开发人员、客户、项目经理等)可以描述商业环境、效用树的构建,以及产生场景的过程。

第一个阶段是一个小型会议,评估小组需要尽可能多地收集有关信息,这些信息用来决定:

① 后续评估工作是否可行,能否顺利进行。

② 是否需要更多的体系结构文档。如果需要,则应明确需要哪些类型的文档,如何提交这些文档。

③ 哪些风险承担者应参与第二个阶段的工作。

在这一天的最后,评估人员将对项目的状态和环境、驱动体系结构需求,以及体系结构文档都有较清晰的认识。

在第一次会议和第二次会议之间有一段中断时间,其长短取决于第一个阶段完成的情况。在这段时间内,体系结构设计小组要和评估小组协作,做一些探索和分析工作。前面已经提到过,在第一个阶段中评估小组并不构建详细的分析模型,而是构建一些初步模型,以使评估人员和设计人员能对体系结构有更充分的认识,从而保证第二个阶段的工作更有效率。另外,在这段时间内,还要根据评估工作的需要、可用人员的状况和计划来决定评估小组的最终人选。例如,如果待评估的系统对安全性的要求很高,则需要让安全专家参与评估工作;如果待评估的系统是以数据为中心的,则需要让数据库设计方面的专家参与评估。

2. 第二个阶段的工作

这时,体系结构已经被文档化,且有足够的信息来支持验证已经进行的分析和将要进行的分析。已经确定了参与评估工作的合适的风险承担者,并且给他们提供了一些书面阅读材料,如对 ATAM 方法的介绍,某些初步的场景,包括体系结构、商业案例和关键需求的系统文档等。这些阅读材料有助于保证风险承担者建立对 ATAM 评估方法的正确期望。

因为将有更多的风险承担者参与第二次会议,且因为在第一次会议和第二次会议之间,可能还要间隔几天或几个星期,所以第二个阶段首先有必要重新简单介绍 ATAM 方法,以使所有与会者达成共同的理解。另外,在每一步进行之前,简单扼要地介绍该步的工作,也是很有好处的。

3. ATAM 各步骤中相关的风险承担者

涉及 ATAM 评估的风险承担者少则只有 3~5 个,多则 40~50 个,并不是每一步都需要每一个风险承担者的参与。根据待评估系统的规模大小、重要性和复杂性,评估小组可大可小。如果系统具有复杂的质量属性需求,或者用于一个复杂的、特殊的领域,则需要邀请领域专家参与评估,以壮大核心评估小组。另外,系统的特征还决定了邀请哪些客户代表参加评估。表 9-9 列出了 ATAM 方法中每个步骤的参与者的一个典型实例。

表 9-9 与风险承担者相关的 ATAM 步骤

步骤编号	所做的工作	风险承担者群体
1	描述 ATAM 方法	评估小组/客户代表/体系结构设计小组
2	描述商业动机	评估小组/客户代表/体系结构设计小组
3	描述体系结构	评估小组/客户代表/体系结构设计小组
4	确定体系结构方法	评估小组/客户代表/体系结构设计小组
5	生成质量属性效用树	评估小组/客户代表/体系结构设计小组
6	分析体系结构方法	评估小组/客户代表/体系结构设计小组
7	讨论和对场景进行分级	所有风险承担者
8	分析体系结构方法	评估小组/客户代表/体系结构设计小组
9	描述评估结果	所有风险承担者

4. ATAM 评估日程安排

虽然各个系统的 ATAM 评估有细微的区别,但其主要的活动是固定不变的。表 9-10 给出了一个典型的 ATAM 评估的日程安排。表中的每项工作后面的括号内都标出了对应的评估步骤(如果有的话)。虽然表中所列的时间不必原样照搬,但其时间安排代表了对可用时间的合理划分。

表 9-10 ATAM 评估方法日程安排表

开始时间	所做的工作	
	第一天	
8:30	介绍/描述 ATAM 方法(第 1 步)	
10:00	客户描述商业动机(第 2 步)	
10:45	休息	
11:00	客户描述体系结构(第 3 步)	
12:00	确定体系结构方法(第 4 步)	第一个阶段
12:30	中餐	
13:45	生成质量属性效用树(第 5 步)	
14:45	分析体系结构方法(第 6 步)	
15:45	休息	
16:00	分析体系结构方法(第 6 步)	
17:00	休会	
	中断几个星期	

续表

开始时间	所做的工作	
	第二天	
8:30	介绍/描述 ATAM 方法(第 1 步)	
9:15	客户描述商业环境/动机(第 2 步)	
10:00	休息	
10:15	客户描述体系结构(第 3 步)	
11:15	确定体系结构方法(第 4 步)	
12:00	中餐	
13:00	生成质量属性效用树(第 5 步)	
14:00	分析体系结构方法(第 6 步)	
15:30	休息	
15:45	分析体系结构方法(第 6 步)	
17:00	休会	
	第三天	第二个阶段
8:30	介绍/扼要重述 ATAM 方法	
8:45	分析体系结构方法(第 6 步)	
9:30	讨论场景(第 7 步)	
10:30	休息	
10:45	设置场景的优先级(第 7 步)	
11:15	分析体系结构方法(第 8 步)	
12:30	中餐	
13:30	分析体系结构方法(第 8 步)	
14:45	准备汇报结果/休息	
15:30	描述结果(第 9 步)	
16:00	进一步的分析/角色的分配	
17:00	休会	

9.4 SAAM 评估方法

SAAM 方法是最早形成文档并得到广泛使用的软件体系结构分析方法,最初是用来分析体系结构的可修改性的,但实践证明,SAAM 方法也可用于对许多质量属性(例如可移植性、可扩充性、可集成性等)及系统功能进行快速评估。

与 ATAM 方法相比,SAAM 比较简单,这种方法易学易用,进行培训和准备的工作量都比较少。

9.4.1 SAAM 评估的步骤

图 9-2 给出了 SAAM 评估的步骤,在这些步骤进行之前,通常有必要对系统做简要的介绍,包括对体系结构的商业目标的说明等。

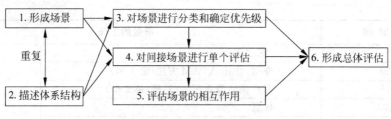

图 9-2 SAAM 评估步骤

1. 形成场景

在形成场景的过程中,要注意全面捕捉系统的主要用途、系统用户类型、系统将来可能的变更、系统在当前及可预见的未来必须满足的质量属性等信息。只有这样,形成的场景才能代表与各种风险承担者相关的任务。

形成场景的过程也是集中讨论的过程。集体讨论能够使风险承担者在一个友好的氛围中提出一个个场景,这些场景反映了他们的需求,也体现了他们对体系结构将如何实现他们的需求的认识。某一个场景可能只反映一个风险承担者的需求,也可能反映多个(或多类)风险承担者的需求。例如,对于某个变更,开发人员关心的是实现该变更的难度和对性能的影响,而系统管理员则关心此变更对体系结构的可集成性的影响。在评估过程中,随着场景的不断提出,记录人员要把它们都记录在册,形成文档,供所有参加评估的人员查阅。

提出和收集场景的过程经常要重复两次或更多次。形成场景和描述体系结构的工作是相关联的,这两个步骤可重复进行,是一个迭代的过程。

2. 描述体系结构

在这一步,体系结构设计师应该采用参加评估的所有人员都能够充分理解的形式,对待评估的体系结构进行适当的描述。这种描述必须要说明系统中的运算和数据构件,也要讲清它们之间的联系。除了要描述这些静态特性外,还要对系统在某段时间内的动态特征做出说明。描述既可采用自然语言,也可采用形式化的手段。

场景的形成和对体系结构的描述通常是相互促进的。一方面,对体系结构的描述使风险承担者考虑针对所评估的体系结构的某些具体特征的场景;另一方面,场景也反映了对体系结构的需求,因此必须体现在体系结构的描述中。

3. 对场景进行分类和确定优先级

在 SAAM 评估中,场景就是对所期望的系统中某个使用情况的简短描述。体系结构可能直接支持该场景,即这一预计的使用情况不需要对体系结构做任何修改即可实现。这一般可以通过演示现有的体系结构在执行此场景时的表示来确定。在 SAAM 评估方法中称这样的场景为直接(direct)场景。也就是说,直接场景就是按照现有体系结构开发出来的系统能够直接实现的场景。与在设计时已经考虑过的需求相对应的直接场景并不会让风险承担者们感到意外,但将增进对体系结构的理解,促进对诸如性能和可靠性等其他质量属性的研究。

如果所评估的体系结构不能直接支持某一场景,就必须对所描述的体系结构做些更改。可能要对执行某一功能的一个或多个构件进行更改、为实现某一功能而增加一个构件、为已有构件建立某种新的联系、删除某个构件或某种联系、更改某一接口,或者是以上多种情况的综合,这样的场景叫做间接(indirect)场景。换句话说,间接场景就是需要对现有体系结构做些修改才能支持的场景,间接场景对于衡量体系结构对系统在演化过程中将出现的变更的适应情况十分关键。通过各种间接场景对体系结构的影响,可以确定出体系结构在相关系统的生命周期内对不断演化的使用的适应情况。直接场景类似于用例,而间接场景有时也叫做变更案例(change case)。

评估人员通过对场景设置优先级,可保证在评估的有限时间内考虑最重要的场景。这里的"重要"完全是由风险承担者及其所关心的问题确定的。与 ATAM 评估方法一样,风险承担者们通过投票表达出所关心的问题。每个参加评估的风险承担者都将拿到固定数量的选票。向每个风险承担者发放的选票数一般是待评估场景数量的 30%,他们可以用自己认为合适的方式投票,可把这些票全部投给某一个场景,或者每个场景投 2~3 张票,还可以一个场景一张票等。

一般而言,基于 SAAM 的评估关心的是诸如可修改性的质量属性,所以在划分优先级之前要对场景进行分类。风险承担者最关心的通常是搞清间接场景对体系结构相应部分的影响。这是第 4 步要做的工作。

4. 对间接场景进行单个评估

一旦确定了要考虑的一组场景,就要把这些场景与体系结构的描述对应起来。对于直接场景而言,体系结构设计师需要讲清所评估的体系结构将如何执行这些场景;对于间接场景而言,体系结构设计师应说明需要对体系结构做哪些修改才能适应间接场景的要求。

SAAM 评估也使评估人员和风险承担者更清楚地认识体系结构的组成及各构件的动态交互情况。风险承担者的讨论对于搞清场景描述的实际意义、搞清参评人员认为场景与质量属性的对应是否合适等都具有重要意义。这种对应的过程也能暴露出体系结构及其文档的不足之处。

对每一个间接场景,必须列出为支持该场景而需要对体系结构所做的改动,并估计出这些变更的代价。对体系结构的更改意味着引入某个新构件或新联系,或者需要对已有构件或联系的描述进行修改。在这一步快要结束时,应该给出全部场景的总结性的列表。对每个间接场景,都应描述出要求做的更改,并由记录人员记录下来,形成文档。在这种描述中,应包括对完全实现每个更改的代价的估计(包括测试和调试的时间)。

表 9-11 给出了对某一实验工具进行 SAAM 评估的例子。

5. 评估场景的相互作用

当两个或多个间接场景要求更改体系结构的同一个构件时,我们就称这些场景在这一组构件上相互作用。那么,为什么要强调场景的相互作用呢?

表 9-11 SAAM 场景评估示例

场景编号	场景描述	直接/间接	需要做的更改	更改/新增构件的数量	更改的工作量(估计)
7	更改底层的局域网,实现与广域网的通信	间接	抽象,到数据仓库的接口	1	1人/月
8	改变数据项之间的关系(如添加将场景与风险承担者对应起来的能力)	间接	场景和风险承担者之间的代理	2	2人/天
13	更改实体的数据结构(如为每个场景存储一个数据项)	间接	受影响实体的代理	1	1人/天

首先,场景的相互作用暴露了设计方案中的功能分配。语义上无关的场景的相互作用清楚地表明了体系结构中哪些构件运行着语义上无关的功能。场景交互比较多的地方很可能就是功能分离不够好的地方。所以,场景相互作用的地方也就是设计人员在以后的工作中应该多加注意的地方。场景相互作用的多少与结构复杂性、耦合度、内聚性等有关。例如,如果场景1和场景2是属于不同类别的,并且都影响构件X,那么构件X在结构划分方面可能存在着耦合问题。这时场景1和场景2的交互体现出系统结构没有很好地划分构件。另一方面,如果场景1和场景2是同一类的(例如:改变菜单字体的大小和颜色),那么它们在构件X内部的交互反映出该模块具有良好的内聚性。

其次,场景的相互作用能够暴露出体系结构设计文档未能充分说明的结构分解。如果场景在某一构件内相互作用,但该构件实际上又分解成未表现出场景相互作用的子构件,就会出现这种文档描述不当的情况。如果真的出现了这种情况,则必须重新审核第2步(描述体系结构)的工作。

6. 形成总体评估

最后,评估人员要对场景和场景之间的交互作一个总体的权衡和评价,这一权衡反映该组织对表现在不同场景中的目标的考虑优先级。根据对系统成功的相对重要性来为每个场景设置一个权值,权值的确定通常要与每个场景所支持的商业目标联系起来。

如果是要比较多个体系结构,或者针对同一体系结构提出了多个不同的方案,则可通过权值的确定来得出总体评价。权值的设置具有很强的主观性,所以,应该让所有风险承担者共同参与,但也应合理组织,要允许对权值及其基本思想进行公开讨论。

同一个软件体系结构,对于有不同目的的组织来说,会得到一个不同的评价结果。例如,有些组织最关心系统的安全性,而有些则可能更关心系统的容错能力。不同的组织通过提出不同的场景来表明他们对系统的哪些方面特别关心,使用这些场景进行评价得出的结论也就比较适合他们的标准。

7. SAAM 评估日程安排

上述6个步骤是关于SAAM评估中技术方面的问题,与ATAM评估方法类似,在进行SAAM评估时,也要考虑合作关系、准备工作等问题。需要对评估会议的时间做出安排、确定评估小组的人员组成、确定会议室、邀请各类风险承担者、编制会议日程等。这些工作都是必须的。表9-12给出了SAAM评估的一般日程安排。

表 9-12　SAAM 评估日程安排示例

时间	事项
第一天	
8:15—8:45	介绍,说明评估的目的,对评估方法的概要介绍,声明会议纪律
8:45—9:00	概要介绍要评估的系统,包括构架目标
9:00—10:00	形成场景(第1步)
10:00—10:30	休息
10:30—12:00	形成场景(第1步)
12:00—13:00	午餐
13:00—14:30	描述体系结构(第2步)
14:30—15:00	休息
15:00—15:30	形成场景(第1步)
15:30—17:00	对场景进行分类和确定优先级(第3步)
第二天	
8:15—10:00	对间接场景的单个评估(第4步)
10:00—10:30	休息
10:30—12:00	对间接场景的单个评估(第4步)
12:00—13:00	午餐
13:00—14:30	评估场景的相互作用(第5步)
14:30—15:30	形成总体评估(第6步)
15:30—16:00	休息
16:00—17:00	总结、报告

9.4.2　SAAM 评估实例

本节我们介绍一个使用 SAAM 方法的实例。我们所要介绍的系统是一个简单的在文章中查找和重组关键词(Key Word In Context,KWIC)的系统,该系统很小,很容易理解,且大家都很熟悉。KWIC 系统的基本功能是,输入一些句子,KWIC 系统把这些句子中的词语重新组合成新的句子,然后按字母顺序进行输出。例如:

输入:
predicting software quality
architecture level evaluation

则 KWIC 的输出为:
architecture level evaluation
evaluation architecture level
level evaluation architecture
predicting software quality
quality predicting software
software quality predicting

1. 定义角色和场景

KWIC 系统感兴趣的角色有两个,分别是最终用户和开发人员。使用四个场景,其中两个场景经过了不同的最终用户的讨论:

(1) 修改 KWIC 程序,使之成为一个增量方式而不是批处理的方式。这个程序版本将能一次接受一个句子,产生一个所有置换的字母列表。

(2) 修改 KWIC 程序,使之能删除在句子前端的噪音单词(例如前置词、代名词、连词等)。

使用的另外两个场景是经过开发人员讨论,但最终用户不知道的:

(1) 变句子的内部表示(例如,压缩和解压缩)。

(2) 改变中间数据结构的内部表示(例如,即可直接存储置换后的句子,也可存储转换后的词语的地址)。

2. 描述体系结构

第 2 步就是使用通用的表示对待评估的体系结构进行描述,这种描述是为了使评估过程更为容易,使评估人员知道体系结构图中的框或箭头的准确含义。

(1) 共享内存的解决方案

在第一个待评估的体系结构中,有一个全局存储区域,被称作 Sentences,用来存储所有输入的句子。其执行的顺序是:输入例程读入句子→存储句子→循环转换例程转换句子→字母例程按字母顺序排列句子→输出。当需要时,主控程序传递控制信息给不同的例程。图 9-3 描述了这个过程,不同计算构件(computational component)上的数字代表场景编号,在这一步中可忽略(将在后面用到)。

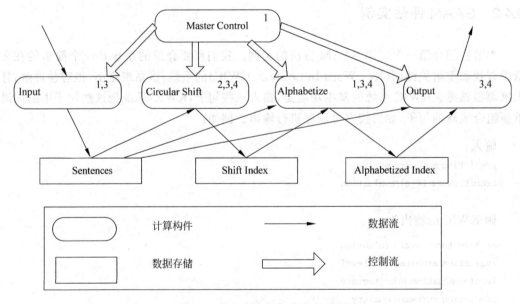

图 9-3 共享内存的解决方案示例

(2) 抽象数据类型解决方案

待评估的第 2 个体系结构使用抽象数据类型(abstract data type,ADT),如图 9-4 所示。

其中每个功能都隐藏和保护了其内部数据表示,提供专门的存取函数作为惟一的存储、检索和查询数据的方式。ADT Sentence 有两个函数,分别是 set 和 getNext,用来增加和检索句子;ADT Shifted Sentences 提供了存取函数 setup 和 getNext,分别用来建立句子的循环置换和检索置换后的句子。

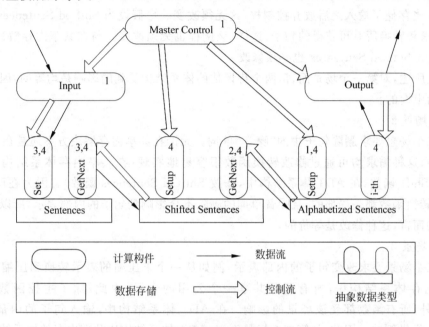

图 9-4 抽象数据类型解决方案示例

ADT Shifted Sentences 使用 ADT Sentence 的 getNext 函数来重新存储输入的句子。ADT Alphabetized Sentences 提供了一个 setup 函数和一个 i-th 函数,setup 函数重复调用 Shifted Sentences 的 getNext 函数,以检索已经存储的所有行和进行排序,i-th 函数根据参数 i,从存储队列中返回第 i 个句子。

3. 评估体系结构

既然已经把待评估的体系结构用通用的符号标记了出来,接下来就是评估体系结构满足场景的程度。通过依次考虑每个场景来进行评估,我们所选择的用来评估的所有场景都是间接场景,也就是说,这些场景不能被待评估的体系结构直接执行,因此评估依赖于体系结构的某些修改。

(1) 场景 1

第一个场景是从批处理模式转移到增量模式,也就是说,不是把所有句子都输入完后,再一次性进行处理,而是一次只处理一个句子。

对共享内存解决方案而言,这需要修改 Input 例程,使之在读入一个句子后让出控制权,同时,也要修改 Master Control 主控程序,因为子例程不再是按顺序一个只调用一次,而是一个迭代调用的过程。还要修改 Alphabetizer 例程,因为使用增量模式后,牵涉到插入排序的问题。我们假设 Circular Shift 例程一次只处理一个句子,且输出函数只要被调用,就可以输出。

注意，我们所做的假设只是针对共享内存解决方案而言的，一般来说，判断的准确性取决于不同的计算构件的内部工作知识。这也是为什么要期望评估人员中，既有计算构件一般知识的人，也有特定构件知识的人。

对 ADT 解决方案而言，Input 函数需要修改，使之在被调用时，一次只输入一行。假设 Sentence 当存储了输入之后放弃控制权，这无须改变。也假设当 Shifted Sentences 被调用时，能请求和转换所有可获得的句子，这样，该例程也无须改变。与在共享内存解决方案中一样，Alphabetized Sentences 也必须修改。

综上所述，对第一个场景而言，两个待评估的体系结构受到的影响是均等的，因此，我们判定其为中性的。

(2) 场景 2

第二个场景要求删除句子中的"噪音"单词。无论在共享内存解决方案还是在 ADT 解决方案中，这种需求均可通过修改转换函数很容易地实现（在共享内存体系结构中，修改 Circular Shift 函数，在 ADT 体系结构中，修改 Shifted Sentences 函数）。因为在两种体系结构中，转换函数都是局部的，且噪音单词的删除不会影响到句子的内部表示，所以，对两种体系结构而言，这种修改是等价的。

(3) 场景 3

第三个场景要求改变句子的内部表示，例如从一个未压缩的表示转换到压缩的表示。在共享内存体系结构中，所有函数共享一个公用的表示，因此，除了主控函数 Master Control 外，所有函数都受该场景的影响。在 ADT 体系结构中，输入句子的内部表示由 Sentence 提供缓冲。因此，就第三个场景而言，ADT 体系结构比共享内存的体系结构要好。

(4) 场景 4

第四个场景要求改变中间数据结构的内部表示（例如，既可直接存储置换后的句子，也可存储转换后的词语的地址）。对于共享内存体系结构，需要修改 Circular Shift，Alphabetizer 和 Output 三个例程。对于 ADT 体系结构，需要修改 ADT Shifted Sentences 和 Alphabetized Sentences。因此，ADT 体系结构解决方案所受影响的构件数量要比共享内存体系结构解决方案的少。

(5) 比较分析

图 9-3 和图 9-4 都标记了反映每个场景的影响。例如，在图 9-3 中 Master Control 构件中的"1"反映了该构件必须修改以支持场景 1。检查待评估体系结构，看其有多少个构件受场景的影响，每个构件最多受多少个场景的影响。从这方面来看，ADT 体系结构要比共享内存体系结构好。在共享内存体系结构和 ADT 体系结构中，两者都有四个构件受场景的影响，但是，在共享内存体系结构中，有两个构件（Circular Shift 和 Alphabetize）受三个场景的影响，而在 ADT 体系结构中，所有构件最多只受两个场景的影响。

(6) 评估结果

表 9-13 概括了评估的结果，其中 0 表示对该场景而言，两个体系结构是不分好坏，在实际的评估中，还需要根据组织的偏好设置场景的优先级。例如，如果功能的增加是风险承担者最关心的问题（就像第 2 个场景一样），那么这两个体系结构是不相上下的，因为在这一点上，它们之间没有什么区别。

表 9-13 评估结果概要

	场景 1	场景 2	场景 3	场景 4	比较
共享内存体系结构	0	0	−	−	−
ADT 体系结构	0	0	+	+	+

但是，如果句子内部表示的修改是风险承担者最关心的问题（就像第 3 个场景一样），那么 ADT 体系结构显然是要首选的体系结构。

使用 SAAM 方法评估系统的结果通常容易理解，容易解释，而且和不同组织的需求目标联系在一起。开发人员、维护人员、用户和管理人员会找到对他们关心的问题的直接回答，只要这些问题是以场景的方式提出的。

SAAM 最初提出的目的是对针对同一问题的不同的系统结构设计作比较。在许多实例研究中，SAAM 已经被证明是成功的。在这些实例研究中，不同领域的专家根据领域自身的特点和需要提出若干场景来指导评估小组评估软件系统特定方面的性能。针对同一系统，如果提出的场景不同，评估的结果也将是不同的。

主要参考文献

[1] 周欣，黄璜等. 软件体系结构质量评价概述. 计算机科学，2003(1)：49～52
[2] R. Kazman, M. Klein and P. Clements. ATAM：method for architecture evaluation. Technical Report CMU/SEI-2000-TR-004, 2000
[3] R. Kazman, M. Klein, M. Barbacci and et al. The Architecture Tradeoff Analysis Method. Proceedings of ICECCS, August 1998, Monterey, CA
[4] M. Barbacci, S. J. Carrière, R. Kazman and et al. Weinstock. Steps in an architecture tradeoff analysis method：quality attribute models and analysis. Technical Report CMU/SEI-97-TR-029, 1997
[5] R. Kazman, M. Klein, M. Barbacci and et al. The Architecture Tradeoff Analysis Method. September, 1997
[6] M. DeSimone and R. Kazman. Using SAAM：an experience report. Proceedings of CASCOM'95, Toronto, ON, November 1995, pp. 251～261
[7] P. Clements, L. Bass, R. Kazman and G. Abowd. Predicting software quality by architecture-Level evaluation. Proceedings, Fifth International Conference on Software Quality. Austin, Tx., October 1995
[8] R. Kazman, L. Bass, G. Abowd and P. Clements. An architectural analysis case study：Internet information systems. Software Architecture workshop preceding ICSE95, Seattle, April 1995
[9] R. Kazman, L. Bass, G. Abowd and M. Webb. SAAM：a method for analyzing the properties software architectures. Proceedings of the 16th International Conference on Software Engineering, Sorrento, Italy, May 1994
[10] R. Kazman, G. Abowd, L. Bass and Paul Clements. Scenario-based analysis of software architecture. University of Waterloo (CS-95-45), Waterloo, Ontario
[11] L. Nenonen, J. Gustafsson, J. Paakki and et al. Measuring object-oriented software architectures from UML diagrams. University of Helsinki, Department of Computer Science, 2000

第10章

软件产品线体系结构

软件产品线(software product line)是一个十分适合专业的软件开发组织的软件开发方法,能有效地提高软件生产率和质量,缩短开发时间,降低总开发成本,是一个新兴的、多学科交叉的研究领域,研究内容和范围都相当广泛。

软件体系结构的开发是大型软件系统开发的关键环节。体系结构在软件产品线的开发中具有至关重要的作用,在这种开发生产中,基于同一个软件体系结构,可以创建具有不同功能的多个系统。在软件产品族之间共享体系结构和一组可重用的构件,可以降低开发和维护成本。

10.1 软件产品线的出现和发展

产品线的起源可以追溯到1976年Parnas对程序族的研究。软件产品线的实践早在20世纪80年代中期就出现。最著名的例子是瑞士CelsiusTech公司的舰艇防御系统的开发,该公司从1986年开始使用软件产品线开发方法,使得整个系统中软件和硬件在总成本中所占比例之比从使用软件产品线方法之前的65∶35下降到使用后的20∶80,系统开发时间从近9年下降到不到3年。据HP公司1996年对HP、IBM、NEC、AT&T等几个大型公司分析研究,他们在采用了软件产品线开发方法后,使产品的开发时间减少30%~50%,维护成本降低20%~50%,软件质量提升5~10倍,软件重用达50%~80%,开发成本降低12%~15%。

虽然软件工业界已经在大量使用软件产品线开发方法,但是正式的对软件产品线的理论研究到20世纪90年代中期才出现,并且早期的研究主要以实例分析为主。到了20世纪90年代后期,软件产品线的研究已经成为软件工程领域最热门的研究领域。得益于丰富的实践和软件工程、软件体系结构、软件重用技术等坚实的理论基础,对软件产品线的研究发展十分迅速,目前软件产品线的发展已经趋向成熟。很多大学已经锁定了软件产品线作为一个研究领域,并有大学已经开设软件产品线相关的课程。一些国际著名的学术会议也设立了相应的产品线专题学术讨论会,如 OOPSLA(conference on Object-Oriented Programming,Systems,Languages,and Applications)、ECOOP(European Conference on Object-Oriented Programming)、ICSE(International Conference of Software Engineering)等。第一次国际产品线会议于2000年8月在美国Denver召开。

与软件体系结构的发展类似,软件产品线的发展也很大地得益于军方的支持。如美国国防部支持的两个典型项目:基于特定领域软件体系结构的软件开发方法的研究项目(DSSA)和关于过程驱动、特定领域和基于重用的软件开发方法的研究项目(STARS)。这两个项目在软件体系结构和软件重用两方面极大地推动了软件产品线的研究和发展。

可以说软件产品线方法是软件工程领域中软件体系结构和软件重用技术发展的结果。下面从软件体系结构和软件重用两个侧面介绍软件产品线的发展。

10.1.1 软件体系结构的发展

当软件体系结构研究者和使用者发现面向独立系统的专有体系结构虽然可以满足应用的特殊需求却无法有效地支持重用,而通用的标准体系结构虽然可以用于各类应用但无法满足应用的特殊需求时,DSSA 被发明出来了。DSSA 用一个特定的应用领域中可重用的参考体系结构有效地改善复杂软件系统的设计、分析、开发和维护。DSSA 的创建需要以该领域的需求分析和建模为基础,就相应的出现了对领域建模(domain modeling)的研究。DSSA 的出现给软件工程的另外一个研究分支——领域工程带来了重大的变化。

领域工程出现在 20 世纪 80 年代,可以把它看作是软件工程在某个特定领域中的应用。领域工程将软件重用作为一个主要目标,不过在它刚出现时,软件重用还是"偶然性"的。20 世纪 90 年代初期 DSSA 出现后,领域工程便迅速与 DSSA 结合。领域工程中的软件重用成为系统化重用,它面向多个客户的多个应用系统,通过挖掘相似的或相关系统之间的共性来提供对跨应用的变化的支持。20 世纪 90 年代中后期,市场驱动的思想开始带入领域工程,领域专家采用经济技术,通过对市场的分析,选择能满足最大比例客户需要的最小的需求和概念集合,并以该集合为领域工程后续阶段的基础。这样,就出现了以软件产品线为核心的领域工程。现在,领域工程更多地被认为是软件产品线开发方法的下一个重要组成部分。

图 10-1 给出了软件产品线在软件工程中的定位,以及软件产品线与相关研究领域,如软件体系结构、特定领域软件体系结构、领域工程等的关系。因软件重用技术与软件工程重叠,与其他领域的交叉,所以未在图中标出。

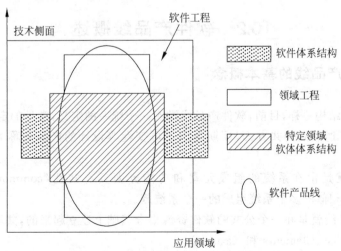

图 10-1 软件产品线在软件工程中的地位

10.1.2 软件重用的发展

随着软件规模和复杂度的增大,软件的开发和维护成本急剧上升。软件已经代替硬件成为影响系统成败的主要因素。为了解决面临的"软件危机",软件开发者试图寻找一个将投资均摊到多个系统以降低成本的方法。软件重用是一个降低软件系统的平均成本的主要策略和技术。它的基本思想是尽最大可能重用已有的软件资源。

软件重用长期以来一直是软件工程界不断追求的目标。自1968年Mcllroy提出了软件重用概念的原型后,人们一直在尝试用不同的方法实现通过软件模块的组合来构造软件系统。软件重用也从代码重用到函数和模块的重用,再发展到对象和类的重用。当构件技术兴起时,曾经有人预测,基于构件的软件开发将分为构件开发者、应用开发者(构件用户)。但跨组织边界的构件重用是很困难的。但是对于一个软件开发组织来说,它总是在开发一系列功能和结构相似的软件系统,有足够的经济动力驱使它对已开发的和将要开发的软件系统进行规划、重组,并尽量在这些系统中共用相同的软件资源。于是"世界范围内的重用"开始向"组织范围内的重用"转移。随着对软件体系结构的重要性的认识和软件体系结构的发展,基于构件技术的重用在软件重用中的主要地位就逐渐被基于软件产品线的重用代替。

基于产品线的软件重用也符合软件重用的发展趋势:从小粒度的重用(代码、对象重用)到构件重用,再发展到软件产品线的策略重用以及大粒度的部件(软件体系结构、体系结构框架、过程、测试实例、构件和产品规划)的重用,能使软件重用发挥更大的效益。软件产品线目前为止是最大限度的软件重用,可以有效地降低成本,缩短产品面世时间,提高软件质量。

虽然新的产品线技术和方法在不断涌现,但是软件体系结构和软件重用在引导产品线设计上的绝对重要性是不变的。软件产品线代表着跨产品的软件资源的大规模重用,并且是"有规划的"和"自顶向下"的重用,而不是在该领域已被证明了不成功的"偶然的"和"自底向上"的重用。作为指导软件产品线设计最重要的软件体系结构,产品线体系结构是重用规划的载体,是最有价值的可重用核心资源(core asset)。

10.2 软件产品线概述

10.2.1 软件产品线的基本概念

与软件体系结构一样,目前,软件产品线没有一个统一的定义,常见的定义有:

① 将利用了产品间公共方面,预期考虑了可变性等设计的产品族称为产品线(Weiss和Lai)。

② 产品线就是由在系统的组成元素和功能方面具有共性(commonalities)和个性(variabilities)的相似的多个系统组成的一个系统族。

③ 软件产品线就是在一个公共的软件资源集合基础上建立起来的,共享同一个特性集合的系统集合(Bass、Clements和Kazman)。

④ 一个软件产品线由一个产品线体系结构、一个可重用构件集合和一个源自共享资源

的产品集合组成,是组织一组相关软件产品开发的方式(Jan Bosch)。

相对而言,卡耐基梅隆大学软件工程研究所(CMU/SEI)对产品线和软件产品线的定义,更能体现软件产品线的特征:

"产品线是一个产品集合,这些产品共享一个公共的、可管理的特征集,这个特征集能满足选定的市场或任务领域的特定需求。这些系统遵循一个预描述的方式,在公共的核心资源(core asset)基础上开发。"

根据 SEI 的定义,软件产品线主要由两部分组成:核心资源、产品集合。核心资源是领域工程的所有结果的集合,是产品线中产品构造的基础。也有组织将核心资源库称为"平台(platform)"。核心资源必定包含产品线中所有产品共享的产品线体系结构,新设计开发的或者通过对现有系统的再工程得到的、需要在整个产品线中系统化重用的软件构件;与软件构件相关的测试计划、测试实例以及所有设计文档,需求说明书,领域模型和领域范围的定义也是核心资源;采用 COTS 的构件也属于核心资源。产品线体系结构和构件是用于软件产品线中的产品的构建和核心资源最重要的部分。

软件产品线开发有四个基本技术特点:过程驱动、特定领域、技术支持和体系结构为中心。与其他软件开发方法相比,软件开发组织选择软件产品线的宏观上的原因有:对产品线及其实现所需的专家知识领域的清楚界定,对产品线的长期远景进行了策略性规划。

10.2.2 软件产品线的过程模型

1. 双生命周期模型

最初的和最简单的软件产品线开发过程是双生命周期模型,来自 STARS,分成两个重叠的生命周期:领域工程和应用工程。两个周期内部都分成分析、设计和实现三个阶段,如图 10-2 所示。

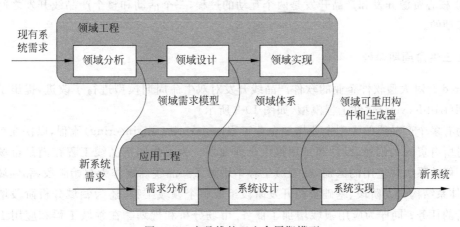

图 10-2 产品线的双生命周期模型

领域工程阶段的主要任务如下。
① 领域分析:利用现有系统的设计、体系结构和需求建立领域模型。
② 领域设计:用领域模型确定领域/产品线的共性和可变性,为产品线设计体系结构。

③ 领域实现：基于领域体系结构开发领域可重用资源(构件、文档、代码生成器)。

应用工程在领域工程结果的基础上构造新产品。应用工程需要根据每个应用独特的需求，经过以下阶段，生成新产品。

① 需求分析：将系统需求与领域需求比较，划分成领域公共需求和独特需求两部分，得出系统说明书。

② 系统设计：在领域体系结构基础上，结合系统独特需求设计应用的软件体系结构。

③ 系统实现：遵照应用体系结构，用领域可重用资源实现领域公共需求，用定制开发的构件满足系统独特需求，构建新的系统。

应用工程将产品线资源不能满足的需求返回给领域工程以检验是否将其合并入产品线的需求中。领域工程从应用工程中获得反馈或结合新产品的需求进入又一次周期性发展，称此为产品线的演化。

STARS 的双生命周期模型定义了典型的产品线开发过程的基本活动、各活动内容和结果以及产品线的演化方式。这种产品线方法综合了软件体系结构和软件重用的概念，在模型中定义了一个软件工程化的开发过程，目的是提高软件生产率、可靠性和质量，降低开发成本，缩短开发时间。

2. SEI 模型

SEI 将产品线的基本活动分为三部分，分别是核心资源开发(即领域工程)、产品开发(即应用工程)和管理(详见 10.4 节)。主要特点如下。

① 循环重复是产品线开发过程的特征，也是核心资源开发、产品线开发以及核心资源和产品之间协作的特征。

② 核心资源开发和产品开发没有先后之分。

③ 管理活动协调整个产品线开发过程的各个活动，对产品线的成败负责。

④ 核心资源开发和产品开发是两个互动的过程，三个活动和整个产品线开发之间也是双向互动的。

3. 三生命周期模型

Fred 针对大型软件企业的软件产品线开发对双生命周期模型进行了改进，提出了三生命周期(tri-lifecycle)软件工程模型，如图 10-3 所示。

为有多个产品线的大型企业增加企业工程(enterprise engineering)流程，以便在企业范围内对所有资源的创建、设计和重用提供合理规划。为了强调产品线工程在满足市场需求上与一般的系统化重用的区别，在领域工程中增加了产品线确定作为起始阶段，和领域分析阶段、体系结构开发阶段、基础资源开发阶段组成整个领域工程，还为领域分析阶段增加市场分析的任务；同样为应用领域增加了商务/市场分析和规划。在领域工程和应用工程之间的双向交互中添加核心资源管理作为桥梁，核心资源管理和领域工程、应用工程之间的支持和交互是双向的，以便于产品线核心资源的管理和演化。

以上描述的软件产品线开发过程并没有明确描述如何重用软件组织内遗留资源(legacy asset)。实际上大多数将要建立软件产品线的软件组织都积累有产品线所在领域的大量应用代码和相关文档，这些代码和文档中包含的知识对领域工程来说是至关重要的。

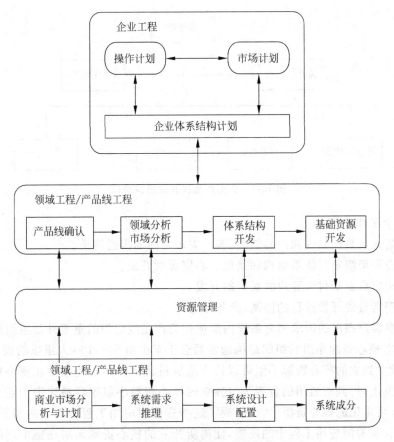

图 10-3　产品线的三生命周期模型

Boeing 公司的 Margaret J. Davis 将软件再工程（reengineering）和产品线方法结合，该方法将软件再工程应用于领域工程中，用一种系统化的方法挖掘遗留系统中的知识。根据产品线和遗留系统采用技术的差异大小，能恢复（recovery）出的资源可能包括人员组织的交互和过程信息、软件体系结构和高层设计、算法代码和过程等。

10.2.3　软件产品线的组织结构

软件产品线开发过程分为领域工程和应用工程，相应的软件开发的组织结构也应该有两个基本组成部分：负责核心资源的小组、负责产品的小组。这也是产品线开发与独立系统开发的主要区别。

基于对产品线开发的认识不同以及开发组织背景不同，有很多组织结构方式。但可以根据是否有独立的负责核心资源开发的小组分为两大类。设立独立小组的典型的组织结构如图 10-4 所示。体系结构组监控核心资源开发组和产品开发组以保证核心资源和产品能够遵循体系结构，同时负责体系结构的演化。配置管理组维护每个资源的版本。体系结构组、核心资源开发组与负责独立产品开发的小组互相独立。

SEI 在其推荐的组织结构中强调市场人员在获取需求和推介产品中的作用。将产品线

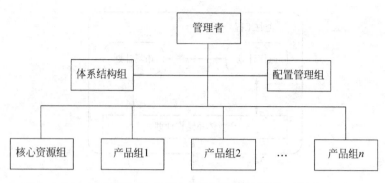

图 10-4 典型产品线开发组织结构

组织分为四个工作小组。

(1) 市场人员是产品线和产品能力、客户需求之间的沟通桥梁。

(2) 核心资源组负责体系结构和其他核心资源的开发。

(3) 应用组负责交付给客户的系统的开发。

(4) 管理者负责开发过程的协调、商务计划等。

SEI 还将客户提出的需求和对系统的反馈作为产品线组织的重要外部组织接口。

设有独立核心资源小组的组织结构通常适合于至少由 50～100 人组成的较大型的软件开发组织,设立独立的核心资源小组可以使小组成员将精力和时间集中在核心资源的认真的设计和开发上,得到更通用的资源。但独立的核心资源小组很容易迷失于建立极好的高度抽象、高度可重用的核心资源上,而忽视了这些资源对应用工程中需求的满足程度,因为这样的结构容易抑制应用工程中的反馈,使得所开发的核心资源无法在整个产品线中获得良好的应用。

另外一种典型的组织结构不设立独立的核心资源小组,核心资源的开发融入各系统开发小组中,只是设立专人负责核心资源开发的管理。这种组织结构的重点不在核心资源的开发上,所以比较适合于组成产品线的产品共性相对较少,开发独立产品所需的工作量相对较大的情况。也是小型软件组织向软件产品线开发过渡时采用的一种方法。

Jan Bosch 在研究了众多采用软件产品线开发方法的公司后,将软件产品线的组织结构归纳为四种组织模型。

(1) 开发部门(development unit):所有的软件开发集中在一个部门,每个人都可承担领域工程和应用工程中适合的任务,简单、利于沟通,适用于不超过 30 人的组织。

(2) 商务部门(business unit):每个部门负责产品线中一个和多个相似的系统,共性资源由需要使用它的一个和几个部门协作开发,整个团体都可享用。资源更容易共享,适用于 30～100 人的组织,主要缺点是商务部门更注重自己的产品而将产品线的整体利益放在第二位。

(3) 领域工程部门(domain engineering unit):有一个专门的单位——领域工程部门负责核心资源库的开发和维护,其他商务单位使用这些核心资源来构建产品。这种结构可有效地降低通信的复杂度,保持资源的通用性,适于超过 100 人的组织。缺点是难以管理领域工程部门和不同产品工程部门之间的需求冲突和因此导致的开发周期增长。

（4）层次领域工程部门（hierarchical domain engineering unit）：对于非常巨大和复杂的产品线可以设立多层（一般为两层）领域工程部门，不同层部门服务的范围不同。这种模型趋向臃肿，对新需求的响应慢。

软件产品线开发成功的下一个关键就是在建立通用、昂贵的可以服务于所有产品的通用资源和开发服务于产品线中部分产品的客户化的特定产品软件之间的权衡。而选择一个合理的、弹性的组织结构并使其具备良好的反馈和通信机制，是在通用和特定之间保持均衡的一个组织和基础机制上的保证。

对于中小型软件开发组织来说，我们建议采用一种动态的组织结构，根据产品线的建立方式和发展阶段、成熟程度的变化，由一种组织结构向另一种组织结构演变。这种方法的主要依据是在产品线不同发展阶段，领域工程和应用工程在总工作量中所占的比例是不同的。例如对于从零开始建立的产品线，在其建立初期，核心资源的开发工作量要大大多于产品的开发。此时集中力量组织成专门的小组进行核心资源的开发，当核心资源基本完成时，可以将该小组部分成员逐步转移到产品开发中。而对于已有多个产品的情况下建立产品线的演变过程使用相反的方向更为合适。

这种动态的组织结构可以使中小型组织采用产品线开发方式造成的在人力资源上的压力得到缓解，使人力资源的需求在产品线的整个开发工程中趋于平稳。人员在两种小组之间的流动可以使流动人员作为小组之间信息交流的一种补充方式，虽然这不是一种最好的、合乎规范的信息交流方式，但毕竟也是一种快速有效的方式。组织结构的变化对产品线来说是一个很重要的问题，需要制定相应的变化规划并要有良好的管理技术的支持来保证整个产品线的成功。

10.2.4　软件产品线的建立方式

软件产品线的建立需要希望使用软件产品线方法的软件组织有意识地、明显地努力才有可能成功。软件产品线的建立通常有四种方式，其划分依据有两个。

（1）该组织是用演化方式（evolutionary）还是革命方式（revolutionary）引入产品线开发过程。

（2）是基于现有产品还是开发全新的产品线。几种方式基本特征见表 10-1。下面对这几种方式进行简要分析。

表 10-1　软件产品线建立方式基本特征

	演 化 方 式	革 命 方 式
基于现有产品集	基于现有产品体系结构开发产品线的体系结构 经演化现有构件的文件一次开发一个产品线构件	产品线核心资源的开发基于现有产品集的需求和可预测的、将来需求的超集
全新产品线	产品线核心资源随产品新成员的需求而演化	开发满足所有预期产品线成员的需求的产品线核心资源

1. 将现有产品演化为产品线

在基于现有产品体系结构设计的产品线体系结构的基础上，将特定产品的构件逐步地、越来越多地转化为产品线的共用构件,从基于产品的方法"慢慢地"转化为基于产品线的软件开发。主要优点是通过对投资回报周期的分解,对现有系统演化的维持,使产品线方法的实施风险降到最小,但完成产品线核心资源的总周期和总投资都比使用革命方式要大。

2. 用软件产品线替代现有产品集

基本停止现有产品的开发,所有努力直接针对软件产品线的核心资源开发。遗留系统只有在符合体系结构和构件需求的情况下,才可以和新的构件协作。这种方法的目标是开发一个不受现有产品集存在问题的限制的、全新的平台,总周期和总投资较演化方法要少,但因重要需求的变化导致的初始投资报废的风险加大。另外,基于核心资源的第一个产品面世的时间将会推后。

现有产品集中软硬件结合的紧密程度,以及不同产品在硬件方面的需求的差异,也是产品线开发采用演化还是革命方式的决策依据。对于软硬件结合密切且硬件需求差异大的现有产品集因无法满足产品线方法对软硬件同步的需求,只能采用革命方式替代现有产品集。

3. 全新软件产品线的演化

当一个软件组织进入一个全新的领域要开发该领域的一系列产品时,同样也有演化和革命两种方式。演化方式将每一个新产品的需求与产品线核心资源进行协调。好处是先期投资少,风险较小,第一个产品面世时间早。另外,因为是进入一个全新的领域,演化方法可以减少和简化因经验不足造成的初始阶段错误的修正代价。缺点是已有的产品线核心资源会影响新产品的需求协调,使成本加大。

4. 全新软件产品线的开发

体系结构设计师和工程师首先要得到产品线所有可能的需求,基于这个需求超集来设计和开发产品线核心资源。第一个产品将在产品线核心资源全部完成之后才开始构造。优点是一旦产品线核心资源完成后,新产品的开发速度将非常快,总成本也将减少。缺点是对新领域的需求很难做到全面和正确,使得核心资源不能像预期的那样支持新产品的开发。

10.2.5 软件产品线的演化

从整体来看,软件产品线的发展过程有三个阶段,开发阶段、配置分发阶段和演化阶段。

引起产品线体系结构演化的原因与引起任何其他系统演化的原因一样:产品线与技术变化的协调、现有问题的改正、新功能的增加、对现有功能的重组以允许更多的变化等。产品线的演化包括产品线核心资源的演化、产品的演化和产品的版本升级。这样在整个产品线就出现了核心资源的新旧版本、产品的新旧版本和新产品等。它们之间的协调是产品线演化研究的主要问题。

在小型软件开发组织中,一般设立专门的人员和小组监控技术的变化和新产品的创建,并对产品线的体系结构和核心资源进行维护,因产品线中产品数量相对较少,产品线演化也就比较小;技术人员在产品线和产品族之间的流动也使同步的维护较容易。在大、中型软件开发组织中,则需要有更谨慎、更规范的做法。

如果不对核心资源进行更新以反映最新产品的需求变化的话,就只能在产品中创建相应资源的变体,而核心资源自此就不再适应这类需求,新产品和产品线体系结构、核心资源之间就产生"漂移"。这样发展下去,核心资源就逐渐失去了可重用性,维护成本加大,产品线的好处也失去了。

产品线演化同样造成问题。例如需要开发产品的新版本时,作为基础的核心资源已经有了新版本。此时若仍然使用原来的老版本核心资源显然对产品的改动要少,成本要低,但以后会产生核心资源多版本维护问题以及该产品与核心资源之间的"漂移"问题。为了维护一致性,应该采用新版本核心资源。同样对使用 COTS 产品进行软件产品线开发的组织来说,COTS 厂商总是不停地推出新版本的构件,令这些应用开发组织烦恼的是:是否、怎样和什么时候将这些新版本构件融入系统。

为此,推荐使用以下方法:在开发新产品或产品的新版本时,使用核心资源的最新版本,已有的产品并不追随核心资源的演化。核心资源则要不断演化,反映出创建新产品和开发产品的新版本时反馈回来的需要,核心资源调整配合的才能满足的新需求。当然,也要防止对产品线体系结构和设计的过大、过早的演化,以免发生太多构件不做修改就无法使用的情况。保持产品的将来版本和产品线核心资源之间的同步是防止产品线退化的最基本要求。

10.3 框架和应用框架技术

随着软件技术的发展,软件重用已经从模块、对象的重用发展到了基于构件的重用和基于框架的重用,这也是当前最主要的两个软件重用的方式。从重用粒度看,框架要比构件大。框架重用是一种面向领域的软件重用方式,更适合于软件产品线。框架一般建立在同一个或相似领域中,即所要开发的软件系统要具有较强的相似性,通过框架把领域中不变或易变的部分在一定时间间隔内固定下来,把易变的部分以用户接口的形式保留下来,从而达到设计和代码的重用。框架技术与构件技术的结合产生了基于构件的应用框架技术,这是框架技术的一个发展趋势。除此之外,本节讨论的框架主要指面向对象领域中的框架(object-oriented framework)。这是因为框架技术与面向对象技术关系十分密切,如框架的基础实现技术"动态绑定"(binding)就是由面向对象语言的多态机制支持的,并且很多具体的框架技术都是在面向对象环境中描述的。到 20 世纪 90 年代中期,框架的研究已经成为面向对象领域中的热点。在体系结构的设计实现和软件产品线开发中,框架作为一种基础设计实现技术,也受到越来越多的重视。

最早的框架描述由 Deutsch 在 1983 年给出:"多个抽象类和它们相关算法的集合可组成一个框架,该框架在特定应用中可以通过专用代码的添加来将具体子类组织在一起运作。框架由抽象类及其实现的操作和对具体子类的期望组成"。

其他对框架的比较重要的定义和描述有以下几种。

(1) Johnson 和 Foot 在 1988 年给出的定义:框架是封装了特定应用族抽象设计的抽象类的集合,框架又是一个模板,关键的方法和其他细节在框架实例中实现。

(2) Buschmann:框架是一个可实例化的、部分完成的软件系统或子系统,定义了一组系统或子系统的体系结构并提供了构造系统的基本构造模块,还定义了对特殊功能实现所需要的调整方式。在一个面向对象的环境中，框架由抽象类和具体类组成；框架的实例化包括现有类的实例化和衍生。

（3）Johnson：框架＝模式＋构件。框架是由开发人员定制的应用系统的骨架(skeleton)，是整个系统或子系统的可重用设计，由一组抽象构件和构件实例间的交互方式组成。

以上是对一般框架概念的描述，软件产品线中的框架主要指的是应用框架。对应用框架的描述和定义主要有以下几种。

（1）Gamma：应用框架又称为通用应用，是为一个特定应用领域的软件系统提供可重用结构的一组相互协作的类的集合。

（2）Buschmann：特定领域应用的框架称为应用框架。

（3）Froehlich：应用框架就是某个领域公共(generic)问题的骨架式解决方案。框架为该领域所有应用提供公共的体系结构和功能基础。

（4）Batory：应用框架技术是用于应用产品线的、通用的、面向对象的代码结构化技术。一个框架就是表达抽象设计的抽象类的集合；框架实例就是为可执行子系统提供的抽象类的子集的具体类的集合。框架是为了重用而设计的；抽象类封装了公共代码，具体类封装特定实例的代码。

经过分析，得出以上众多对应用框架的描述的共同点如下。

（1）应用框架解决的是一个领域或产品族的问题，规定了问题应该如何分解。

（2）包含了应用或子系统的设计，由一个互相协作的类或构件集合组成。

（3）可以通过继承或类的组合来创建应用。

对框架技术的基本特征总结如下。

（1）反向控制：类库是客户代码调用库中已存在类的方法，框架内嵌了控制流，框架调用客户代码——加入框架的新构件和抽象类的方法实例。

（2）可重用性：框架提供了设计和代码的重用能力。

（3）扩展性：为规划的变化提供了"热点"(hotspot)或"钩子"(hook)等显式说明方式。

（4）模块化或构件化：框架有固定的、稳定的接口和封装的热点。

一般框架有三种建立方式：自顶向下、自底向上和混合方式。因为应用框架和软件产品线之间的密切关系，前两种框架建立方式与建立全新的软件产品线时的革命方式和演化方式十分类似，也具有相同的过程和优缺点。混合方式指在大型应用框架的建立过程中，先将应用领域划分为不同的子区域，再分别解决，最终集成为一个完整框架的做法。

根据框架的使用和扩展方式，可以将框架分为两大类：黑盒框架和白盒框架。

黑盒框架通过构件/类的组合来支持重用和扩展。应用中的类由框架的不同构件组合而成。在框架所在领域中，每个构件都有一个预定义的标准接口，一组共享相同接口但能满足不同应用需求的构件组成一个"插接兼容"的构件集合。

白盒框架一般使用类的继承机制实现，由未完成的类（抽象类）组成，类有一个或多个抽象接口或虚方法。应用需要在抽象类的继承子类中提供特定意义的方法实例来重用框架。开发者通过虚方法的实例化将特定应用的代码联入框架来生成应用，所以虚方法又称为"钩子"或"热点"。

白盒重用需要对框架有很好的理解，生成紧耦合系统。黑盒重用不需要对框架的内部结构有太多的了解，产生松耦合系统。具体的框架实际上都是"灰色"的，是可继承和可组合方式的结合。

灰色框架可以分成三部分：固定的、可选择的和开放的。框架的固定部分包含了该领域最基本的功能，内建了应用的控制流，由框架主干实现，对应领域共用部分。框架的可选择部分为该领域中相对固定的、应用特定的功能特征，即领域个性部分，用可组合的类或构件实现，在应用构造时在这些构件或类中进行选择、组合。对一些无法准确估计和预测的功能特征，即框架的开放部分，只能为其规定统一的接口和与框架的挂接点，用可继承的抽象类的方式来实现，这些部分可以根据应用的具体需求变化进行单独的调整。

与体系结构的层次结构类似，框架也可设计为层次结构，称为层次框架。例如把一个完整的框架划分为应用框架、领域框架、支撑框架等多个层次，框架层次间是标准的或统一的接口。层次框架与层次体系结构具有相同的优点。

10.4 软件产品线基本活动

本节以 SEI 的软件产品线的过程模型为线索，讨论软件产品线开发的基本活动。

从本质上看，产品线开发包括核心资源库的开发和使用核心资源的产品开发，这两者都需要技术和组织的管理。核心资源的开发和产品开发可同时进行，也可交叉进行，例如，新产品的构建以核心资源库为基础，或者核心资源库可从已存在的系统中抽取。有时，把核心资源库的开发也称为领域工程，把产品开发称为应用工程。图 10-5 说明了产品线各基本活动之间的关系。

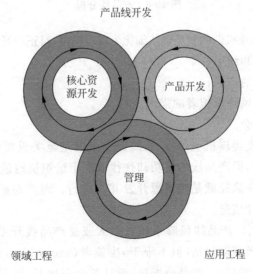

图 10-5 产品线基本活动

每个旋转环代表一个基本活动，三个环连接在一起，不停地运动着。三个基本活动交错连接，可以任何次序发生，且高度重叠。旋转的箭头表示不但核心资源库被用来开发产品，而且已存在的核心资源的修订甚至新的核心资源常常可以来自产品开发。

在核心资源和产品开发之间有一个强的反馈环，当新产品开发时，核心资源库就得到刷新。对核心资源的使用反过来又会促进核心资源的开发活动。另外,核心资源的价值通过使用它们的产品开发得到体现。

1. 产品线分析

产品线分析是产品线的需求工程,是商业机遇的确认和产品线体系结构的设计之间的桥梁。产品线分析强调:

- 通过捕获风险承担者的观点来揭示产品线需求;
- 通过系统的推理和分析、集成功能需求和非功能需求来完成产品线需求;
- 产品线设计师对产品线需求的可用性。

(1) 上下文。产品线的开发包括资源开发、产品计划和产品开发几个步骤,产品线分析是资源开发的一部分,如图 10-6 所示。

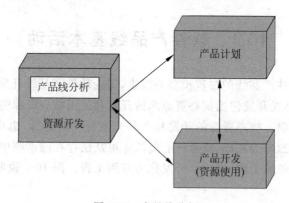

图 10-6　产品线分析

产品线分析是把对商业机遇的初步确认细化为需求模型,对正在开发的产品线而言,捕获:

- 组织的商业目标和约束;
- 包含在产品线中的产品;
- 最终用户和其他风险承担者的需求;
- 大粒度重用的机会。

分析能否为并行开发提供机会,对产品线开发来说是至关重要的。资源开发需要固定投资,特别是及时的投资,但产品线的成功却往往取决于组织快速进入市场的能力。减少产品线进入市场时间的惟一途径就是使资源开发并行进行。对产品线分析而言,这意味着要尽可能快地发现重大设计信息。

(2) 风险承担者观点。产品线风险承担者是人或受产品线开发所影响的系统,一个特定的产品线的风险承担者可以包括(但不限于)决策者(executive)、市场分析员、技术经理、产品线分析员、设计师和程序员、产品分析员、设计师和程序员、产品的最终用户、与产品线中的产品交互的内部和外部系统、政府机构和保险公司等。

每个产品线风险承担者对产品线都有自己的看法,也就是一组期望和对产品线的需求。因为许多风险承担者对产品线有同样的期望和需求,因此,只关注那些起关键作用的风险承担者。

对产品线开发来说,关键的风险承担者包括决策者、最终用户和产品线开发人员,如图 10-7 所示。决策者把产品线看作是达到组织目标的机制,最终用户注重产品线中的特定产品所能提供的服务,产品线开发人员注重体系结构、产品计划和生产产品线中的产品所需的构件。

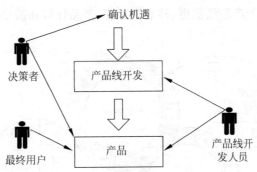

图 10-7 关键风险承担者的观点

(3) 需求建模。在开始启动产品线分析时,需要回答以下几个基本问题。
① 将要开发的产品线是否与组织的任务、商业目标和约束保持一致?
② 产品线将由哪些产品组成?
③ 对组织来说,产品线的开发是否有意义?与之相关的成本、风险和利润是什么?
对这些问题的回答取决于对目标市场特性的初步估计,期望的重用利益和诸如时间、经验和工具等资源的可用性。

产品线分析基于面向对象的分析、用例建模等。产品线需求模型是四个相互联系的工作产品的集合,如图 10-8 所示。

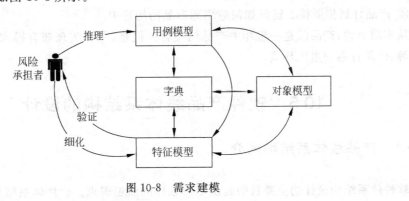

图 10-8 需求建模

④ 用例模型(use case model):指明了产品线风险承担者和他们与产品线的关键交互,风险承担者将验证产品线的可接受性。
⑤ 特征模型(feature model):指明了产品线的风险承担者的观点。它捕获产品的功能特征和产品线及其产品的软件质量属性。
⑥ 对象模型(object model):指明了产品线支持上述特征的功能,以及这些功能的通用性和可变性。
⑦ 字典(dictionary):定义了用在工作产品中的,支持产品线需求的一致观点的术语。
需求模型支持发现和文档化最终用户和其他风险承担者的期望和需求,提供影响产品线范围的早期和详细的信息,它是把风险承担者的需求映射为系列开发工作产品的基础,这种映射有利于决定和估计潜在的用户驱动(user-driven)变更的影响。

2. 产品开发

产品开发活动取决于产品线范围、核心资源库、产品计划和需求的输出,图 10-9 描述了它们之间的关系。

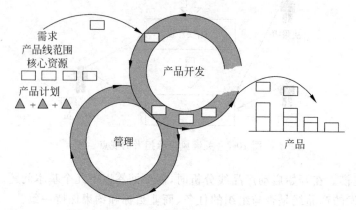

图 10-9　产品开发的输入与输出

产品开发的输入如下。

① 特定产品的需求,通常由包含在产品线范围内的一些产品描述来表达。
② 产品线范围,指明正在考虑的产品是否适合包含在产品线中。
③ 构建产品所需的核心资源库。
④ 产品计划指明核心资源如何应用到产品的构建中。

从本质上说,产品线是一组相关产品的集合。但是,怎么实现却有很大的不同,这取决于资源、产品计划和组织环境。

10.5　软件产品线体系结构的设计

10.5.1　产品线体系结构简介

软件体系结构设计的主要目的是满足对软件的质量需求。软件体系结构的应用方式有三种:用于独立软件系统、软件产品线体系结构、用于公共构件市场的标准软件体系结构。

独立软件系统的体系结构是常规软件开发周期的一部分,建立在独立软件系统的需求抽取和说明上,随后是详细设计、实现、测试等。

软件产品线体系结构指一个软件开发组织为一组相关应用或产品建立的公共体系结构。鉴于产品线软件开发在提高软件生产率和质量、缩短开发时间、降低总开发成本的重要作用,产品线体系结构又是软件产品线核心资源中最主要部分之一。面向独立软件系统的软件体系结构设计方法并不完全适用于软件产品线体系结构的设计,因为它们一般没有考虑产品线中不同产品之间的共性和个性问题。产品线体系结构可以使软件开发组织将总成本均摊到产品线的多个产品的设计开发中,从而充分地降低整体成本,有效地提高软件生产率。

标准软件体系结构主要是在一个特定的领域中为构件开发者和构件使用者之间提供一

个与构件的基础框架相关的"体系结构协议",该协议主要描述构件的功能、提供的和需要的接口、构件之间的依赖关系等。有时也将这些标准软件体系结构称为"构件框架"。标准软件体系结构可以分为两类:由某个标准化组织制定的"公共的标准软件体系结构"和由某个领域中占主导地位的组织或公司制定的"专有的标准软件体系结构",或称为"工业标准软件体系结构"。OMG 制定的 OMA 以及为专门的应用领域(如医疗、电信等)制定的领域接口规范就是一种公共的标准软件体系结构。

所有的软件体系结构都是抽象的,它们都允许有多个实例。独立软件系统的软件体系结构对体系结构的变化没有说明和限制。在体系结构实例化过程中,为了满足目标系统的行为和质量目标需求,几乎允许对体系结构进行任意的变化。软件产品线体系结构作为产品线中所有产品共享的体系结构和各个产品的体系结构的导出基础,必须在软件产品线体系结构中对允许进行的变化进行显式的说明和限定,最终的实例化结果才能既保持领域共性,又能满足特定产品的需求。

同领域模型一样,软件产品线体系结构中也可以分为共性部分和个性部分。共性部分是产品线中所有产品在体系结构上共享部分,是不可改变的。个性部分指产品线体系结构可以变化的部分。产品线体系结构的设计目的就是尽量扩展产品线中所有产品共享的共性部分,同时提供一个尽量灵活的体系结构变化机制。产品线体系结构主要需考虑以下因产品线的特殊性而出现的变化需求。

① 产品线的产品有着不同的质量属性。例如一个产品需要高度安全但运算速度要求低,另一产品可能需要运算速度快但对安全没有特别要求,产品线体系结构需要足够灵活来支持这两个产品。

② 产品之间的差异可能体现在各个方面:行为、质量属性、平台和中间件技术、网络、物理配置、规模等,产品线体系结构需要对这些差异进行处理。

有多种技术支持体系结构的变化。例如,采用构造时(build-time)对构件、子系统的参数组合进行设置来适应产品线变化,但该方法假设所有的变化都是可预测的,并且所有变化在构件的代码中都要实现,每一组参数组合对应一个产品的实现。

在面向对象系统中可以用继承和动态绑定等面向对象技术将类设计为在不同的产品中能对变化点进行不同说明实现。面向对象框架是这类技术的集中体现。也可以在变化点用构件替换来实现所希望的变化,这实际上是一种构件组合方式的变形。

Mikael Svahnberg 和 Jan Bosch 对软件产品线体系结构个性的实现机制总结如下。

① 继承:用于对象方法在产品中的不同实现和扩展。

② 扩展和扩展点:通过增加行为和功能扩展构件的某些部分。

③ 参数化:用于构件的行为特征可以抽象并在构件构造时可确定的情况,如宏定义和模板都是参数化方法的一种。

④ 配置和模块互联语言:用于定义系统构造时结构和构件的选择方式和结果。

⑤ 自动生成:用更高级的语言来定义构件的特征,并自动生成相应的构件。

⑥ 编译时(compile-time)不同实现的选择:用于构件的变化可以通过选择不同代码段实现的情况,如"#ifdef"。

产品线体系结构是产品线核心资源的早期和主要部分,在产品线的生命周期中,产品线体系结构应该保持相对小和缓慢的变化以便在生命周期中尽量保持一致。产品线体系结构要明确定义核心资源库中软件构件集合及其相关文档。

在各个产品的应用工程中，产品线体系结构被用来导出产品的体系结构。此时，如果发现有新变化点或者产品线体系结构不能满足的需求模式，需要将这些信息反馈给产品线体系结构设计师，由他们决定是否对产品线体系结构进行修改并实施。

产品线体系结构设计面临的主要困难和问题如下。

① 没有熟练的体系结构设计师。体系结构的设计还是一个不成熟的领域，设计更多地依靠设计师的经验而不是已经规范定义的规则、惯例和模式集合，尤其在某个特定的应用领域该问题可能更严重。

② 参数化问题。参数化是一个支持产品线体系结构变化的有效的方法，但要注意，过于参数化易使系统难以使用和理解，参数化过少又会限制系统的变化能力；过早的参数绑定易使变化困难，绑定过晚（运行时刻的动态绑定）易导致性能降低。

③ 必须有良好的领域分析和产品规则基础作保证，对技术发展趋势要做出准确预测，还要注意吸取相关领域的教训。

④ 软件开发、管理和市场人员组织的管理和文化对基于软件体系结构开发的适应程度。

⑤ 目前，支持软件体系结构设计的 CASE 工具较少。

⑥ 产品线体系结构设计师和产品开发者之间的沟通。

10.5.2　产品线体系结构的标准化和定制

软件产品线的软件体系结构是产品线所有可重用的核心资源中最重要的部分，是软件产品线成功的关键技术性资源。产品线体系结构将用于产品线中所有产品，需要使每个产品的体系结构都能符合它的行为特性、性能和其他质量属性需求。

产品线体系结构的设计有两种方式：使用标准体系结构和体系结构定制。作为标准，会有众多的软件开发组织遵循它，开发各自的应用或者为该体系结构提供基础构件和应用开发的辅助工具等。采用标准体系结构标准产品线的软件体系结构，可以获得第三方软件开发组织的支持，有效地缩短开发时间，提高产品的可靠性和与同类系统的可集成性等。所以如果产品线所在领域有相应的体系结构标准，应该尽量遵循它。

在宏观体系结构上，对标准的遵循比较容易，下面以层次体系结构为例。

(1) 为适应应用的规模增大、复杂度提高，软件技术不断发展，相继出现了中间件技术、软件产品线等。应用的宏观体系结构自然地形成了"硬件-网络与操作系统-中间件平台-领域核心资源-应用"这样一个层次软件体系结构。

OMG 制定的软件体系结构标准——OMA 就是一个层次体系结构在面向对象环境中的演变，其层次为"ORB—公共服务对象—公共设施对象—领域对象—应用对象"。这个面向对象的层次结构和 OMA 的对象框架为产品线的宏观体系结构提供了很好的参考标准。另外，选用了 OMA 也意味着选择了 CORBA 中间件平台，同时也获得了 OMG 相关标准和规范（如 UML、MOF、XMI、MDA 等）支持。对于这个层次结构的低层部分（如公共服务、公共设施等）的标准遵循比较容易：中间件技术已经成为当前软件开发的主流技术，几个主流的中间件平台在相关的公共服务标准上也出现融合的趋势。但该结构越是高层的部分，与特定领域和应用的相关性越大，在产品线体系结构设计中要遵循这些高层的标准就比较困难。因为 OMG 是以通用目的建立体系结构标准和领域接口规定的，面对的是整个软件应用领域,所以 OMG 划分的领域范围一般比较大。另外,标准的制定只能针对应用领域当前的普遍情况,对快速变化的需求有一个逐步调整的过程。而某个软件开发组织的软件产品线的范围的确定要考虑市场需求,该组织的技术、文化、管理背景,以及所在领域的现状和发展趋势等多方面,很难做到和某个标准组织定义的应用领域范围一致。

(2) 体系结构风格是一个使产品和产品线具有良好的可移植性的结构,产品和产品线通过最小的修改就可移植到一个新的平台上。这里的平台包括硬件平台、操作系统、网络系统、中间件环境等。如果产品线中的产品需要运行在不同的平台上,或者整个产品线也有可能移植到一个新的平台上的话,层次体系结构则是产品线体系结构最好的选择。

综上所述,在产品线的宏观软件体系结构中,我们建议使用层次体系结构。在该层次体系结构中,公共服务和设施及其以下层次遵循标准体系结构;在领域层以标准体系结构为参考;在应用层根据应用的特定需求进行定制。

10.6 软件产品线体系结构的演化

产品线体系结构就是一个软件体系结构和一组在一族产品中可重用的构件,为增加软件重用、为企业降低软件开发和维护成本提供了一个重要的途径。

产品线体系结构中的软件一旦开发出来,就要经历演化,新的需求总是在不断地出现。需要处理如此多的需求(这些需求甚至可能是自相矛盾的),通常的处理方法是创建两个独立的演化周期。也就是说,对每个产品而言,需要合并产品特定的需求;对整个产品线体系结构而言,需要合并影响整个产品线中所有产品或大多数产品的需求。

产品线的演化是由需求变更驱动的,这些需求的变更可以来自多个方面,例如市场、企业将来的需要或在产品线中引入新的产品等。产品线的演化可分为两个部分,一是企业如何组织其产品线结构的变化,另一个是实际的演化,该演化作为一个需求通过静态组织进行传播。

考虑图 10-10 所示的组织结构图,其中特殊的商业部门由数个需求驱动。这些需求在

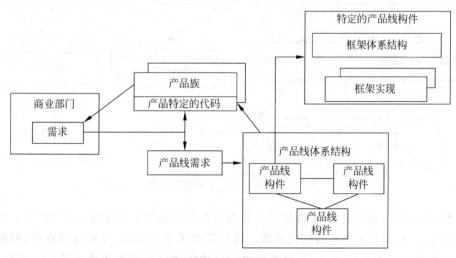

图 10-10 产品线的演化

该商业部门负责的产品和整个产品线的一般需求之间进行划分。产品线体系结构既可能影响一个特殊的体系结构框架，从而在其接口上创建一个变更，也可能引起该框架的一个或多个具体实现的改变。在某些情况下，需求甚至可以使一个构件分解为两个构件，或者在产品线体系结构中引入一个全新的构件，产品线体系结构和数个具体的框架实现实例化为一组产品。

下面，通过一个案例讨论产品线体系结构的演化过程。

10.6.1 背景介绍

选择瑞典的 Axis 通信公司的产品线体系结构作为讨论案例，之所以选择该公司，是因为 Axis 是瑞典的一家大型企业，他们的产品研制和开发受到政府部门的资助，可以说是软件开发企业的一个典型代表。

Axis 公司是一家相对较大的软件和硬件企业，专业从事网络设备的开发。从单一的产品（IBM 打印服务器）开始，现在，已经延伸到包括摄像服务器、扫描服务器、光盘服务器以及其他的存储服务器在内的产品线。Axis 公司在 20 世纪 90 年代就开始使用产品线方法，他们的软件产品线由一组大小不一的、可重用的、面向对象的框架组成。他们的产品线体系结构是作为不同的产品、产品类型及产品族的等级结构形式出现的，如图 10-11 所示。每个产品族都由一个商业部门进行维护，维护和演化产品线体系结构，使之满足特定部门的需要。

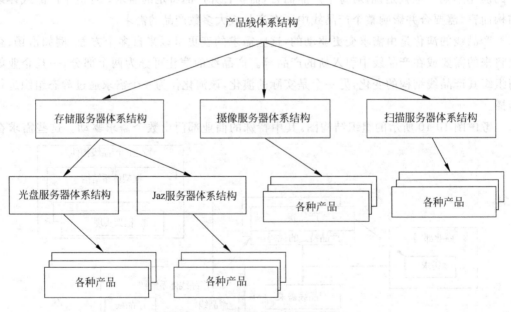

图 10-11　产品线体系结构的等级

按照 Axis 公司的观点，产品线体系结构是由构件及其关系组成的。构件在自己的面向对象的框架中，框架管理一些特殊的函数。这与传统的观点不同，在传统观点中，框架往往被当作整个产品。如上所述，Axis 的框架由一个抽象的体系结构和数个具体实现组成，框架的实例通过继承抽象类的具体实现来创建。

我们的目的是讨论框架作为产品线的一部分的演化过程,不失一般性,我们把讨论焦点放在存储服务器体系结构上。存储服务器是一个网络光盘设备产品,后来把 Jaz 服务器和磁盘服务器也包括了进来,这些产品的核心是一个文件系统框架,该框架允许统一存取所有类型的存储设备。

Axis 公司的文件系统框架已经有两代明显区别的产品,第一代产品是在光盘服务器中,所以设计为只读类型的文件系统,第二代产品从一开始就设计为可读写的。第一代产品包含一个框架接口,通过该接口可以创建不同文件系统(例如 ISO 9660、Pseudo、UFS 和 FAT 等)的具体实现,这些具体实现还提供了块设备接口和 SCSI 接口。与这个抽象框架并行的是一个存取控制框架,在框架接口的顶部,增加了不同的网络协议。例如,NFS(UNIX 使用)、SMB(MS-Windows 使用)和 Novell Netware,如图 10-12 所示。

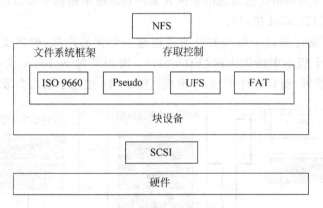

图 10-12 第一代文件系统框架

第二代产品在很大程度上与第一代产品类似,但做得更加模块化,从一开始就预见了系统将来可能的功能增强,因为这已经在第一代产品中发生过。第二代文件系统框架如图 10-13 所示。可以看出,该框架可以划分为更小的和更专业化的框架。值得注意的是,存取控制部分也分离成一个单独的框架。

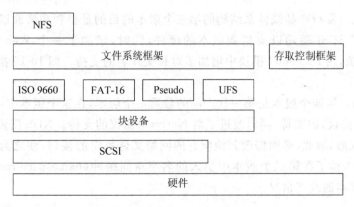

图 10-13 第二代文件系统框架

10.6.2 两代产品的各种发行版本

本节将介绍两代产品的各种主要发行版本。

1. 第一代产品

第一代产品有四个主要发行版本。

（1）版本一。在第一个版本中，主要用来支持光盘服务器，支持网络通信、网络文件系统、光盘文件系统，能够存取光盘硬件。文件系统支持 ISO 9660 文件系统，同时为了控制和配置的目的，系统还支持虚拟 Pseudo 文件系统。支持的网络文件系统有 NFS 和 SMB。在图 10-14 中，NFS 作为网络文件系统的示例为文件系统框架提供了接口，文件系统框架又为硬件存取提供了接口（SCSI 接口）。

（2）版本二。发行第二个版本的目的是创建一个新的产品，使之支持令牌网（Token Ring）以代替第一个版本中的以太网（Ethernet）。增加了对 Netware 文件系统的支持，对 SMB 协议进行了扩展，而且设计了 SCSI 模块。图 10-14 描述了第二个版本的改变情况。

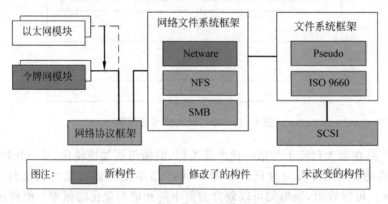

图 10-14　第一代产品的第二个版本

（3）版本三。发行产品线体系结构的第三个版本的目的是整理和修改以前版本中存在的问题。修改了 SCSI 驱动以支持新版本的硬件，同时，增加了一个 Web 接口用来浏览 Pseudo 文件系统，在 ISO 9660 模块中增加了对长文件名的支持。图 10-15 描述了第三个版本的改变情况。

（4）版本四。第四个版本是第一代产品的最后一个版本，在这个版本中，增加了对 NDS（一个 Netware 协议）的支持，同时改进了对 Netware 协议的支持。NDS 需要新的算法来获取存取文件的权限，因此，必须修改其他所有的网络文件系统的接口，使之为这种新算法提供支持。同时，去掉了在第二个版本中引入的名字空间缓冲（namespace cache）。图 10-16 描述了第四个版本的改变情况。

2. 第二代产品

第二代产品与第一代产品几乎是同时开始开发的，如图 10-17 所示。两代产品同时并存了几乎四年的时间，但是当第一代产品的第四个版本发布后，所有开发人员和其他资源都

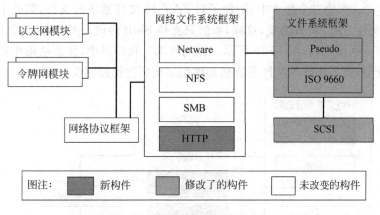

图 10-15　第一代产品的第三个版本

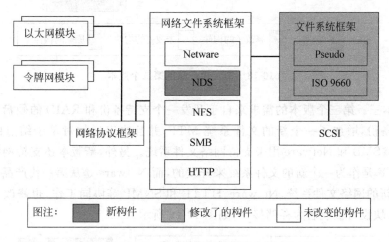

图 10-16　第一代产品的第四个版本

转向了第二代产品,所以,实际并行开发的时间只有两年多一点。图 10-17 中的箭头表示资源的转移。

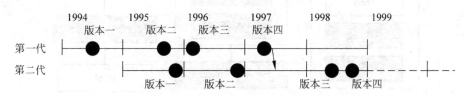

图 10-17　文件系统框架的时间线

(1) 版本一。第二代产品的第一个版本的需求与第一代产品的第一个版本十分类似,所不同的是第二代产品从一开始就是要开发可读写的系统。这时,利用了第一代产品开发中的经验。从图 10-12 和图 10-13 中可以看出,第二代产品从一开始就注重了模块化。在第一个版本中,只支持 NFS 和 SMB,与第一代产品相比,这里增加了写的功能。另外,为了理解基于结点的文件系统,还开发了一个私有文件系统 MUPP。

（2）版本二。在第二个版本中，增加了对 FAT-16 文件系统的支持，删除了第一个版本中的 MUPP 文件系统、NFS 协议，这样，系统只支持 SMB 协议。另外，对 SCSI 模块和块设备模块也作了一些修改，如图 10-18 所示。因为在第二代产品中，体系结构中的可变部分被分离成几个框架，所以实际的文件系统框架体系结构仍然保持不变。

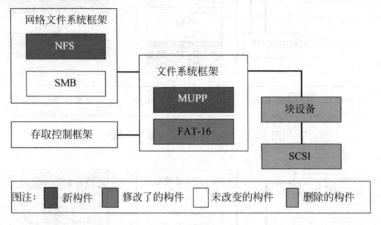

图 10-18　第二代产品的第二个版本

（3）版本三。第三个版本的需求来自于开发一个支持备份和 RAID 的硬盘服务器。为了支持磁带备份，增加了一个新的文件系统 MTF，并且决定增加对基于结点的文件系统 UDF 的支持，SMB 和 Netware 用来支持网络文件系统。另外，新版本还支持网络管理协议 SNMP。MTF 是作为一个新的文件系统来开发的，而 Netware 是从第一代产品中复制过来的。为了与新的网络文件系统、Netware、HTTP 和 SNMP 等协同工作，也修改了存取控制框架。最后，块设备被改名为存储接口，如图 10-19 所示。

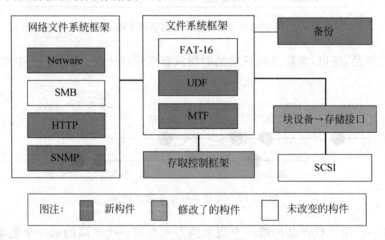

图 10-19　第二代产品的第三个版本

（4）版本四。第四个版本主要是为了开发一个与光盘服务器协同工作的光盘转换器，为了满足这个需求，做了一些小的改动。在文件系统构件中，实现了使 ISO 9660 支持两种方式（Rockridge 和 Joliet）的长文件名，在网络文件系统中，又重新引入了 NFS 协议。抛弃了原来的存取控制框架，重新编写了新的存取控制框架，如图 10-20 所示。

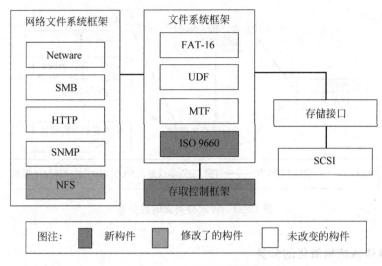

图 10-20　第二代产品的第四个版本

10.6.3　需求和演化的分类

产品线体系结构的演化是一个复杂的、难以管理的问题,增加对产品线体系结构演化的理解,改进在产品线体系结构及其构件中引入新的需求的方式是十分重要的。本节对需求的演化、产品线体系结构的演化、产品线体系结构构件的演化进行分类,讨论这些分类之间的关系。

1. 需求分类

根据 Axis 产品线体系结构的演化过程,可以把需求大致分为六类。

(1) 构建新的产品族。这类需求来自市场对新类型产品的需要,往往导致新商业部门的成立和新产品线的建立等。

(2) 在产品线中增加新的产品。一旦有了产品线,这种需求的主要工作就是改进功能,对软件进行个性化以满足最终用户的需要。这通常通过在产品线中增加新的产品来完成。

(3) 改进已有功能。这种需求不足以创建新的产品,只需改进软件产品,使之支持新的标准,增加用户特定的特征等。

(4) 扩展标准支持。使标准更趋完善,通常在新产品中只实现整个标准的一部分,后续版本的一个典型需求就是并入标准的其他部分。

(5) 硬件、操作系统的新版本或第三方增加了新功能。前四类需求都只是在软件本身范围内,为了支持用户更多的期望而已。当系统底层发生变化时,软件构件也要发生变更。例如,当产品线体系结构底层的功能版本发生变化,本身提供连接库时,开发人员会自然地使用底层连接库,导致该功能从产品线体系结构构件中被删除。

(6) 改进框架的质量属性。在产品的第一个版本中,往往注重功能需求的实现,而对质量需求关注得较少,所以后续的演化,就要注重质量需求的实现。

以上六类需求分类的关系如图 10-21 所示。

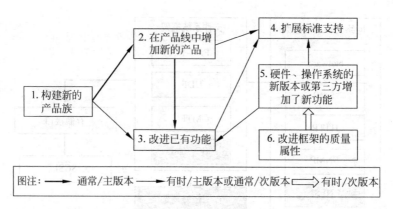

图 10-21　需求分类之间的关系

2. 产品线体系结构演化的分类

把新的需求引入到所有产品中,将对产品线体系结构产生影响。下面,给出产品线体系结构演化的八种情况。

(1) 产品线体系结构的分解。当决定开发一组新的产品时,就要在究竟把这组产品纳入现有产品线体系结构之中,还是有必要把现有产品线体系结构一分为二之间作抉择。如果选择一分为二,就意味着使用已有的产品线模板创建另一个产品线,新的产品族或产品线体系结构可以与原来的有不同的方向,当然也可以保持类似的特征。

(2) 导出产品线体系结构。当引入一组新的产品时,第二种方法就是定义一个导出产品线,这类似于在面向对象编程中的子类。与复制产品线,然后两个产品线独立演化不同,导出的产品线是作为原来产品线的一个子产品线。这样,父产品线中的一些通用功能在子产品线中照样使用。

(3) 新产品线体系结构构件。有些需求无法由原有的产品线体系结构中的构件来实现,在这种情况下,需要在产品线体系结构中增加新的构件,相应地调整构件之间的关系。

(4) 修改产品线体系结构构件。当软件的功能需求发生变化时,需要修改现有的产品线体系结构构件,以满足变化了的需求。

(5) 分解产品线体系结构构件。在产品线体系结构构件中创建新构件的另一种方法就是从框架中把功能分解出来。当一个构件包含的功能太多的时候,往往就会出现这种情况。

(6) 代替产品线体系结构构件。为了引入新的需求,仅仅修改框架接口是不够的,需要重新编写构件。

(7) 增加构件之间的关系。由于新需求的引入,可能导致原来没有关系的两个构件之间发生了关系。特别是在增加新的构件时,很显然要把新构件与原来的构件关联起来。

(8) 修改构件之间的关系。由于新需求的引入,可能导致两个构件之间的已有关系发生变化。

上述八类产品线体系结构演化的关系如图 10-22 所示。

3. 产品线体系结构构件演化的分类

在产品线体系结构演化过程中,第四类(修改产品线体系结构构件)是最常见的演化类

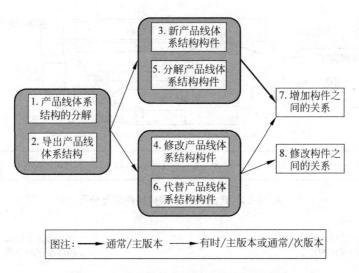

图 10-22　产品线体系结构分类之间的关系

型。下面把产品线体系结构构件的修改细分为五类。

（1）新框架的实现。给定一个框架体系结构，扩展产品族支持功能的传统方法就是增加一个框架的实现。

（2）修改框架的实现。当增加新的功能或重写已有功能时，可能会发生这种类型的演化。例如，为了更好地支持某些质量属性。

（3）在框架实现中缩减功能。作为需求分类的第五点（硬件、操作系统的新版本或第三方增加了新功能）的一个直接结果，一个框架中的功能可以缩减，因为它的部分功能在其他地方得以实现。

（4）增加框架功能。这与第一个分类有点类似，但是与第一个分类不同的是，第一个分类增加一个新的实现，该实现支持与其同族产品同样的功能。而第四个分类在框架的所有实现中增加新的功能。当现有框架不能满足需求功能时，就会发生这种演化。

（5）使用其他的框架体系结构，增加外部构件。当一个项目临近结束时，开发人员都不愿意改动现有的框架，因为这样会影响系统的很大部分，会引入错误，需要进行更多的测试，且增加了风险。如果按照正常的实现方式，增加一个新的需求（或者重新理解和解释已有需求），就会导致体系结构级影响的改变。为了不使前面的努力白废，同时又能满足新的需求，开发人员往往会在框架外部实现这个需求。

上述五类产品线体系结构构件演化的关系如图 10-23 所示。

上面分别介绍了需求演化、产品线体系结构演化和产品线体系结构构件演化的分类，但是，这些分类不是独立的，每个之间都有着各种联系。图 10-24 描述了需求分类是如何导致产品线体系结构演化和产品线体系结构构件演化的。

在很多情况下，演化类型并不是由需求变化直接引起的，而是需求变化的间接结果，一种类型的变化引起另一种类型的变化，后者与前者往往处同一个级别，即在产品线体系结构中的变化会引起另一个产品线体系结构类型的变化。但也有例外，例如，一个新的框架实现可以导致另一个框架实现的改变，从而改变两个相关构件之间的关系。

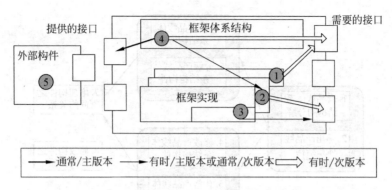

图 10-23 产品线体系结构构件演化分类

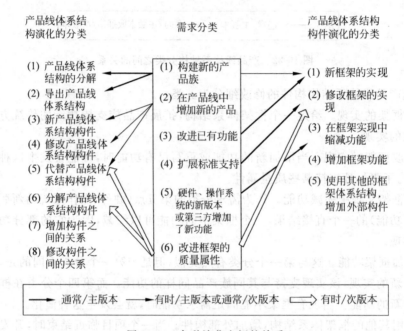

图 10-24 各种演化之间的关系

主要参考文献

[1] 王广昌. 软件产品线关键方法与技术研究. 浙江大学博士学位论文, 2001.10

[2] J. Kuusela, Juha Savolainen. Requirements engineering for product families. Proceedings of the International Conference on Software Engineering. Limerick, Ireland, June-4-11, 2000

[3] Greg Butler. Object-oriented application frameworks. http://www.cs.concordia.ca/~faculty/gregb

[4] Mohamed Fayad and Douglas C. Schmidt. Object-oriented application frameworks. Communications of the ACM, 40(10): 32~38, Oct. 1997

[5] Martin Griss. Domain engineering and reuse. IEEE Computer, Roundtable on Software Development Trends. May 1999

[6] Martin Griss. Implementing product-line features with component reuse. Proceedings of 6th International Conference on Software Reuse, SpringerVerlag, Vienna, Austria, June 2000

[7] Weiss David M and Chi Tau Lai. Software product-line engineering: a family-based software development approach. Addison-Wesley,1999

[8] Jan Bosch. Software product lines: organizational alternatives, the 23rd International Conference on Software Engineering (ICSE 2001),Nov. 2000

[9] Batory D and Smaragdakis Y. Object-oriented frameworks and product-lines. 1st Software Product-Line Conference,Denver,Colorado,Aug. 1999

[10] Svahnberg M and Bosch J. A case study on product line architecture evolution. http://www.ide.hk-r.se/~msv/

[11] Bosch J. Evolution and composition of reusable assets in product-line architectures: a case study. The 1st Working IFIP Conference on Software Architecture,Oct. 1998

读者意见反馈

亲爱的读者：

感谢您一直以来对清华版计算机教材的支持和爱护。为了今后为您提供更优秀的教材，请您抽出宝贵的时间来填写下面的意见反馈表，以便我们更好地对本教材做进一步改进。同时如果您在使用本教材的过程中遇到了什么问题，或者有什么好的建议，也请您来信告诉我们。

地址：北京市海淀区双清路学研大厦 A 座 602 室　计算机与信息分社营销室　收

邮编：100084　　　　　　　　　电子邮件：jsjjc@tup.tsinghua.edu.cn

电话：010-62770175-4608/4409　邮购电话：010-62786544

教材名称：软件体系结构（第 2 版）

ISBN：7-302-13316-6/TP · 8295

个人资料

姓名：_____　　年龄：_____　所在院校/专业：_____

文化程度：_____　通信地址：_____

联系电话：_____　电子信箱：_____

您使用本书是作为： □指定教材　□选用教材　□辅导教材　□自学教材

您对本书封面设计的满意度：

□很满意　□满意　□一般　□不满意　改进建议_____

您对本书印刷质量的满意度：

□很满意　□满意　□一般　□不满意　改进建议_____

您对本书的总体满意度：

从语言质量角度看　□很满意　□满意　□一般　□不满意

从科技含量角度看　□很满意　□满意　□一般　□不满意

本书最令您满意的是：

□指导明确　□内容充实　□讲解详尽　□实例丰富

您认为本书在哪些地方应进行修改？（可附页）

_____

_____

您希望本书在哪些方面进行改进？（可附页）

_____

_____

电子教案支持

敬爱的教师：

为了配合本课程的教学需要，本教材配有配套的电子教案，有需求的教师可以与我们联系，我们将向使用本教材进行教学的教师免费赠送电子教案，希望有助于教学活动的开展。相关信息请拨打电话 010-62776969 或发送电子邮件至 jsjjc@tup.tsinghua.edu.cn 咨询，也可以到清华大学出版社主页（http://www.tup.com.cn 或 http://www.tup.tsinghua.edu.cn）上查询。